Eine transdisziplinäre Einführung in die Welt der Kybernetik

E. W. Udo Küppers

Eine transdisziplinäre Einführung in die Welt der Kybernetik

Grundlagen, Modelle, Theorien und Praxisbeispiele

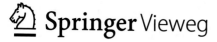

E. W. Udo Küppers
Küppers-Systemdenken
Bremen, Deutschland

ISBN 978-3-658-23724-0   ISBN 978-3-658-23725-7 (eBook)
https://doi.org/10.1007/978-3-658-23725-7

Die Deutsche Nationalbibliothek verzeichnet diese Publikation in der Deutschen Nationalbibliografie; detaillierte bibliografische Daten sind im Internet über http://dnb.d-nb.de abrufbar.

Springer Vieweg
© Springer Fachmedien Wiesbaden GmbH, ein Teil von Springer Nature 2019
Springer Vieweg ist ein Imprint der eingetragenen Gesellschaft Springer Fachmedien Wiesbaden GmbH und ist ein Teil von Springer Nature.
Die Anschrift der Gesellschaft ist: Abraham-Lincoln-Str. 46, 65189 Wiesbaden, Germany

Vorwort

Die Wanderung durch das Weltall bleibt einigen wenigen Menschen vorbehalten. Sie alle stimmen darin überein, dass sie mit Blick von außen auf die blaue Erde einen überaus zerbrechlichen Planeten sehen, der nur durch eine hauchdünne Schicht, die Ozonschicht (O_3), unser Leben nicht nur schützt, sondern auch die Weiterentwicklung garantiert. Erst der Blick aus dem Weltall auf die ganze Erde lässt uns ehrfürchtig werden vor der Leistung des Lebens und zugleich ängstlich werden vor Gefahren, die Leben zerstören.

Nehmen wir einen Standpunkt auf der Erdoberfläche ein, die wir bevölkern, so erkennen wir seine unermessliche Vielfalt von Leben (Biodiversität), das über Jahrmilliarden evolutionären Fortschrittes, von einer Entwicklungsstufe zur nächsten, vorangeschritten ist. Dieser Evolutionsdruck ist auch der Lebens- und Überlebensgarant für uns Menschen, die wir, dank erworbener Fähigkeiten, in der Lage sind, einen vorsichtigen Blick in die Zukunft zu werfen, um vorausschauend denken und handeln zu können.

Dringen wir tiefer, vom makroskopischen in den mikroskopischen Raum, so erkennen wir in jeder einzelnen lebenden Zelle eines organischen Körpers eine Vielzahl Prozessabläufe, die alle – in bestimmten Grenzen – mit weitreichenden Vernetzungen zum individuellen und kollektiven Fortschritt auf unserem Planeten beitragen. Die Vorstellung, dass jeder biologische Organismus, insbesondere der menschliche, in seiner Funktion einem Mechanismus gleicht, der dem Räderwerk einer Uhr ähnlich ist, wie es noch im 16. und 17. Jahrhundert, z. B. durch den Philosophen und Mathematiker René Descartes (1596–1650), suggeriert wurde, ist längst überholt. Heute wissen wir von Pilzgeflechten im Boden, die sich über Quadratkilometer ausbreiten und gegenseitig Signale senden. Ähnliche Informationsaustauschprozesse sind von Bäumen untereinander bekannt, die sich z. B. über herannahende Fressfeinde vorab durch chemische bzw. elektrische Signale austauschen. Noch lange sind nicht alle Geheimnisse der Natur gelüftet. Aber eine Tatsache überlagert alle vorab eingenommenen Standpunkte, mit unterschiedlichen Perspektiven auf die Natur bzw. das Leben:

Unsere Welt, konkreter: unsere Erde ist ein vernetztes System, durchflochten von unendlich vielen Kommunikationen. Kommunizieren ist neben stofflichen und energetischen Prozessen eine von drei grundlegenden Vorgängen, ohne die kein Leben existieren würde.

- *Kommunikation ist alles! Ohne Kommunikation ist alles nichts.*

Die dynamischen, sich adaptiv weiterentwickelnden Strukturen und Abläufe von Kommunikation unserer vernetzten Erde, mit ihren biologischen vielfältigen Erscheinungsformen, sind wohl austariert. Sie dienen einem differenzierten Fortschritt aller und schließen keinen Organismus aus. Daraus wächst die Erkenntnis:

> Das was aus Bestandteilen so zusammengesetzt ist, dass es ein einheitliches Ganzes bildet, nicht nach Art eines Haufens, sondern wie eine Silbe, das ist offenbar mehr als bloß die Summe seiner Bestandteile. Eine Silbe ist nicht die Summe ihrer Laute: ba ist nicht dasselbe wie b plus a, und Fleisch ist nicht dasselbe wie Feuer plus Erde. (https://de.wikiquote.org/wiki/Ganzes, ausführliches Zitat von Aristoteles: aus Metaphysik VII 10, 1041 b. Zugegriffen am 06.02.2018)

Kurz: Das Ganze ist mehr als die Summe seiner Teile. Kommunikation, wie die Evolution sie betreibt, ist keine Singularität (!), sondern ganzheitlich vernetzt. Allein die Tatsache, dass unsere komplexe, sich ständig wandelnde Umwelt eine permanente Anpassung an die Dinge erfordert macht, stellt sie, die evolutionäre Kommunikation, als ein nicht zu überbietendes Fortschrittsvorbild heraus.

Der Mathematiker und Kybernetiker Norbert Wiener, von dem in Kap. 4 noch ausführlich die Rede sein wird, schuf mit seinem Werk aus 1948/1961 (1. deutsche Auflage 1963):

> CYBERNETICS or control and communication in the animal and the machine (deutsch: KYBERNETIK Regelung und Nachrichtenübertragung in Lebewesen und in der Maschine)

eine Kommunikationsbrücke zwischen Natur und Technik. Seine Forschungsarbeiten führten unter anderem zu einer Erkenntnis, die als zentrales Merkmal kommunikativer Prozesse, wo immer sie vorkommen, herausgestellt werden kann: die *Rückkopplung.*

Siebzig Jahre nach Wieners Erstveröffentlichung ist unser Leben und Arbeiten durchdrungen von rückgekoppelten Handlungen vielfältigster Art. Sie zeigen sich in persönlichen Gesprächen bzw. Diskussionen, bei der Planung und Realisierung von Infrastrukturmaßnahmen oder durch vernetzte Berücksichtigung vieler einzelner Arbeitsprozesse bei der Konstruktion eines Gebäudes. Ohne ein funktionierendes Netzwerk zusammenhängender kommunikativer Rückkopplungen wird es in der zunehmend komplexer werdenden Umwelt störanfälliger, konfliktreicher, bis zu katastrophalen Ereignissen ähnlich dem von Kernkraftwerkunglücken.

Kommunikation *ohne* Rückkopplung, die auf einem linear verketteten Weg einzelne Informationen bzw. Signale von A nach B über C bis ... N weiterleitet, wurde und wird Lösungsfindungen in komplexer Umwelt nicht gerecht. Diese Art kausaler oder mono-kausaler Kommunikation ist uns Menschen zu eigen, weil wir Schwierigkeiten haben, komplexe Zusammenhänge in ihrer realen Ganzheit zu erfassen und zu verarbeiten. Daher lösen wir in der Regel komplexe Aufgaben durch Reduzierung von Komplexität, eben durch einfache Wenn-dann-Kausalketten, die kurzfristig erfolgreiche Lösungen generie-ren. Wir blenden aber parallel dazu reale, wirkende Einflüsse aus Kommunikationsnetz-werken aus. Diese können zeitversetzt – da sie nicht verschwinden – aber Ursachen für Folgeprobleme sein, die nachwirken und die einmal erzielten kurzfristigen Erfolge wieder zunichtemachen. Wem ist damit geholfen? Keinem!

Kommunikation beruht in Natur und Technik auf zwei völlig unterschiedlichen Strate-gien und verfolgt zwei unterschiedliche Ziele:

Die Evolution, mit ihrem unvorstellbar artenreichen, vernetzten und komplexen Netz-werk aus Informationsaustausch sowie stofflichen und energetischen Prozessen, stärkt den individuellen Fortschritt aller Lebewesen, indem sie eine adaptive Wirkung entfaltet, die aufgrund dynamischer Weiterentwicklung die beste aller Entwicklungsstrategien ist. Nachhaltigkeit ist gewährleistet und Überlebensfähigkeit wird gestärkt.

Demgegenüber operieren wir Menschen noch zum Großteil mit kurzsichtigen und feh-leranhäufenden Strategien, um temporäre Ziele zu erreichen, die Fortschritte erzeugen, aber nicht frei sind von kaskadenartig wirkenden Folgeproblemen.

- Die biologische organische Kybernetik ist gegenüber der technischen Kybernetik im kommunikativen Vorteil, wenn kontinuierlich Komplexität und Dynamik im Spiel sind.
- Die technische Maschinenkybernetik, auch wenn sich die Grenzen durch die zuneh-mende Robotertechnik mit Trend zur humanoiden Robotik verwischen und diese da-durch scheinbar organischer wird, ist programmiert auf weitgehend präzise ablaufende Funktionalitäten. Eine kommunikative Vernetzung von Daten und Informationen, wie sie mit dem Begriff „Industrie 4.0" verbunden werden, liegt noch in weiter Ferne und wird die kommunikativen Fähigkeiten einer biologischen nachhaltigen Kybernetik par-tiell nachahmen können, aber deren Qualität sicher kaum erreichen.

Inhaltsverzeichnis

Einleitung und Lernziele

1

Dieses Lehrbuch über „Kybernetische Welten" könnte auch überschrieben werden mit: „Die Macht der negativen Rückkopplung".

Negative Rückkopplung ist ein zwischen mindestens zwei Subjekten bzw. Objekten ablaufender Vorgang, der eine verstärkende und eine ausgleichende Wirkung miteinander verknüpft. Folgendes Beispiel ist dafür typisch:

Der Abteilungsleiter Müller provoziert seine Mitarbeiterin Frau Meier mit dem verstärkenden Vorwurf: „Schon wieder ist die Produktion an der Maschine unvollständig und fehlerhaft!" Frau Meier antwortet ausgleichend, dass ihr das bewusst sei und sie bereits mit der Fehlersuche begonnen und weitere Fachkollegen zu Rate gezogen habe.

Positive Rückkopplung ist ein zwischen mindestens zwei Subjekten bzw. Objekten ablaufender Vorgang, der zwei gegenläufige verstärkende Wirkungen miteinander verknüpft. Folgendes Beispiel ist dafür typisch:

Der Abteilungsleiter Müller provoziert seine Mitarbeiterin Frau Meier mit demselben verstärkenden Vorwurf wie im Beispiel vorab, nur dass Frau Meier nun Herrn Müller ebenso verstärkend vorwirft, seine Vorgaben für die Maschinenproduktion seien unpräzise gewesen, worauf wiederum Herr Müller verstärkend antwortet, dass sie nicht die Qualifikation besitze, dies zu beurteilen, worauf Frau Meier sich diese Unterstellung verbittet und mit dem Gang zu Herrn Müllers Vorgesetzten droht … usw.

Negative Rückkopplungen werden wegen ihrer vernetzten stabilisierenden Wirkung auch „Engelskreise" genannt.

Positive Rückkopplungen werden wegen ihrer vernetzten aufschaukelnden – nicht selten konfliktträchtigen – Wirkung auch „Teufelskreise" genannt.

© Springer Fachmedien Wiesbaden GmbH, ein Teil von Springer Nature 2019
E. W. U. Küppers, *Eine transdisziplinäre Einführung in die Welt der Kybernetik*,
https://doi.org/10.1007/978-3-658-23725-7_1

Je komplexer ein – wie auch immer geartetes – System ist, je Höhe deren Zahl von Einflüssen sich in einem vernetzen Verbund aus gegenseitigen Wirkungen untereinander befindet, desto entscheidender für die Systemstabilität, die Systemrobustheit und den Systemfortschritt ist ein wohl ausgewogenes Verhältnis von positiven und negativen Rückkopplungen!

In der überwältigenden Vielfalt der Natur – deutlich mehr als in der Technik – spielen Rückkopplungen eine zentrale Rolle bei biokybernetischen bzw. kybernetischen Vorgängen.

- Kybernetik ist daher nichts anderes als wirkungsvolle Kommunikation bzw. verlustarmer Daten- und Informationsaustausch, der in der Natur die Überlebensfähigkeit und in der Technik die maschinelle, prozessuale Funktionalität stärkt und dadurch Fehler vermeiden hilft.

Kybernetik und Systemtheorie werden oft im selben Zusammenhang genannt bzw. gleichgesetzt. Beide betrachten Probleme durch die Brille vernetzter, zirkulärer Zusammenhänge. Negative wie positive Verknüpfungen bzw. Rückkopplungen sind Elemente von Wirkungsbeziehungen, die systemischen respektive kybernetischen Strategien zugeordnet sind.

Die Entwicklung der Wissenschaftsdisziplin Kybernetik wird allgemein Norbert Wiener (1963) zugeschrieben, wie bereits im Vorwort erwähnt. In den 1940er-Jahren hat er durch seine fundamentale Erkenntnis und Werthaltigkeit des Vorgangs der „negativen Rückkopplung", in einem System zur zielgerichteten Steuerung von bewegten Objekten, einen großen technischen Fortschritt eingeleitet.

Kybernetische Regelungsprozesse arbeiten in einer Vielzahl von technischen, wirtschaftlichen und gesellschaftlichen Produkten und Verfahren, die von einfacher Thermostatregelung bei Kaffeemaschinen über eine Wärmeregulierung im Wohnhaus über autonome Fahrzeuge bzw. Roboter bis zu selbstoptimierten Flugbahnen von Drohnen im militärischen Einsatz führen.

Produkte und Verfahren, die kybernetische Regelungsprozesse beinhalten, sind daher im Einzelfall auch konfrontiert mit ethischen Grundsätzen, die sich die Menschen gegeben haben und für die zunehmende Mensch-Maschine-Interaktionen zu einer neuen Herausforderung werden. Nicht zu vernachlässigen sind auch kybernetische Ansätze im Umfeld der Politik, die zwar sehr früh, Mitte der 1960er-Jahre, durch Karl. W. Deutsch (1969) und andere thematisiert wurden, aber den komplexen dynamischen Prozessen heutigen Politikgeschehens neu angepasst werden müssen.

Zu den Lernzielen dieses Buches zählt vor allem, eine *neue Sicht auf die Dinge* bzw. Gegenstände oder Abläufe des Alltags einzunehmen. Das ist eine zirkuläre Sicht, eine Sicht auf Zusammenhänge und weniger auf die Gegenstände – oder technisch gesagt: die Systemelemente – an sich. Es ist eine Sicht, die es erlaubt, Dynamiken zu verfolgen und daraus – soweit es möglich ist – realitätsnahe Schlussfolgerungen für Ziele zu ziehen.

- Wer aber in der Realität, die in aller Regel komplex ist, nachhaltige Lösungen gestalten will, wird nicht umhin kommen, mehr als einen Standpunkt mit Sicht auf das zu lösende Problem oder die zu lösenden Probleme einzunehmen. Darin zeigt sich eine besondere, aber grundlegende Art von operativer Kommunikation, die in der Natur von Organismen perfekt beherrscht wird und die uns Menschen noch vor große Herausforderungen stellt.

Sie lernen weiterhin wesentliche Merkmale und Grundbegriffe des kybernetischen Denkens kennen und damit praktisch umzugehen (Abschn. 2.1, 2.2, Kap. 3). Hierzu stehen exemplarisch eine Vielzahl von Anwendungen mit eingebundenen kybernetischen Prozessen zur Verfügung, die uns Tag für Tag nützliche Dienste leisten, aber deren versteckte Regelungsmechanismen wir nicht immer verstehen.

Der Weg durch die Kybernetik mit seinen Repräsentanten (Kap. 4), die alle durch ihre speziellen Leistungen die Kybernetik einen Schritt weitergebracht haben, ist spannend zu verfolgen. Es soll unter anderem auch all jene an Kybernetik Interessierte dazu anregen, neue Perspektiven in ihrem eigenen Umfeld zu erkunden, möglicherweise durch den systemischen Blick auf die Dinge auch Wege einzuschlagen, die zu neuen Erkenntnissen und Lösungen führen.

Kybernetische Modelle und Ordnungen (Kap. 5) sowie Theorien, die unter Kybernetik subsummiert werden (Kap. 6) bilden den Übergang zu einer Reihe praktischer Beispiele zur Kybernetik aus unterschiedlichen Anwendungen (Kap. 7).

Das Verständnis für die Wirkungen von Zusammenhängen ist eine entscheidende Voraussetzung im Umgang mit kybernetischen Systemen und wird von Beispiel zu Beispiel steigen. Dies trifft insbesondere dann zu, wenn wir die Komplexität in unserer – nicht nur technik- und wirtschaftszentrierten – Umwelt durchforsten, um sie zu verstehen und daraus nachhaltige Lösungen ableiten.

Dabei wird uns folgende Leitmaxime des Denkens und Handelns – dadurch auch des Kommunizierens – stets begleiten:

- **Langfristiges umsichtiges Denken und Handeln übertrumpft kurzfristiges fehlgeleitetes Denken und Handeln.**
- **Long-term-farseeing overtrumps short-term-missent.**

Literatur

Deutsch KW (1969) Politische Kybernetik. Modelle und Perspektiven. Rombach, Freiburg im Breisgau

Wiener N (1963) Kybernetik. Regelung und Nachrichtenübertragung in Lebewesen und in der Maschine (Original: 1948/1961 Cybernetics or control and communication in the animal and the machine), 2., erw. Aufl. Econ, Düsseldorf/Wien

Teil I

Grundlagen

Ein spezieller Blick auf Ursprung und Denkweise der Kybernetik

2

Zusammenfassung

Mi einem speziallen Blick auf Ursprung und Denkweise der Kybernetik leitet Kapitel 2 in die Thematik des zirkulären Denkens ein, das der Kybernetik innewohnt. Ausgehend von der zentralen Frage „Was Kybernetik ist und was Kybernetik nicht ist", mit zugehörigen Praxisbeispielen, werden Sie mit zahlreichen Definitionen zur Kybernetik konfrontiert, die alle aus den jeweiligen Anwendungsbereiche der Kybernetik abgeleitet sind. Schließlich wird noch auf „Systemisches und kybernetischen Denken" in sechs zirkulären Schritten ein besonderes Augenmerk geworfen.

Eine Reihe von Autoren, die sich mit dem Thema Kybernetik in Buchform oder in Fachbeiträgen auseinandersetzen, leiten ihre Texte oft mit einem Blick in die Vergangenheit, in Richtung Ursprung der Kybernetik, ein. Dabei entstehen zeitlich differenzierte Aussagen über die Quelle – oder Quellen – der Kybernetik, die in diesem Kontext nicht alle wiederholt werden müssen.

Wie orientieren uns stattdessen für diesen Text über Kybernetik bzw. *Kybernetische Systeme* an einem der Wegbereiter deutscher Informatik, Karl Steinbuch (1917–2005). Der Informationstheoretiker, Nachrichteningenieur und Kybernetiker, der sich in seinen späteren Jahren stark politisch-gesellschaftlich engagierte, besaß einen nicht zu unterschätzenden Einfluss auf das *Maschinelle Lernen* und die – heute kontrovers diskutierten – Arbeitsfelder *Künstliche Neuronale Netze*, *Künstliche Intelligenz* und nicht zuletzt auf *Kybernetik* selbst. Auf Karl Steinbuch gehen zum Beispiel Begriffe wie *Informatik* und *Kybernetische Anthropologie* zurück.

© Springer Fachmedien Wiesbaden GmbH, ein Teil von Springer Nature 2019
E. W. U. Küppers, *Eine transdisziplinäre Einführung in die Welt der Kybernetik*,
https://doi.org/10.1007/978-3-658-23725-7_2

Exkurs

Das eigenständige Fachgebiet *Informatik* beherbergt die Wissenschaft der elektronischen Datenverarbeitung. Sie umfasst die Datenabbildung, -verarbeitung, -speicherung und -übertragung. Von urtümlichen Rechenanlagen, die ganze Räume füllten, bis zu heutigen Computern, in Form handgroßer Mobile Phones, findet elektronische Datenverarbeitung statt, auch heute noch ganz klassisch nach der *Von-Neumann-Architektur – VNA –*, die 1945 erstmals veröffentlicht wurde (von Neumann 1993; vgl. https://de.wikipedia.org/wiki/Von-Neumann-Architektur. Zugegriffen am 16.01.2018: „Die Von-Neumann-Architektur – VNA – ist ein Referenzmodell für Computer, wonach ein gemeinsamer Speicher sowohl Computerprogrammbefehle als auch Daten hält.").

Unter *kybernetische Anthropologie* (Steinbuch 1971; Rieger 2003) wird ein kognitionswissenschaftliches Gebiet verstanden, das Anthropologie (Wissenschaft vom Menschen) und Kybernetik „mit einer technikinduzierten Theoriebildung verbindet" (https://de.wikipedia.org/wiki/Kybernetische_Anthropologie. Zugegriffen am 16.01.2018).

In „Automat und Mensch" (Steinbuch 1965, S. 322–323) formulierte Steinbuch zur Herkunft des Begriffs Kybernetik:

> Zunächst sei die geschichtliche Herkunft des Wortes „Kybernetik" kurz betrachtet: Platon (427 bis 347 v. Chr.) verwandte das Wort κζβερνετικε (kybernetike) im Sinne von Steuerungskunst. Bei Plutarch (50 bis 125 n. Chr.) wird der Lotse des Schiffes als κζβερνετες (kybernetes) bezeichnet. In der katholischen Kirchenterminologie wird unter κζβερνεσις (kybernesis) die Leitung des Kirchenamtes verstanden. Es sei auch darauf hingewiesen, dass der französische „gouverneur" und das englische „to govern", also regieren, wortgeschichtlich mit Kybernetik zusammenhängen. Im Jahr 1834 bezeichnet Amperè in seinem „Essai sur la philosophie des sciences" die Wissenschaft von möglichen Verfahrensweisen der Regierung als „cybernétique". In der letzten Generation wurde der Begriff vor allem durch Norbert Wiener mit seinem Buch „Cybernetics" [Original 1948, deutsch 1963, d. A.] hochgetragen.

Auf die Repräsentanten der Kybernetik und die ihnen zugesprochenen Leistungen werden wir in Kap. 4 noch ausführlich eingehen.

2.1   Was Kybernetik ist und was Kybernetik nicht ist

Zusammenfassung

In kurzer prägnanter Form wird der Begriff der Kybernetik beschrieben, um anschließend verschiedene Perspektiven bzw. Standpunkte auf einen Gegenstand zu demonstrieren. Sie zeigen, wie unterschiedlich ein und dasselbe Objekt – oder Subjekt – beurteilt werden kann und wie notwendig es ist, in komplexer Umwelt Urteile erst aufgrund der Einnahme mehrere Standpunkte auf ein zu lösendes Problem einzunehmen, das mit einem nachhaltigen Ziel verknüpft ist.

Es folgen weitere Erklärungen von Kybernetik durch Personen, die aus unterschiedlichen Wissenschaftsbereichen kommen und daher mit differenzierten Blicken auf Kybernetik schauen. Schließlich folgt eine Reihe von Definitionen zu Kybernetik, bis schließlich die Begriffe Kybernetik und Cybernetics gegenübergestellt werden.

Anschütz (1967, S. 9) schreibt in seinem Buch „Kybernetik – kurz und bündig":

> Die Kybernetik [...] ist keine Einzelwissenschaft, wie etwa die Geografie oder die Physik. Sie ist genauso wenig eine Einzelwissenschaft wie die in der Mitte des letzten Jahrhunderts (19. Jahrhundert) entstandene Evolutionstheorie. Beide, Evolutionstheorie und Kybernetik, sind übergreifende Ideen über sehr viele, wenn nicht alle Wissenschaften. Dementsprechend weisen auch viele Züge ihrer Geschichte gemeinsame Charakteristika auf. Ihr Gedankengut wurde an einer oder an einigen wenigen Wissenschaften zuerst entdeckt und hat im Laufe der Zeit Eingang in eine große Anzahl von Spezialwissenschaften gefunden. Die Kybernetik ist insbesondere eine Sammlung von Ideen und Theorien, deren Zusammengehörigkeit um die Mitte dieses Jahrhunderts (20. Jahrhundert) entdeckt worden sind.

Die hier zitierten „übergreifenden Ideen" basieren auf einer interdisziplinärer Zusammenarbeit, die auf kommunikativem – *zwischenmenschlichem*[1] – Informationsaustausch beruht und die treibende Kraft des Fortschrittes ist.

Die zu der Zeit – und teilweise noch heute – vorherrschende Uneinigkeit über den Begriff Kybernetik soll eine scherzhafte Bemerkung widerspiegeln, die auf einem „Kybernetiker-Kongress" 1963 in Karlsruhe geäußert wurde (ebd.):

> Man wisse eigentlich gar nicht so genau, was ein Kybernetiker sei. Hier im Saale seien selbstverständlich nur Kybernetiker. Aber wenn die Kollegen dann nach Hause führen, so seien sie alle wieder Mathematiker, Physiker, Sprachwissenschaftler, Mediziner, Biologen usw. – alles andere, jedenfalls keine Kybernetiker mehr.

Bis in die heutige Zeit, Beginn des 21. Jahrhunderts, hat sich die Kybernetik in viele weitere wissenschaftliche Einzeldisziplinen hinein gegraben. Die scherzhafte Bemerkung aus 1963 klingt bis heute nach und beleuchtet, dass kybernetisches Gedankengut zu Fortschritten in Einzeldisziplinen beizutragen fähig ist.

Als ein erster Merksatz zur Kybernetik kann daher formuliert werden:

▶   **Merksatz** Kybernetik ist keine Einzelwissenschaft. Kybernetik ist eine kommunikative Metawissenschaft, die imstande ist, Fortschritte in natur-, ingenieur- und sozialwissenschaftlichen Einzel- bzw. Fachdisziplinen beizusteuern.

---

[1] Das Adjektiv „zwischenmenschlich" soll hier deutlich herausgestellt werden, weil es die evolutionäre Grundlage für Kommunikation ist, die in heutiger Zeit, durch die zunehmende Digitalisierung der Dinge, zusätzlich eine andere Art von Kommunikation erfährt. Insbesondere findet im Bildungsbereich ein zunehmender Einfluss von digitalen Medien auf das Kommunizieren zwischen Mensch und Maschine bzw. zwischen Maschine und Maschine statt. Der gesellschaftliche, werthaltige zwischenmenschliche Informationsaustausch wird dadurch teils massiv – oft aus rein ökonomischen (!) Gründen – zurückgedrängt. Die langfristige Folgen dieses kommunikativen Transferprozesses für unser Zusammenleben sind noch nicht absehbar. Deutlich erkennbar ist aber an vielen dieser kommunikativen Transferbaustellen, dass kursichtiges fehlgeleitetes und somit risikoreiches Denken einem notwendigeren, nachhaltigen vorausschauenden Denken noch den Rang abläuft.

2.1.1 Zwei Beispiele kybernetischer Sichtweisen

Was unterscheidet die Sicht eines Kybernetikers, eines Ingenieurs und eines interessierten Bürgers auf einen Roboter? Siehe hierzu Abb. 2.1.

Beginnen wir mit dem interessierten Bürger. Dieser betrachtet den Roboter möglicherweise als eine technische Maschine, als einen Helfer für Arbeiten, die ihm selbst schwerfallen, z. B. das Heben schwerer Lasten oder als Ersatz für über Stunden durchzuführende monotone Arbeitsschritte. Diese Hilfe des Roboters erlöst ihn unter Umständen von hoher körperlicher Belastung, was sein Arbeitsleben erleichtert. Möglicherweise sieht der Arbeiter aber auch eine Bedrohung durch die Maschine, umso mehr je enger er mit ihr in einem Arbeitsprozess verbunden ist.

Der versierte Ingenieur blickt mehr auf die technisch-elektronischen Details des Roboters, auf seinen Energieverbrauch pro Zeiteinheit, auf die koordinierte Schrittmotorsteuerung bei Handhabungen, auf die Schaltungstechnik, auf spezielle Materialien für Grifftechniken, auf die Art von Gelenken u. a. m.

Und wie betrachtet der Kybernetiker den Roboter? Er analysiert die einzelnen Elemente eines *Systems*, also die Maschine selbst und deren Bewegungen sowie die umgebende Umwelt. Auch wird er den oder die arbeitenden Menschen in einer möglichen Mensch-Maschine-Kollaboration ins Kalkül fassen. Letztlich wird er die Zusammenhänge (!) der beteiligten Elemente des Systems „Roboter" erforschen und darauf spezielle Rückschlüsse ziehen. Das Wort Zusammenhänge deutet bereits vage den Kernvorgang oder das kybernetische Werkzeug *Rückkopplung* an, auf das noch weiter unten ausführlich eingegangen wird. Soweit diese erste differenzierte Betrachtung aus drei Blickwinkeln.

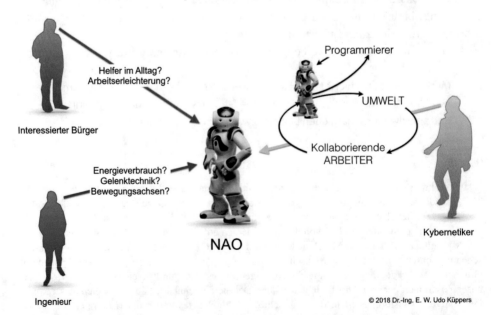

Abb. 2.1 Drei Sichtweisen auf das Objekt Roboter NAO. (Quelle: Roboter NAO: https://www.ald. softbankrobotics.com/en/cool-robots/nao. Zugegriffen am 16.01.2018)

Ein weiteres – allen Lesern sicher bekanntes – Beispiel, analog zu Abb. 2.1, zeigt Abb. 2.2. Wiederum sind es drei Personen mit ihren jeweils spezifischen Blicken auf das Objekt, diesmal auf das System PKW. Die drei Personen sind der Fahrer des Personenkraftwagens, der Kraftfahrzeugtechniker und der Kybernetiker.

Das Beispiel beschreibt auf einfache Weise die Kybernetik im Straßenverkehr, wie sie jedem Fahrer eines PKW zu eigen ist. Würde die Kybernetik ausgeweitet werden auf ein System von Verkehrsteilnehmern, mit zahlreichen PKW- und Lastkraftwagenfahrern, Motorradfahrern, Fahrradfahrern, Fußgängern, Sonderfahrzeugen wie Polizei- und Feuerwehrwagen, Fahrbahnen, Schienenverkehr, Staus, Signalanlagen, Umwelteinflüssen und weitere Einflussgrößen auf das System PKW, was hier singulär Gegenstand der Betrachtung ist, dann bekommen wir einen ersten realitätsnahen Blick auf die hochdynamischen, komplexen kybernetischen Strukturen und Abläufe, wie sie in der heutigen Welt zunehmender Mobilität – vielfach unsichtbar – für die Beteiligten Personen stattfinden.

Beginnen wir mit dem Fahrer des PKW. Der PKW selbst ist noch ein durch den Fahrer zu steuerndes Objekt, obwohl sogenannte „autonome" bzw. fahrerlose – „kybernetisch" gelenkte – Fahrzeuge bereits durch unsere Straßen rollen. Der Fahrer bzw. Käufer des PKW interessiert sich für das Design des Wagens, seine Handhabbarkeit, Bequemlichkeit, Farbe, PS-Zahl, Art des Treibstoffes und nicht zuletzt für den Kaufpreis des PKW. Er sieht den Wagen als Ganzes und nach überzeugender Probefahrt wird er sich für den Kauf des PKW entscheiden.

Demgegenüber ist der Techniker eher interessiert an Details des Motors und des Getriebes, der Radaufhängung, den Materialien der Scheibenbremse, Drehzahlen, Baugruppen und vieles mehr.

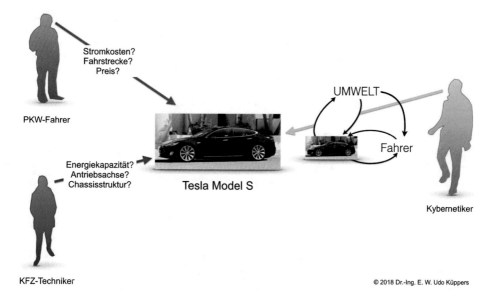

Abb. 2.2 Drei Sichtweisen auf das Objekt Personenkraftwagen – PKW. (Quelle: Klaus und Liebscher 1970, S. 9–22, mit Änderungen d. d. A.; PKW: Tesla Model S: tesla.com/de DE/about. Zugegriffen am 16.01.2018)

Für den Kybernetiker, der das System PKW untersucht, ist von geringem Interesse, welche Materialien im Wagen verarbeitet wurden, welcher Treibstoff genutzt wird, wie hoch die maximal erreichbare Geschwindigkeit und PS-Zahl sind. Der Kybernetiker sieht den PKW als abstraktes dynamisches System, als in Bewegung befindliches System, als funktionsorientiertes System.

Er unterscheidet zudem zwischen zwei klar unterscheidbaren Teilsystemen: dem biologischen organismischen Teilsystem Fahrer und dem technischen Teilsystem PKW. Beide Teilsysteme bestehen wiederum aus weiteren Untersystemen, deren weitere Aufgliederung untersuchungsabhängig bis zu einem bestimmten Grad noch sinnvoll erscheint. Die an diesem Punkt betrachteten Einheiten werden *Systemelemente* genannt.

Fahrer und PKW bilden ein *offenes System*. Es bestehen nicht nur Wechselwirkungen zwischen Fahrer und PKW, sondern auch mit der Umwelt, die in diesem Beispiel durch den Zustand und die Richtung von Fahrbahnen, Verkehrssignale, Verkehrspolizei, Fußgänger etc. charakterisiert wird. Das System Fahrer-PKW reagiert auf alle Einwirkungen aus der Umwelt mit bestimmten *Verhaltensweisen*. Bis hierher hat der Kybernetiker den *Systemaspekt* in den Fokus seiner Analyse gestellt.

▶ **Merksatz** Der Systemaspekt ist ein Kern kybernetischer Verfahrensweise.

Konzentrieren wir uns nun auf die Besonderheit von *Wechselwirkungen* der Systemelemente und der Umwelt, die uns zu einem weiteren kybernetischen Merkmal führt. Wenn zum Beispiel eine Straßenunebenheit oder ein Hindernis den Fahrer zu einer Lenkreaktion zwingt, geschieht das nicht durch eine einfache physikalische *Actio-Reactio-Handlung*, ähnlich einem Doppelpendel mit zwei Kugeln, die gegeneinanderprallen und sich wieder abstoßen. In Wirklichkeit findet eine Art *Regelung* statt, die den PKW, aufgrund der plötzlichen Richtungsänderung und folgenden Gegenlenkung, wieder in die ursprüngliche Geradenrichtung bringt. Abb. 2.3 zeigt das Prinzip einer Regelung als zirkuläre Darstellung. Der soeben beschriebene Lenkungsvorgang, dem weitere je nach Erfordernissen folgen, ist ein *System mit Rückkopplung*.

▶ **Merksatz** Das Prinzip der Rückkopplung ist die Basis aller kybernetischen Regelungssysteme.

Der autonome, unbemannte und regelungsorientierte PKW näher sich zwar mit schnellen Schritten unserem Straßenverkehr. Noch sind aber Fahrer und PKW als System dominant im Straßenverkehr. Und dieses System ist ebenso bestrebt, gegen äußere Einflüsse durch zweckgerichtete Reaktionen ein vorgegebenes Ziel zu erreichen.

Die zentrale Stelle der Verarbeitung im System Fahrer-PKW ist im biologischen Teilsystem angesiedelt, im neuronalen Netz des Fahrers. Bevor eine Lenkreaktion durch das Auftauchen einer speziellen Verkehrssituation erzwungen wird, läuft im neuronalen Netz des Fahrers blitzartig ein informationsverarbeitender Prozess ab, der in den Regelkreis des PKW durch die Lenkbewegung mündet, siehe Abb. 2.4.

Das System Fahrer und PKW wurde bislang nicht durch stoffliche oder energetische Prozesse beeinflusst, was auch nicht erforderlich war. Vielmehr ist das System Fahrer und

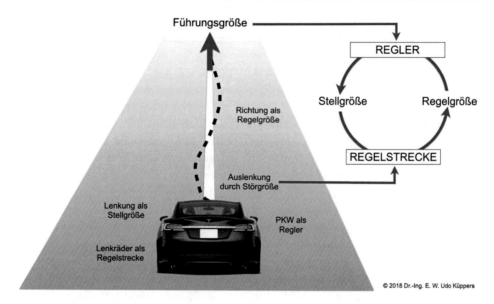

Abb. 2.3 Plastisches Bild einer PKW-Fahrt mit Regelungsprinzip und Rückkopplung bei einem selbstregulierenden PKW. (Quelle: PKW Tesla S: https://www.adac.de/infotestrat/autodatenbank/default.aspx. Zugegriffen am 16.01.2018)

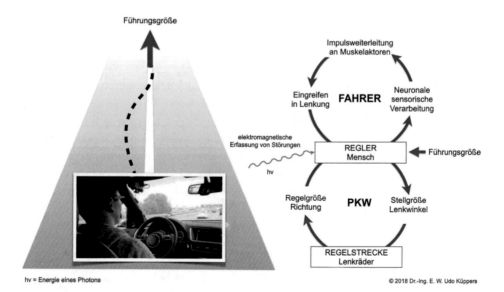

Abb. 2.4 Regelungssystem mit doppelter Rückkopplung Fahrer-PKW

PKW gekennzeichnet durch den Prozess der Erzeugung, Speicherung, Übertragung und Verarbeitung von Informationen. Im kybernetischen Sprachgebrauch wird von *Codierung* und *Decodierung* einer Information oder einer Nachricht gesprochen. Die Verarbeitung von Informationen führt uns zu einem weiteren kybernetischen Aspekt:

▶ **Merksatz** Kybernetische Systeme sind auch Systeme, die Informationen aufnehmen, speichern und verarbeiten und diese in Wirkungsbeziehung auf die Umwelt umsetzen.

Zwischen Fahranfänger und erfahrenem PKW-Fahrer existieren Unterschiede im Verhalten, die beim Fahranfänger in der Aufnahme von möglichst vielen Informationen aus dem Straßenverkehr münden, um Konflikte zu vermeiden. Der erfahrene Autofahrer besitzt hingegen – erworben durch seine langjährige Praxis – einen Fundus an Lösungen für Gefahrensituationen, die er unbewusst abruft, sobald die Verkehrssituation es erfordert. Diese Unterschiede im Fahrverhalten zwischen Anfänger und „Profi" sind besonders bei Extremsituationen gegeben, bei vereisten Straßen, Starkregen, Sandstürmen etc. Für jede Extremsituation hat der praxiserfahrene Fahrer eine *Optimierungsstrategie* zur Hand, die er in aller Regel unbewusst abruft. Er hat in der Vergangenheit durch *Spielen* mit unterschiedlichen Verkehrssituationen für jeden Fall eine spezielle situationsangepasste Strategie gespeichert. Sie ermöglicht dem Fahrer bzw. dem System Fahrer-PKW – in der Regel – ein Weiterfahren ohne Verluste.

Bei allen speziellen Optimierungsstrategien, die sich praxiserprobte Fahrer für vorkommende kritische Situationen aneignen, bleibt jedoch immer ein Aspekt des Unerwarteten, ein Überraschungsvorgang in einer komplexen dynamischen Umwelt bestehen, der nicht vollständig ausgeschlossen werden kann.

Die spielerische Variante in der Beschreibung führt zu einem weiteren kybernetischen Aspekt:

▶ **Merksatz** Das Auffinden optimaler Strategien und Prozesse ist ein spieltheoretisches Merkmal kybernetischer Systeme.

Schließlich bleibt noch ein Aspekt zu nennen, mit dem alle bisherigen Ausführungen in dem Verkehrsbeispiel verknüpft sind. Die vorab beschriebenen Verhaltensweisen im Straßenverkehr folgen bestimmten logischen Bedingungen. Lenkung nach rechts, geradeaus weiterfahren, bremsen, Gas geben usw. sind verkettete Vorgänge von logischen Schritten, die mathematisch auch als eine Lösungsvorschrift, eine Rechenvorschrift oder als *Algorithmus* bezeichnet werden können. Algorithmen tauchen in vielen Variationen und speziellen Anwendungen auf, so als Regelalgorithmus, Spielalgorithmus, Optimierungsalgorithmus und nicht zuletzt auch als Algorithmus im Rahmen der Entwicklung von künstlicher Intelligenz.

▶ **Merksatz** Der algorithmische Aspekt ist unverkennbar auch Merkmal eines kybernetischen Systems.

Eine kurze Zusammenfassung des zweiten Beispiels zu einer kybernetischen Sichtweise bringen Klaus und Liebscher (1970, S. 22) auf den Punkt:

> [Kybernetik bzw. kybernetische Systeme befassen sich mit der Untersuchung von] „Prozessen in dynamischen Systemen unter den Aspekten des Systems, der Regelung, der Information, des Spiels und des Algorithmus."

An dieser Stelle sei wiederum auf Kap. 4 verwiesen, in dem wir weitere Aspekte des systemischen und kybernetischen Denkens herausragender Kybernetiker kennenlernen.

2.1.2   Kybernetik im Wörterbuch der Kybernetik

Eine der ausführlichsten, wenn nicht sogar die ausführlichste Beschreibung zu Kybernetik wurde von Georg Klaus und Heinz Liebscher (Hrsg., 1976) verfasst. Diese wird nachfolgend als Faksimile des Originaltextes aus dem „Wörterbuch der Kybernetik" gezeigt. Beachtet werden sollte, dass der Text vor über 40 Jahren verfasst wurde, aber in seinen grundlegenden technischen kybernetischen Aussagen bis heute seine Gültigkeit bewahrt hat.

Beschreibung des Begriffs aus dem „Wörterbuch der Kybernetik" (Quelle: Klaus und Liebscher 1976, S. 318–326)

Kybernetik: Wissenschaft von den kybernetischen Systemen. Kybernetische Systeme weisen allgemeine Merkmale wie Regelung, Informationsverarbeitung und -speicherung, Adaptation, Selbstorganisation, Selbstreproduktion, strategisches Verhalten u. a. auf. Die Kybernetik strebt danach) Struktur und Funktion von Klassen dynamischer Systeme, deren Repräsentanten solche Merkmale aufweisen, mit zunehmender Vollkommenheit mathematisch zu beschreiben und modellmäßig zu erfassen. Sie schöpft Ihre Erkenntnisse vor allem aus dem Studium konkreter kybernetischer Systeme in den verschiedenen Bewegungsformen der Materie und aus Experimenten an Modellsystemen, indem sie idealisierte theoretische Systeme aufbaut, bei denen von allen Besonderheiten einer bestimmten Bewegungsform der Materie abstrahiert ist. Insofern deckt die Kybernetik Gesetzmäßigkeiten

(kybernetischer) dynamischer Systeme auf, die für mehrere Bewegungsformen der Materie gelten können. Das betrifft insbesondere Gesetzmäßigkeiten von Regelungsprozessen und von informationellen Prozessen.

Die Kybernetik hat ein eigenes Begriffssystem entwickelt das sich z. T. auf seit langem bekannte und auch in den verschiedenen traditionellen Wissenschaften gebräuchliche Begriffe gründet, die im Rahmen der Kybernetik präzisiert oder verallgemeinert wurden. Dieses Begriffssystem ist noch nicht völlig einheitlich und umfassend ausgearbeitet. Die verschiedenen Teilgebiete dieser relativ jungen wissenschaftlichen Disziplin befinden sich in rascher Entwicklung. Damit hängt auch zusammen, dass die von verschiedenen Autoren gegebenen Definitionen des Gegenstandes der Kybernetik stark voneinander abzuweichen scheinen. Tatsächlich werden in ihnen der eine oder andere der verschiedenen Aspekte dieser Wissenschaft stärker hervorgehoben oder in den Mittelpunkt gestellt.

In philosophischer Sicht erscheint der Systemaspekt als grundlegender Aspekt, denn alle anderen Merkmale kybernetischer Systeme (wie Informationsaustausch, Regelungsvorgänge, strategisches Verhalten u. ä.) müssen als Merkmale bzw. Verhaltensweisen dieser Klasse materieller dynamischer Systeme verstanden werden. Eine zufriedenstellende Klassifizierung der kybernetischen Teildisziplinen hätte hierauf aufzubauen. Der gegenwärtige Entwicklungsstand der Kybernetik hat jedoch noch nicht zu einer einheitlichen Vorstellung vom systematischen Gesamtaufbau dieser Wissenschaft geführt. Daher verläuft die Entwicklung der Kybernetik innerhalb einer Reihe von Disziplinen, die z. T. wiederum in sich stark gegliedert sind. Hierzu gehören u. a.: Regelungs- und Steuerungstheorie, Automatentheorie, Theorie der Nervennetze, Zuverlässigkeitstheorie, Theorie großer oder komplexer Systeme, Informations- bzw. Nachrichten- und Signaltheorie, Algorithmentheorie, Spieltheorie.

Ähnlich wie sich das Begriffssystem der Kybernetik z. T. aus den traditionellen Wissenschaften heraus entwickelt hat, bedient sich die Kybernetik auch verschiedener Methoden, die ihren Ursprung in anderen wissenschaftlichen Disziplinen haben. Hierzu gehört z. B. die Modell- bzw. Analogiemethode, die Blackbox-Methode und die Versuch-und-Irrtum-Methode, die jedoch entsprechend dem allgemeineren Gegenstand der Kybernetik variiert wurden und ihrer mathematischen Methodik angepasst sind.

Ein Merkmal der neuen Wissenschaft besteht in ihrer engen Verbindung zu den Begriffsbildungen und Methoden der Mathematik. Die in den verschiedenen Teilgebieten der Kybernetik benutzten mathematischen Begriffsbildungen und Methoden entstammen, sofern sie nicht neu in die Mathematik eingeführt wurden, der Wahrscheinlichkeitsrechnung und der mathematischen Statistik, der Analysis – insbesondere der Theorie der Differenzialgleichungen –, der mathematischen Logik – insbesondere der Theorie des Aussagenkalküls sowie den Untersuchungen über Entscheidbarkeit und Berechenbarkeit –, der Algebra und der Topologie.

In der Kybernetik ist es ähnlich wie in der theoretischen Physik möglich, bestimmte Teilgebiete mit Hilfe der Mathematik als deduktive Disziplinen aufzubauen. Eine Folge dieser engen Verknüpfung von Mathematik und Kybernetik besteht darin, dass mit Hilfe der Kybernetik in manche traditionellen Einzelwissenschaften verstärkt mathematische Methoden eingeführt bzw. diese Wissenschaften für die Mathematik überhaupt erst erschlossen werden können. Dazu gehören z. B. wichtige Teilgebiete der Wirtschaftswissenschaften, der Biologie und Medizin, der Psychologie und der Linguistik. Bevor diese Gebiete jedoch einer mathematischen Behandlung zugänglich werden, ist eine genaue begriffliche Analyse unter Berücksichtigung kybernetischer Begriffsbildungen in der jeweiligen Einzelwissenschaft erforderlich.

Häufig müssen auch neue mathematische Begriffe geprägt bzw. Methoden gefunden werden. Manchmal ist es sogar notwendig, neue Teilgebiete der Mathematik zu entwickeln. Indessen sind Kybernetik und Mathematik keine Natur- oder

Gesellschaftswissenschaften; sie können aus sich heraus keinerlei Resultate zeitigen, die z. B. für die Gesellschaftswissenschaften, etwa für die politische Ökonomie oder den historischen Materialismus bzw. die gesamte marxistisch-leninistische Philosophie verbindlich wären. Der Ausgangspunkt der Untersuchungen kann also .nicht bei Mathematik und Kybernetik liegen, sondern muss in der jeweiligen naturwissenschaftlichen bzw. gesellschafts-wissenschaftlichen Disziplin gesucht werden. Denn obgleich die Kybernetik gerade von all den Gegebenheiten abstrahiert, die für die traditionellen Einzelwissenschaften grundlegend sind, heißt dies keineswegs, dass die kybernetische Forschung isoliert von der einzelwissenschaftlichen Forschung verlaufen könnte.

Ein instruktives Beispiel für die Art des Zusarnmenwirkens von Fachwissenschaft und Kybernetik stellen die Forschungen der Biokybernetik dar. Die beispielsweise bei der Analyse biologischer Regelungssysteme gewonnenen Erkenntnisse entstammen weder ausschließlich rein biologischen Einsichten, die sozusagen „kybernetisch interpretiert" werden, noch rein kybernetischen Einsichten, die „biologisch interpretiert" werden. Kybernetisches und biologisches Herangehen im (biokybernetischen) Erkenntnisprozess sind vielmehr untrennbar miteinander verbunden. Die Kybernetik liefert dabei, ausgehend von bestimmten biologischen Erkenntnissen, in jedem Falle zunächst ein relativ grobes Denkmodell für einen biologischen Regelungsvorgang. Die Forschung konzentriert sich dann darauf, die wirklichen, ihrer Natur nach biologischen Realisierungen dieses kybernetischen Denkansatzes im Einzelnen aufzufinden. Gelingt dies, so führt das Resultat entsprechender Untersuchungen in der Regel dazu, den ursprünglichen kybernetischen Denkansatz zu präzisieren, zu ergänzen oder in irgendeinem anderen Sinne weiterzuentwickeln. Oft ist damit aber nur ein kleiner Schritt in Richtung auf die Annäherung an die wirklichen Vorgänge in biologischen Systemen getan. Die neue kybernetische Modellvorstellung wird nun wiederum mit weiteren Untersuchungen am konkreten biologischen Objekt konfrontiert, wodurch meist eine erneute Präzisierung, Ergänzung usw. der Modellvorstellung erreicht werden kann. So vollzieht sich im dialektischen Wechselspiel von kybernetischem und biologischem Konzept eine fortgesetzte Annäherung an das meist außerordentlich komplizierte Regelungsgeschehen in biologischen Systemen. Dabei ist ganz klar, dass in diesem dialektischen Wechselverhältnis von kybernetischem und biologischem Konzept dem biologischen Konzept und damit den objektiv realen Vorgängen in biologischen Systemen die primäre Rolle zufällt.

Trotz wesentlicher Unterschiede zwischen biokybernetischer Forschung und der Anwendung kybernetischer Methoden auf gesellschaftliche Prozesse kann das Verhältnis auch dieser beiden Bereiche im Prinzip nicht anders sein: Auch hier wird nur beim wechselseitigen Zusammenwirken ein Erfolg eintreten, und das Primat kommt nicht der Kybernetik, sondern der Fachwissenschaft zu. Das sind der dialektische und historische Materialismus*, die marxistisch-leninistische politische Ökonomie** und – je nach der Art der speziellen Untersuchung – die eine oder andere wirtschafts-wissenschaftliche oder sonstige gesellschaftswissenschaftliche Disziplin.

* ** *Das im Jahr 1976 erschienen Lexikon der Kybernetik ist von seiner politischen Ausrichtung her im System der Deutschen Demokratischen Republik (DDR) ein-gebunden gewesen, die wiederum als „Bruderland" der Union der sozialisti-schen Sowjetrepubliken (UdSSR) eng verbunden war. Daher wird zu der Zeit im Sinne von Marx, Engels, Lenin und Stalin auch mit gesellschaftlichen Begriffen wie «dialektische und historische Materialismus» und „marxistisch-leninistische politische Ökonomie" argumentiert. Diese sind jedoch für die fachspezifischen informationstechnischen Argumentationen der Kybernetik ohne Belang (d. A.).*

Die erwähnte Dialektik von kybernetischer und einzelwissenschaftlicher Forschung hat aber noch einen anderen bedeutsamen Aspekt. Da die Kybernetik kein „absolu-tes Denkschema" ist, das den Einzelwissenschaften gleichsam aufgepfropft werden soll, sondern ihre eigentliche Quelle in der konkreten einzelwissenschaftlichen For-schung hat, entwickelt sich im Laufe kybernetischer Forschungen nicht allein die Wissenschaft für den betreffenden Untersuchungsgegenstand, also etwa – um bei dem ersten Beispiel zu bleiben – die Biologie bzw. die Physiologie weiter, sondern ebenso die Kybernetik. Die Analyse biologischer kybernetischer Systeme führt zu neuen biologische Einsichten, z. B. in die Konstruktion und den Funktionsmecha-nismus biologischer Regelungssysteme. Hier ist von den konkreten biologischen Tatbeständen die Rede, wie etwa von den Regelungszentren im Nervensystem, die einen bestimmten Prozess beherrschen, von den Nervenverbindungen, die entspre-chende Signale übermitteln, vom Feinaufbau der am Reifungsprozess beteiligten Zellen, ihrer Funktion usw. Ein wichtiger Gesichtspunkt ist dabei die Einordnung eines bestimmten Regelungssystems in das Gesamtsystem des betreffenden Orga-nismus, sind Erkenntnisse über Wechselbeziehungen zu anderen Regelungsprozes-sen. Bemerkenswert ist nun, dass den biologischen Erkenntnissen entsprechende neue Einsichten auch auf der Ebene der Kybernetik gewonnen werden.

Allgemein gesprochen schlagen sich hier neue Einsichten in die Funktionsweise und Struktur komplizierter biologischer Systeme als Einsichten in Funktionsweise und Struktur möglicher dynamischer Systeme nieder. Auf diese Weise führt die Dia-lektik von kybernetischer und einzelwissenschaftlicher Forschung also zugleich dazu, den Bestand der allgemeineren Erkenntnisse der Kybernetik fortgesetzt zu erweitern. Dabei gilt das hier Gesagte selbstverständlich nicht nur für die Beziehun-gen zwischen kybernetischer und biologischer bzw. gesellschaftswissenschaftlicher Forschung, sondern ebenso für die Beziehungen zwischen Kybernetik und allen Spezialwissenschaften, mit denen sie In Verbindung tritt. Besonders erwähnt seien hier noch die Beziehungen kybernetischer Forschungen zu solche, in der Ökonomie sowie in der Psychologie und in der Pädagogik. Auch in diesen Fällen handelt es sich keineswegs darum, neben den genannten Wissenschaften neue („kybernetische") aufzubauen oder sie gar durch solche zu ersetzen. Es geht dabei nicht einmal um die Konstituierung irgendwelcher Spezialdisziplinen innerhalb der genannten Bereiche. Dies hervorzuheben ist um so notwendiger, als einige Bezeichnungen, die für die betreffenden Forschungen eingeführt wurden, eine solche Betrachtung der Sachlage geradezu suggerieren.

Wie die *Biokybernetik* nicht neben oder gar an die Stelle der herkömmlichen Biologie tritt und auch keine biologische Spezialdisziplin darstellt, ist auch die *ökonomische Kybernetik* nicht etwa eine Art von „höherer Wirtschaftswissenschaft", die an die Stelle einer „niederen" zu treten hätte. Im dialektischen Wechselverhältnis von kybernetischer und wirtschaftswissenschaftlicher Forschung liegt die bestimmende Seite auf wirtschaftswissenschaftlichem Gebiet. Da die gegenwärtig vorhandenen theoretischen und methodischen Mittel der Kybernetik hauptsächlich in Verbindung mit naturwissenschaftlichen Forschungen entstanden und entwickelt worden sind, ist es notwendig, dies in Bezug auf die Gesellschaftswissenschaften besonders zu betonen. Die Untersuchung der hochkomplexen ökonomischen Systeme mit ihren spezifischen Gleichgewichts-, homöostatischen und Entwicklungsbedingungen steht noch ganz am Anfang und hat noch nicht das Stadium erreicht, das erforderlich ist, um das theoretische und methodische Arsenal der Kybernetik durch entsprechende Verallgemeinerungen zu erweitern.

Wesentlich weiter fortgeschritten erscheinen im Vergleich hierzu die Forschungen im Bereich der Psychologie, in der – hauptsächlich auf der Basis der System- und Informationstheorie sowie der Algorithmentheorie – bemerkenswerte Resultate erzielt werden konnten. Durch die Anwendung kybernetischer Denkweisen sowohl in der Psychologie als auch in der Pädagogik (hier z. B. in Gestalt der vielfältigen Konzeptionen bezüglich automatisierter Lehrsysteme) konnten beachtliche Fortschritte erzielt werden.

Der hohe Abstraktionsgrad kybernetischer Begriffsbildungen und die damit zusammenhängende Möglichkeit, die Denkweisen der Kybernetik in den verschiedensten Fachdisziplinen fruchtbar werden zu lassen, charakterisieren die Kybernetik als fachverbindende Disziplin, die die Zusammenarbeit von Fachwissenschaftlern der verschiedenen Bereiche verlangt. Anwendungsmöglichkeiten für die Kybernetik und ihre Methoden eröffnen sich gegenwärtig in der Automatisierungstechnik, in Biologie, Kommunikationswissenschaft, Linguistik, Medizin, Pädagogik, Philosophie, Psychologie, Soziologie und Wirtschaftswissenschaft.

Die Kybernetik ist seit ihrer Begründung Gegenstand philosophischer Auseinandersetzung. Dazu tragen ihre Ansprüche als Wissenschaft ebenso bei wie ihre z. T. weitreichenden Resultate, ihre Methodik und ihr Begriffssystem. Darüber hinaus geben auch die tatsächlichen oder die u. U. möglichen Anwendungen (elektronische Rechenmaschinen großer und variabler Leistungsfähigkeit, adaptions- und lernfähige Roboter u. ä.) vielerlei Anstöße für philosophische Reflexion. Dabei muss jedoch sorgfältig zwischen ernst zu nehmenden Untersuchungen der Konsequenzen der Kybernetik und Spekulationen unterschieden werden. Die Kybernetik ist ihrem Wesen nach materialistisch und dialektisch. Sie gehört zu den eindrucksvollsten Bestätigungen der dialektisch-materialistischen Philosophie im 20. Jahrhundert und leistet zugleich – philosophische Verallgemeinerung vorausgesetzt –, einen Beitrag, einige Kategorien des dialektischen Materialismus (wie z. B. Widerspiegelung, Wechselwirkung, Widerspruch u. a.) zu bereichern.

Die von bürgerlichen Autoren vorgenommenen Einschätzungen und Bewertungen der Kybernetik sind außerordentlich vielschichtig und reichen von strikter Ablehnung bis zu euphorischer Begeisterung. In der kurzen Geschichte der Kybernetik als Wissenschaft wurde sie von bürgerlichen Theoretikern dazu

missbraucht, die unterschiedlichsten idealistischen weltanschaulichen Konzeptionen zu stützen und die verschiedenartigsten politischen Entscheidungen zu rechtfertigen. Doch hat sich ein deutlicher Wandel vollzogen, wenn man die Einstellung der Vertreter der bürgerlichen Ideologie zur Kybernetik in ihrer ersten Entwicklungsphase mit ihrer Haltung zur Kybernetik heute vergleicht.

Während nämlich Anfang der 50er-Jahre in der bürgerlichen Philosophie die Ansicht vorherrschte, dass die Kybernetik wegen ihres angeblichen Mechanizismus und Reduktionismus abzulehnen sei (wofür gewöhnlich theologische Argumente vorgebracht wurden) standen später und stehen heute überwiegend die Konzeptionen neopositivistischer Art im Vordergrund. Dabei wird u. a. versucht, die Kybernetik und ihre Ergebnisse für eine Aussöhnung des Materialismus mit dem Idealismus auszunutzen.

Eine andere Variante neopositivistischer Interpretation, die nicht weniger absurd ist, sieht in der Kybernetik eine Art von „Universalphilosophie", die zu einer „neuen Einheit der Wissenschaft" führe. In diesem Zusammenhang werden auch verschiedene Varianten eines „kybernetischen Idealismus" konstruiert, die nicht weniger haltlos sind als der seinerzeit von LENIN kritisierte physikalische Idealismus.

Geschichte: Die Kybernetik als neue, selbstständige wissenschaftliche Disziplin entstand im Zusammenhang *mit* der stürmischen Entwicklung der Produktivkräfte in der ersten Hälfte unseres Jahrhunderts, insbesondere aus Erfordernissen der Kriegstechnik (hauptsächlich der Fliegerabwehr) während des zweiten Weltkrieges. Insgesamt gesehen ist sie das Ergebnis der Bemühungen zahlreicher Fachwissenschaftler – vor allem von Mathematikern, Physiologen, Physikern, Logikern, Nachrichten- und Regelungstechnikern – in verschiedenen Ländern. Dabei haben manche Prinzipien, die heute im Rahmen der Kybernetik entwickelt werden, innerhalb anderer Disziplinen eine mehr oder weniger lange Vorgeschichte. Das gilt z. B. für das Regelungsprinzip.

Eine führende Rolle bei der Herausbildung der neuen Wissenschaft spielte der Mathematiker Norbert Wiener *(Cybernetics or Control and Communication in the Animal and the Machine,* 1948), der dem neuen Gebiet auch den Namen gab. Vorarbeiten, die unabhängig von dieser Entwicklung geleistet wurden, lieferten in der Sowjetunion der Physiologe P. K. Anochin, der Mathematiker A. N. Kolmogorow u. a.

Die weitere Entwicklung ist längst nicht mehr das Werk einiger weniger Spezialisten verschiedener Länder. Davon zeugt eine Vielzahl nationaler und internationaler Kongresse, die dem Gesamtkomplex der Kybernetik oder den Problemen einzelner ihrer Anwendungsgebiete gewidmet waren, ebenso wie die große Zahl praktischer Anwendungen in den verschiedenen Bereichen von Wissenschaft, Technik und Wirtschaft.

Der Text wurde der aktuellen deutschen Schreibweise angepasst. Wiedergabe mit freundlicher Genehmigung des Karl Dietz Verlag Berlin.

2.1.3   Kybernetik und Cybernetics

2.1.3.1   Im Definitionskosmos der Kybernetik

Auf dem Umschlagtext der zweiten, revidierten und ergänzten Auflage seines Buches über *Kybernetik* (1963) nennt Norbert Wiener die Kybernetik als

▶ **Definition Kybernetik** „Theorie der Kommunikation und der Steuerungs- und Regelungsvorgänge bei Maschinen und lebenden Organismen."

Weiter heißt es dort:

Dies bedeutet, dass man in der Kybernetik die vielfältigen Bestrebungen zusammenfasst, nachrichtentechnische, psychologische, soziologische, biologische und in jüngster Zeit [1960er-Jahre, d. A.] medizinische Forschungsvorhaben zu vereinen.

Wiener war demnach von Beginn an bestrebt, bislang eigenständige Fachdisziplinen mit jeweils eigenständigen Fachtermini durch die Kybernetik zu vereinen. Unabhängig von diesem Gedanken einer Ganzheitlichkeit Wieners entwickelte sich im Laufe der Jahre jedoch die Kybernetik in verschiedenen Fachdisziplinen, aus denen – beeinflusst durch kybernetisch orientierte Wissenschaftler – heraus eigene Definitionen von Kybernetik entstanden. Flechtner (1984, S. 9–11, Erstveröffentlichung 1970) subsummiert einige davon unter der Überschrift „Vorläufige Begriffsbestimmung". Er schreibt:

Es gibt heute [1970er-Jahre, d. A.] schon eine Fülle von Definitionen und Wesensbestimmungen der Kybernetik die wohl alles Wesentliche an ihr erfassen, aber doch meist in Überbetonung einer bzw. einiger Seiten. Nach W. Ross Ashby [britischer Psychiater und Kybernetiker, s. Abschn. 4.6, d. A.] (1903–1972) ist:

▶ **Definition Kybernetik** Kybernetik die „allgemeine formale Wissenschaft der Maschinen.",

aber eine solche Bestimmung ist solange nichtssagend, als man nicht weiß, dass hier unter „Maschinen" auch Lebewesen, Gemeinschaften, Volkswirtschaften und dgl. zu verstehen sind. Nimmt man den Begriff der „Maschine" aber so weit, schießt man über das Ziel hinaus – auch dann, wenn man sie etwa auf das „Verhalten" solcher Maschinen einengt.

Maschineverhalten kann z. B. das Streben und Erreichen eines konkreten Zieles sein. Daraus ließe sich – nach dem französischen Kybernetiker Albert Ducrocq (1921–2001), s. https://fr.wikipedia.org/wiki/Albert_Ducrocq (Zugegriffen am 16.01.2018) – die Definition ableiten (Flechtner 1984, S. 9):

▶ **Definition Kybernetik** Kybernetik ist eine Wissenschaft, die uns „systematisch zur Erreichung jedes beliebigen Zieles, demnach auch jedes politischen Zieles befähigt."

Diese Definition schlägt eine Brücke zurück in die Geschichte des Jahres 1834, in dem der

[…] große Physiker André Marie Ampère [1775–1836, d. A.] die Idee einer Wissenschaft entwickelt, die er „cybernetique" nannte und die sozusagen eine Verfahrenslehre des Regierens sein sollte. (Flechtner 1984, S. 9).

In „Kybernetische Grundlagen der Pädagogik" (Ausgabe1964) definiert Helmar Frank (1933–2013) nach Flechtner (ebd.):

▶ **Definition Kybernetik** „Kybernetik ist die Theorie oder Technik der Nachrichten, des Nachrichtenumsatzes oder der diesen leistenden Systeme."

Regieren und Nachrichtenübertragung werden durch beide Definitionen der Kybernetik zusammengeführt. Der britische Betriebswirt Stafford Beer (1926–2002), s. Abschn. 4.9, formuliert es ähnlich, wobei er sich wieder der Definition von Wiener annähert:

▶ **Definition Kybernetik** „Kybernetik ist die Wissenschaft von Kommunikation und Regelung".

Eine sehr allgemeine Formulierung für Kybernetik wie die von Bernhard Hassenstein (1922–2016), Mitbegründer der Biokybernetik, (1972, S. 123):

▶ **Definition Kybernetik** Kybernetik ist „Wissenschaft vom Steuern"

– ist wenig aussagekräftig. Klarer und wieder auf den Ursprung der Regelungstechnik bezogen formuliert der russische Mathematiker Alexey Andreevich Lyapunov (1911–1973):

▶ **Definition Kybernetik** „Das Grundverfahren der Kybernetik ist die algorithmische Beschreibung des Funktionsablaufs von Steuerungssystemen. Der mathematische Gegenstand der Kybernetik ist das Studium der steuernden Algorithmen."

Auch der deutsche Informationstheoretiker und Kybernetiker Karl Steinbuch (1917–2005) versuchte sich an Definitionen der Kybernetik, obwohl er wusste, dass eine allgemeingültige Definition für Kybernetik ebenso wenig existiert wie für Mathematik oder Philosophie (Steinbuch 1965, S. 325):

▶ **Definition Kybernetik** „Unter „Kybernetik" wird einerseits eine Sammlung bestimmter Denkmodelle (der Regelung, der Nachrichtenübertragung und der Nachrichtenverarbeitung) und andererseits deren Anwendung im technischen und außertechnischen Bereich verstanden."

Weiter heißt es (ebd.):

Da nun aber Regelung, Nachrichtenübertragung und Nachrichtenverarbeitung wesentlich durch die Untersuchung der informationellen Strukturen gekennzeichnet sind, könnte man auch kurz so formulieren:

▶ **Definition Kybernetik** „Unter Kybernetik wird die Wissenschaft von den informationellen Strukturen im technischen und außertechnischen Bereich verstanden." (ebd.)

Eine eigene Definition von Kybernetik versuchte Flechtner (1984, S. 10) durch die Verknüpfung von Kybernetik mit dem Systembegriff, wie es heute allgemein durch die Verbundenheit der Begriffe Systemtheorie und Kybernetik praktiziert wird:

▶ **Definition Kybernetik** „Kybernetik ist die allgemeine, formale Wissenschaft von der Struktur, den Relationen und dem Verhalten dynamischer Systeme."

Hierdurch nähert sich diese Definition der von Georg Klaus (1912–1974) an, ein in der vormaligen DDR (Deutsche Demokratische Republik) wirkender Philosoph, Logiker und Kybernetiker, der mit seinen Publikationen, u. a. „Kybernetik und Gesellschaft" (1964), international bekannt wurde, der in seinem Buch über „Kybernetik in philosophischer Sicht" (Klaus 1961, S. 27) definiert:

▶ **Definition Kybernetik** „Kybernetik ist die Theorie des Zusammenhangs möglicher dynamischer selbstregulierender Systeme mit ihren Teilsystemen."

Die Liste der Definitionen, was Kybernetik ist, ließe sich noch fortsetzen. Eine Reihe weiterer Definitionen der Kybernetik, über die hier genannten hinaus, listet Obermair in seinem kompakt gehaltenen Taschenbuch „Mensch und Kybernetik" (1975, S. 14–16) auf. Daraus schließen wir in unserem Definitionskosmos der Kybernetik mit einer Definition aus der Brockhaus Enzyklopädie (1966–1974):

▶ **Definition Kybernetik** „Die spezifischen Disziplinen der mathematischen Kybernetik sind die Informationstheorie, die Theorie der Regelsysteme und die Automatentheorie. Alle drei Disziplinen sind nicht abgeschlossen, sondern benutzen auch andere mathematische Teilgebiete, wie beispielsweise die Wahrscheinlichkeitstheorie, mathematische Logik (Logistik), Zahlentheorie, Theorie der Spiele und andere. Wir können zur Zeit auch noch nicht davon sprechen, dass die mathematischen Theorien zum kybernetischen Gebrauch voll entwickelt sind."

Regelung und Nachrichtenübertragung, somit auch Informationsverarbeitung und Kommunikation in Lebewesen, in Menschen, Tieren und Pflanzen, gehorchen kybernetischen Prinzipien bzw. der Sprache der Kybernetik, wie sie in Kap. 3 behandelt wird. Das herausragende kybernetische Prinzip der *negativen Rückkopplung* lenkt ein System hoher Dynamik und Komplexität, wie es in Natur, Technik und Gesellschaft in vielfältigen Variationen vorkommt, in Richtung eines Zustandes zunehmender Stabilität, unter Beibehaltung der Möglichkeit eines Systemfortschrittes. Die Evolution ist damit über Jahrmilliarden gut gefahren. Die Menschen haben es bis heute noch nicht gelernt, die Sprache der Kybernetik so zu gebrauchen, dass gesellschaftliche Fortschritte nachhaltig fehlertolerant gestaltet werden können, zumindest folgen- und folgekostenreduzierter, als es geschieht.

Die konsequente, angepasste und sensible Anwendung kybernetischer Prinzipien – insbesondere der *negativen Rückkopplung* – in sozialen, wirtschaftlichen, politischen und anderen Entscheidungsprozessen könnte und kann zu einer Vermeidung und Minderung von Problemen und Folgeproblemen führen, die uns zunehmend erdrücken. Unbedingte Voraussetzung dafür wäre aber eine deutliche Umkehr des monokausalen Denkens und Handelns in ein systemisches Denken und Handeln. Die Kybernetik und die Systemtheorie sind hierzu geeignete Mittel der Wahl.

2.1.3.2 Alles „Cyber" oder was?

Es waren die 1960er- und 1970er-Jahre, die zur Blütezeit der Kybernetik wurden. Aus dieser Zeitspanne entsprang eine unüberschaubare Vielfalt von Literatur zu Kybernetik, die sich mit Strukturen, Definitionen, Anwendungsgebieten und einer Reihe anderer kybernetischer Merkmale befasste, die uns heute noch durch die kybernetischen Gefilde leiten. Der Zeitsprung in die Gegenwart, in das heraufziehende Zeitalter der Digitalisierung, der Robotik und der künstlichen Intelligenz, rückt den Blick erneut und stärker auf die Kybernetik bzw. auf kybernetische Systeme. Thomas Rid zeichnet in seinem Buch „Maschinendämmerung" (2016) detailreich den Weg der Kybernetik bis in die heutige Zeit nach.

Werden die Nomen *Kybernetik* oder *Kybernetiker* ins Englische übersetzt, erhalten wir *cybernetics* und *cyberneticist*. Aber was bedeutet das Präfix „Cyber"? Rid (2016, S. 7–10) stellt diese Frage ganz am Anfang seines Vorwortes. Nicht nur seine *Studenten*, auch *Offiziere der amerikanischen Luftwaffe, Pentagon-Strategen, Kongressabgeordnete, Bankangestellte, verschwiegene britische Spione, Wissenschaftler, Hacker* (jemand, der sich ohne Berechtigung Zugriff auf fremde Computer verschafft) und viele andere sind neugierig, was „Cyber" zu bedeuten hat. Die zunehmende Vernetzung von elektronischen Systemen bringt es mit sich, dass nicht wenige Benutzer dieser Systeme nach der Bedeutung von „Sicherheit und Freiheit" (ebd., S. 7) fragen.

Raum, Sicherheit, Krieg, War, Space, Security klingen nach dem ersten Hören nicht aufregend; durch das Präfix „Cyber" – *Cyberraum, Cybersicherheit, Cyberkrieg, Cyberwar, Cyberpace, Cybersecurity* – bekommen sie aber – insbesondere im digitalen Zeitalter – eine technische und moderne, teils auch erschreckende Bedeutung. Rid greift in einer kurzen Sequenz eine Reihe von Personen heraus, deren Verständnis für das Präfix „Cyber" unterschiedlicher nicht sein kann (ebd., S. 9–10):

> „Cyber" ist ein Chamäleon. Politiker in Washington denken bei dem Wort an Stromausfälle, die jederzeit ganze Städte ins Chaos stürzen können. Nachrichtendienstler in Maryland hingegen an Konflikt und Krieg – und an Daten, die von russischen Verbrechern und chinesischen Spionen gestohlen werden. Manager in der Londoner City verbinden damit massive Sicherheitsverletzungen, Banken, die finanziell bluten müssen, und Unternehmen, deren Ruf im Handumdrehen ruiniert sein kann. Für Erfinder in Tel Aviv beschwört es Visionen von Menschen herauf, die mit Maschinen verschmelzen, von verkabelten Prothesen mit empfindungsfähigen Fingerspitzen und von Silikonchips, die unter zarter menschlicher Haut implantiert werden. Science-Fiction-Fans in Tokyo assoziieren es mit einer eskapistischen [realitätsflüchtenden, d. A.], aber retropunkigen Ästhetik, mit Sonnenbrille, Lederjacke und abgenutzten, verschrammelten Geräten. Romantische Internetaktivisten in Boston sehen darin ein neues Reich der Freiheit, einen Raum jenseits der Kontrolle repressiver Regierungen und Polizeiapparate. Ingenieure in München assoziieren es mit stählerner Kontrolle und einem Fabrikbetrieb von der Computerkonsole aus. Alternde Hippies in San Francisco denken nostalgisch an Ganzheitlichkeit und Psychedelika, und wie sie ihre grauen Zellen „antörnen". Und für die bildschirmsüchtige Jugend dazwischen bedeutet „Cyber" einfach Sex per Videochat. Das Wort verweigert sich der Festlegung auf Normen und Präfix. Seine Bedeutung ist genauso schwer zu fassen, schemenhaft und undeutlich. Worin auch immer sie besteht, sie ist immer in Bewegung, sie hat immer mit der Zukunft zu tun und ist zugleich immer schon Vergangenheit.

Kybernetik und Cybernetics stellen sich als zwei Begriffe heraus, die – jeder auf seine Weise – nicht konkret zu fassen sind. Weder existiert *die* Definition von Kybernetik, noch kann „Cyber" oder Cybernetics einer *eindeutigen* Anwendung zugeordnet werden. Beide sind *Metabegriffe* für eine Vielzahl von Anwendungen quer durch alle gesellschaftlichen Einsatzgebiete.

Mit dieser erarbeiteten abschließenden Feststellung zu den beiden Begriffen Kybernetik und Cybernetics haben wir den Zirkelschluss vollendet, der uns wieder an den Anfang von Abschn. 2.1 bringt.

2.2   Systemisches und kybernetisches Denken

Zusammenfassung

Durch dieses Kapitel leitet in prägnanter Weise ein kybernetisches Denken, das in seiner Vielfalt und seinen Perspektivwechseln wesentliche Grundlagen für ein Arbeiten mit kybernetischen Systemen herausstellt. Diese werden in erster Linie durch ein kybernetisches – kommunikatives – Voranschreiten in zirkulären Abläufen gestützt. Probst beschreibt diese Strategie in aller Ausführlichkeit und Präzision in sechs Prozessschritten. Ergänzt bzw. unterstützt wird der zirkuläre Ablauf durch verknüpfte systemisch-spezifische Aussagen verschiedener Autoren, die alle dem kybernetischen Gedankengut und der dadurch wirksamen und nachhaltigen Behandlung komplexer Zusammenhänge verpflichtet sind. Allen Autoren ist die dominante Zielstrategie des „long-term-farseeing" zu eigen.

2.2.1   Zirkulärer Ablauf in sechs Schritten

„Grundsätzlich wird die Meinung vertreten, dass Systemtheorie und Kybernetik die Grundlage bieten, um komplexe Systeme zu verstehen und ein Phänomen wie Selbstorganisation erfassen zu können." Diese Aussage von Probst (1987, S. 26) ist auch heute noch gültig.

Im Rahmen seiner Betrachtung zu Selbstorganisation, die eng mit dem kybernetischen Prozessmerkmal „Rückkoppelung" verbunden ist, beschreibt Probst Merkmale des systemischen und kybernetischen Denkens in einer zirkulären Anordnung zur Erfassung und zum Verstehen von komplexen Systemen, wie sie Abb. 2.5 zeigt und anschließend Schritt für Schritt angemessen erläutert wird.

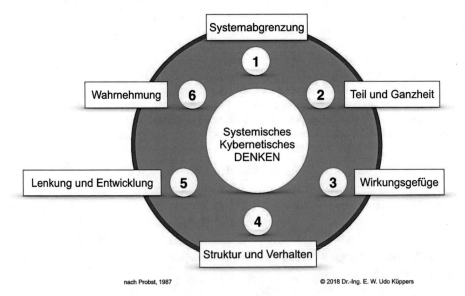

nach Probst, 1987   © 2018 Dr.-Ing. E. W. Udo Küppers

Abb. 2.5 Systemisches und kybernetisches Denken in zirkulärer Darstellung zur Erfassung und zum Verstehen von komplexen Systemen in sechs Schritten. (Quelle: nach Probst 1987, S. 27, leicht geändert d. d. A.)

2.2.2 Systemabgrenzung

Schritt 1: Systemabgrenzung (alle Zitate in Schritt 1 bis 5 nach Probst 1987, S. 26–45): Die Bestimmung der Grenze eines Systems, zumal eines komplexen Systems, setzt in der Regel die Frage: „Was ist eigentlich das System, das ich betrachte?", voraus. Welche Probleme beinhaltet es? Welche Prozesse finden statt? Etc. Letztlich wird die Systemgrenze durch das Problem oder die Probleme im System beeinflusst. Die Frage nach der Relevanz des Systems bei konkreten Problemen beantwortet Probst wie folgt (ebd., S. 29):

1. Wie und wo ist das Problem, die Situation, das System abzugrenzen? Welche Stellung, welchen Bezugsrahmen, welche Prämisse wähle ich als Beobachter? Welche anderen Sichtweisen sind möglich?
2. Die Stellung des Beobachters ist zentral: die Systemabgrenzung wird durch den Standpunkt, den Bezugsrahmen, das Vorauswissen, die Prämissen, Erwartungen, Werthaltungen usw. bestimmt.
3. Welches sind für mich als Beobachter Elemente und Teilsysteme, die relevant erscheinen? Welches „System" produziert eine „bestimmte Situation"? Was ist Teil und Ganzheit?
4. Verschiedenartige Systemabgrenzungen und Teilsystembildungen sind relevant und möglich – von zentraler Bedeutung ist jedoch, jene Elemente und Beziehungen zu erfassen, die eine bestimmte Problemsituation produzieren.
5. In welcher Umwelt befindet sich ein System und welche Umweltbeziehungen liegen vor? Welche Beziehungen und Abhängigkeiten zu anderen Systemen liegen vor?
6. Systeme sind immer in eine Umwelt gebettet, sie sind Teil eines größeren Ganzen.

Alle folgenden Merksätze nach Probst (1987, S. 29–45):

▶ **Merksatz** Systemisches und kybernetisches Denken ist: Ganzheitliches Denken in offenen Systemen.

2.2.3 Teil und Ganzheit

Schritt 2: Teil und Ganzheit Probst spricht von der zentralen Bedeutung, „wie ein System zu modellieren und zu untersuchen ist" (ebd., S. 29). Viele Systeme sind eher komplex und weniger kompliziert. Nicht die große Zahl von Systemteilen und deren Unterschiedlichkeit ist von Belang. Wesentlich ist (ebd., S. 30)

[…] die Dynamik oder der Grad der Voraussagbarkeit des Verhaltens des Systems als Ganzes. […] So interessieren den Systemiker nicht einfach die Teile oder Komponenten eines Systems, sondern vor allem auch die Frage, wie diese Komponenten miteinander verknüpft sind, d. h., welche Beziehungen zwischen den Teilen eines Systems herrschen. Die Vielfalt der Teile, besonders aber die Vielfalt der Beziehungen zwischen den Teilen, bestimmt die Verhaltensmöglichkeit oder die möglichen Zustände, die ein System annehmen kann und damit die Varietät eines Systems.

Hier stellen sich nun **echte kybernetische Fragen** [Texthervorhebung d. d. A.]:

1. Wie kann die Varietät eines Systems unter Kontrolle gehalten werden?
2. Wie kann ein System mit ungeheuer vielen Verhaltensmöglichkeiten gelenkt werden?
3. Auf welche Variablen und Beziehungen können wir Einfluss nehmen?

4. Welche Teile oder Variablen können wir nicht beeinflussen oder sind nicht lenkbar?
5. Auf welche Art und Weise kann das System gelenkt werden? Welche Reaktionen, Nebenwirkungen, Veränderungen, Umkippeffekte usw. sind zu erwarten bei lenkenden Eingriffen in das System? Usw.

Der systemisch und kybernetisch denkende Problemlöser erfasst die Ganzheitlichkeit, die
volle Variationsbreite eines Systems und lässt dadurch die Möglichkeiten, die einem System innewohnen, bestehen.

Der systemisch und kybernetisch denkende Problemlöser konzentriert sich nicht primär auf eine Handvoll Detail-Kausalitäten zwischen Systemelementen, ohne auf den analytischen Detailblick gänzlich zu verzichten. Er versucht demgegenüber das vernetzte Ge-
webe der Elemente des Systems, deren Interaktionen im Gesamtsystem zu erkennen und
bearbeitbar zu machen (vgl. Küppers 2013).

Für das Untersuchen und Modellieren eines komplexen Systems, seiner Teile und seiner Ganzheit, sind nach Probst (ebd., S. 32) die folgenden sechs Punkte richtungsweisend:

1. Welche Beziehungen herrschen zwischen den Teilen; wie sind sie verknüpft? Welche Verhaltensmöglichkeiten enthält ein System, bzw. welche Verhaltensmöglichkeiten sind ausgeschlossen?
   Welche Grenzen, Einschränkungen und Toleranzgrenzen bestehen für die einzelnen Elemente,
   Teilsysteme und das Ganze?
2. Welche Teile (Subsysteme) bilden wiederum sinnvolle Einheiten? Welche neuen Eigenschaften
   hat ein aus Teilen integriertes Ganzes?
3. Auf welcher Ebene interessieren uns welche Details? Sind (Teil-)Systeme weiter aufzulösen oder
   genügt eine **Black-Box-Betrachtung**? [Hervorhebung d. d. A.]
4. Netzwerke (Filz) zu durchschauen versuchen, der Komplexität gerecht zu werden; Einbezug der
   Vielfalt, Vielzahl der Dynamik, Wandlungsfähigkeit; Verhindern eines unnötigen Reduktionismus; Akzeptanz von Nichtwissen-Können.
5. Das System bewusst auflösen und zusammenfügen, ohne das Ganze aus den Augen zu verlieren;
   das Ganze ist etwas anderes als die Summe seiner Teile, es gehört zu einer anderen Kategorie.
6. Ständiges Bewusstsein der Ebene des Denkens und Handelns notwendig; bewusstes Arbeiten auf
   verschiedenen Abstraktionsebenen.

▶   **Merksatz** Systemisches und kybernetisches Denken ist: analytisches und syn-
    thetisches Denken.

2.2.4 Wirkungsgefüge

Schritt 3: Wirkungsgefüge Es hat sich über die Jahrzehnte bis in die Gegenwart nicht
geändert: Menschen jeder Couleur denken noch zum überwiegenden Teil in monokausalen Wenn-dann-Beziehungen; bildlich gesprochen entlang einer Handlungskette, in der
die Folge einer Ursache, eine Wirkung, auf eine Ursache zurückgeführt wird. Dieses Denken entlang einer Kausalkette von Ursachen und Wirkungen ist in vielen wissenschaftlichen Disziplinen ausgeprägt und hat dort seine Berechtigung, wenn detailanalytische
Problemlösungen erforderlich sind. Gleichzeitig ist aber in unserer komplexen Umwelt
kein System völlig isoliert zu betrachten. Insofern ist jedes Ergebnis einer Detailanalyse
gleichzeitig Teil einer übergeordneten Gesamtheit eines Systems.

Fehlerfrei mit komplexen – zumal dynamischen – Systemen umzugehen, gelingt nur bis zu einem bestimmten Grad. Eher ist das Gegenteil im Umgang mit komplexen Systemen der Fall, bei dem Menschen sehr viele Fehler, „Komplexitätsfehler", begehen. Das plastische Beispiel von Dietrich Dörners „Tanaland"-Experiment, bei dem Versuchspersonen für das Wohlergehen der Bewohner des künstlichen Landes Tanaland sorgen sollten, zeigt sehr deutlich die Komplexitätsfehler durch das immer wieder erfolgte Zurückfallen der Versuchspersonen in monokausale Denkmuster bei der Lösungssuche auf (Dörner 1989, S. 22–46). Tanaland erwartete schließlich ein beklagenswertes Schicksal durch das weitgehende Unvermögen der Versuchspersonen, die Realität der Systemelemente mit deren Beziehungen zueinander zu erkennen und zu bewerten.

Zu zentralen Denkfehlern, die immer wieder vorkommen, wenn komplexe Systeme Gegenstand von Untersuchungen sind, verweist Probst (ebd., S. 33) auf zwei frühere Arbeiten Dörners (1976, 1981) mit drei Argumenten:

1. Der Mensch beurteilt meist vor allem den augenblicklichen Zustand eines Systems, ohne sich der zeitlichen Abläufe und der Interdependenzen bewusst zu werden.
2. Uns fehlt die Fähigkeit des Umgangs mit Phänomenen wie Nebenwirkungen, Schwellenwerte, Umkippeffekte oder exponentielle Entwicklungen. Komplexe Systeme verhalten sich für uns hier meist gegenintuitiv, wie es **Jay W. Forrester** ausgedrückt hat. [Hervorhebung d. d. A.; der Informatiker J. W. Forrester war ein Computerpionier und gilt als der Begründer des Gebiets der Systemdynamik, siehe auch Abschn. 4.13].
3. Wir sind gewohnt, in Kausalitäten zu denken und nicht in Netzwerken. Wir erwarten, dass eine Wirkung eine Ursache hat, dass eine Wirkung wiederum eine Ursache für eine weitere Wirkung ist usw. Aber nicht nur das menschliche Denken, sondern auch das menschliche Handeln ist an lineare Kausalketten gewöhnt (siehe weiter oben „Denken in Wirkungsketten") und erwartet von einer Maßnahme einen Effekt, der wieder Grundlage für einen Effekt ist usw.

Wir nähern uns, unter anderem mit den drei voranstehenden Aussagen, den Grundlagen der Systemtheorie und Kybernetik und ihren Vertretern verschiedener kybernetischer Systeme, die in Kap. 4 behandelt werden.

Auch das Wirkungsgefüge eines komplexen Systems bzw. die Art, wie Systemteile aufeinander wirken, wird von Probst durch sechs argumentative Fragen untermauert (Probst 1987, S. 35):

1. Welcher Art sind die Beziehungen zwischen den Teilen?
   - negative/positive Wirkungsbeziehungen?
   - quantitative Wirkungsbeziehungen?
   - **Zeitaspekt** der Wirkungsbeziehungen?
2. Welche Rückwirkungen – auch über zahlreiche Stationen – bestehen?
   - negative Rückkopplungsschleifen?
   - positive Rückkopplungsschleifen?
   Sind bei der Systemabgrenzung Rückwirkungen weggelassen oder zerschnitten worden?
3. Welche Mehrfachwirkungen liegen aufgrund vernetzter Beziehungen vor? Wie würde sich das System in anderen Situationen verhalten? Welche **Redundanz**, **Substituierbarkeit**, **Verletzbarkeit**, **Abhängigkeit** ist im System erhalten?

4. Erst wechselseitige Wirkungen (**Interdependenzen**) und zeitliche Abläufe erlauben die Dynamik und damit die Komplexität eines Systems zu verstehen.
5. Kausales Denken in Steuerketten wird der Realität nicht gerecht; meistens handelt es sich um zirkuläre Systeme mit Rückkopplungen über mehrere miteinander verbundene Teile; Zirkularitäten und Vernetzungen dürfen nicht aufgebrochen werden.
6. Die Zusammenhänge vernetzter Systeme verlangen die Beachtung von **Nebenwirkungen, Mehrfachwirkungen, Schwellenwerten, Umkippeffekten, exponentielle Entwicklungen** usw., – nur so kann die Varietät des Systems erfasst werden [alle Hervorhebungen d. d. A.].

▶   **Merksatz** Systemisches und kybernetisches Denken ist: Denken in kreisförmigen Beziehungen und Netzwerken.

2.2.5 Struktur und Verhalten

Schritt 4: Struktur und Verhalten Der Organisationslehre wohnen bis zum heutigen Tag klare organisatorische Aufbau- und Ablaufstrukturen inne. Organisatorische Grundsätze sind die Auslöser dieser Strukturen. Sie werden getragen von Organigrammen, Diagrammen, die die Funktionen einzelner Bereiche oder Personen beschreiben, Leistungsstandards festlegen u. a. m.

Systemische und kybernetische Strukturen durchbrechen diese klassischen, oft starren Gebilde von Aufbau und Ablauf und erlauben, Möglichkeiten und Fähigkeiten beider zu erweitern, diese zu verändern, neuen Situationen anzupassen und – im Sinne der Kybernetik – zu lenken. Lenkungsmodelle sind immer mit Information und Informationsübertragung verbunden, wobei **Information** auch die Entstehung von **Ordnung** bestimmt, bzw. die Entstehung von **Unordnung (Entropie)** vermeidet (vgl. ebd., S. 37). Zu der Frage „Welche Strukturen bestimmen das Verhalten eines Systems?" gibt Probst wiederum sechs argumentative Hilfen zur Hand (ebd., S. 38):

1. Werden Verhaltensweisen durch ganz bestimmte Strukturen hervorgebracht? Welcher Art sind die Strukturen, die das Verhalten eines Systems bestimmen?
2. Welche Rolle spielen die Informations- und Kommunikationsstrukturen? Was bedeutet das Fehlen von Informations- und Kommunikationskanälen? Welches sind die zentralen Informationen und Quellen?
3. Welche Muster sind erkennbar? Können wir feststellen, ob etwas fehlt, dazukommt, sich verändert?
4. **Strukturen bestimmen das Verhalten eines Systems und damit Anpassung, Veränderung, Selbstorganisation, Lernen, Entwicklung.** Strukturen sind formell und informell, bewusste und unbewusste Mechanismen, Regeln, Normen usw.
5. **Information ist zentral**; Informations- und Kommunikationsmöglichkeiten sind Voraussetzung für Lenkung.
6. Ordnung (wie wir sie wahrnehmen) entsteht aus dem Zyklus von Struktur und Verhalten [alle Hervorhebungen d. d. A.].

▶   **Merksatz** Systemisches und kybernetisches Denken ist: Ein Denken in Strukturen und (informationsverarbeitenden) Prozessen.

2.2.6   Lenkung und Entwicklung

Schritt 5: Lenkung und Entwicklung Lenkungsmodelle und deren Mechanismen sind weit verbreitet. Sie sind in natürlichen, technischen, wirtschaftlichen und sozialen Systemen präsent. Norbert Wiener hat in seinem prägenden Buch über Kybernetik (1963, Original 1948) unterschiedliche Systeme – die von Lebewesen und Maschinen – beschrieben. Erst das Abstrahieren eines Modells, wodurch verschiedene Systeme „im Licht der Lenkungsmechanismen abgebildet werden, macht Systemtheorie und Kybernetik im Sinne Ludwig von Bertalanffy[s] (theoretischer Biologe und Systemtheoretiker) und Norbert Wiener[s] (dem eigentlichen Begründer der Kybernetik) vollauf verständlich." (Probst 1987, S. 39) Das Arbeiten mit abstrakten Systemen oder Modellen von Systemen ist nicht immer leicht; eher schon der Umgang mit konkreten Systemen mit Lenkungsstrukturen, die überschaubar, klar begrenzbar und verstehbar sind. Beispiele hierzu sind in allen Arbeits- und Lebensbereichen zu finden, ob es das geregelte Heizungssystem, ein technischer Servo-Mechanismus für mobile Automaten, homöostatische Blutdruckregelung oder Homöostase des Gehirns durch Blut-Hirn-Schranke u. a. m. ist. Etwas komplexer wird es, wenn soziale Systeme oder Teile davon zum Gegenstand von Lenkungsprozessen werden. In Abschn. 7.4.3 werden wir ein Beispiel aus Südamerika kennenlernen, bei dem es um die staatliche Lenkung von landesweiten landwirtschaftlichen Erträgen geht. Lenkungsmechanismen in unterschiedlichen Bereichen wie Natur, Technik, Soziales haben zu unterschiedlich ausgeprägten Modellen und spezifischen Mustern von sieben Beispielen des kybernetischen Denkens geführt, die nachfolgend aufgelistet sind (ebd., S. 41):

1. Denken in Modellen:
   Ziel ist es, Lenkungsmodelle für bestimmte Systeme bzw. Situationen zu bilden und zu erforschen.
2. Denken in verschiedenen Disziplinen:
   Wissen über Lenkungsmechanismen wird aus verschiedensten Disziplinen beigezogen.
3. Denken in Analogien:
   Unter dem Lenkungsaspekt abgebildete Systeme werden vergleichbar und als nützliche Analogmodelle anwendbar.
4. Denken in Regelkreisen:
   An der Stelle der linearen Kausalitätsvorstellung tritt ein Denken in kreisförmigen Kausalitäten, in Netzwerken.
5. Denken im Rahmen von Information und Kommunikation:
   Information wird gleichauf mit Energie und Materie gestellt und zur Grundlage für Lenkung.
6. Denken im Rahmen von Komplexitätsbewältigung:
   Komplexität wird nicht reduziert oder übergangen, sondern im Sinne des Varietätsgesetzes akzeptiert.
7. Denken in Ordnungsprozessen:
   Lenkungsstrukturen bestimmen die Komplexität einer Ordnung und umgekehrt. Organisierte Ordnung kann immer nur von geringer, selbst-organisierter Ordnung kann von hoher Komplexität sein.

Natürlich sind auch bei Lösungen von Aufgaben oder Erkundung von Ursachen für Katastrophen bei konkreten komplexen und hochkomplexen Systemen verschiedene Muster von kybernetischen Denkprozessen nicht ausgeschlossen. Oft ist eine Herangehensweise zur Problemlösung aus verschiedener Sicht sinnvoll, wenn nicht sogar geboten. Beispiele aus dem Energiesektor (Fukushima, Tschernobyl), dem Chemiesektor (Sandoz, BASF, Bhopal) und zunehmend auch im Informations- und Kommunikationssektor (weltweite Hackerangriffe, wie zuletzt im Mai 2017 mit dem Schadprogramm „Wanna Cry", das weltweit elektronische Systeme außer Kraft setzte) sind hochkomplexe Systeme, bei denen monokausale Strategien, selbst wenn sie multipel eingesetzt werden, zur Aufdeckung von Fehlern und Vorbeugung von Zerstörungen komplexer Abläufe versagen.

Abschließend wird auch hier die Frage nach dem Wissen über Lenkungs- und Entwicklungsprozesse oder -modelle, die hilfreich sein können, mit sechs Hinweisen unterfüttert (ebd., S. 42):

1. Welches Wissen aus anderen Gebieten, das die Phänomene Lenkung und Entwicklung betrifft, kann von Nutzen sein?
2. Sind Analogien unter dem Gleichgewicht der Lenkung und Entwicklung möglich?
3. Welche selbstdeterminierten, autonomen Möglichkeiten der Lenkung und Entwicklung hat das System? Inwieweit kann das System etwas neu schaffen und sich entwickeln?
4. Es gibt allgemeingültige „Systemgesetze" und Modelle zu „Problemen" der Komplexität, der Lenkungsstrukturen und des Systemverhaltens.
5. Kybernetische Modelle aus Systemforschung auf der mechanistischen, natürlichen und sozialen Ebene lassen sich nutzbringend anwenden.
6. Systeme können reagieren, entgegnen und/oder handeln. Je nachdem stehen zustandserhaltende, zielorientierte oder zweckorientierte Prozesse im Vordergrund.

▶   **Merksatz** Systemisches und kybernetisches Denken ist: ein interdisziplinäres, mehrdimensionales Denken in Analogiemodellen.

2.2.7   Wahrnehmung oder die Kybernetik der Kybernetik

Schritt 6: Wahrnehmung (oder die Kybernetik der Kybernetik) Hierzu schreibt Probst (ebd., S. 43):

> Es gibt zwar disziplinäres Wissen, aber es gibt keine disziplinären Kontexte. [...] „Probleme" muss man also sehen oder, provokativ ausgedrückt: „Probleme" müssen erst erfunden werden. Noch immer tun wir so, als ob die Realität bzw. die realen Probleme eindeutig gewissen Disziplinen zugeordnet werden könnten oder komplexe Situationen so zu gestalten und zu lenken seien, dass man Aufträge unabhängig voneinander den Volkswirtschaftlern, Energietechnikern, Biologen, Wasserwirtschaftlern usw. geben könnte.

Die **kybernetische Wahrnehmungskurve** eines Menschen beginnt nicht unmittelbar nach der Geburt, obwohl wir von Geburt an, als kybernetische dynamische Lebewesen mit einem komplexen Wirkungsnetz existieren. Wir lernen und erkennen erst im Verlauf der fortschreitenden Bildung, durch fremdes lehrreiches Einwirken oder durch Eigeninitiative, dass die Lebensgrundlage der Natur und alle sich daraus entwickelnden Instrumente und Prinzipien für ökologische, gesellschaftliche-soziale und ökonomische Weiterentwicklung ein Beziehungsgeflecht bilden. Nichts auf unserem Planeten kann isoliert betrachtet werden.

Diese fundamentale Erkenntnis ist vielen Menschen geläufig – auch den Führungskräften und Gestaltern in allen Lebens- und Arbeitsbereichen, nicht zuletzt auch in der Politik.

Das große Missverständnis – um nicht zu sagen: der nachhaltige fortschrittsfeindliche Fehler – ist, dass Menschen trotz besseren Wissens sich mehr oder weniger den kybernetischen Fundamentalgesetzen der Natur, konkreter: dem eigenen existenziellen Fortschritt, verweigern. Mit ihren kurzfristigen Entwicklungsstrategien produzieren sie Katastrophen, die die Grenzen der Lebensfähigkeit unseres Planeten erreicht, sie teilweise sogar schon überschritten haben.

Es ist das vielfach zitierte monokausale und kurzsichtige Denken und Handeln, dass dem nachhaltigen vernetzten Denken und Handeln und somit der unbedingten Stärkung der kybernetischen Wahrnehmungs- und Lernkurve entgegensteht.

Wie lange der fortschrittsfeindliche dominierende Prozess monokausalen Denkens und Handelns in einer komplexen vernetzten – kybernetischen – Natur und Umwelt noch seine erdweiten zerstörerischen Schneisen quer unter, auf und über unserer Erde zieht, ist ungewiss.

Sicher ist, dass die Evolution für den Fall der Fälle auch ohne uns fortschreitet.

Die realen Probleme nicht ausschließlich in spezifischen Fachgebieten lösen zu wollen, wie es vor 30 Jahren Probst (s. o.) anmahnte, hat bis heute wenig Gehör gefunden. Ausnahmen bestätigen die Regel, siehe hierzu Ulrich und Probst (1995).

Gegenwärtig schreitet die „Fächerexplosion" im weitaus größeren Umfang fort, als man es vor 30 Jahren erwarten konnte. Immer neue Studiengänge entstehen neben den klassischen. Die Zahl an Studiengängen an deutschen Hochschulen betrug im WiSe 2017/2018 insgesamt 19.011 (dies laut https://www.hrk.de/fileadmin/redaktion/hrk/02-Dokumente/02-03-Studium/02-03-01-Studium-Studienreform/HRK_Statistik_BA_MA_UEbrige_WiSe_2017_18_Internet.pdf (Zugegriffen am 01.02.2018); siehe auch HRK Statistische Daten zu Studienangeboten an Hochschulen in Deutschland, Wintersemester 2017/2018, Herausgegeben von der Hochschulrektorenkonferenz (HRK), November 2017, Bonn). Zehn Jahre zuvor, im WiSe 2007/2008, waren es 11.265 Studiengänge. Diese enorme Steigerung legt vielfach Zeugnis ab von einer zersplitterten Wissensvermittlung, die mit Lösungen von Problemen in der realen komplexen Umwelt ein stark ambivalentes Verhältnis pflegt. Davon ist auch der zunehmende Trend zur Digitalisierung in Bildung nicht ausgeschlossen.

Frederic Vester (1925–2003), ein vehementer Verfechter systemischen, biokybernetischen Denkens und Handelns, wird von Probst – nach Meinung des Autors völlig zu Recht – zitiert mit den Worten:

Die Realität ist eben nun mal kein unzusammenhängender Themenkatalog – dessen Einzelentwicklungen man addieren könnte, auch wenn so was dann fälschlicherweise „Systemanalyse" genannt wird –, sondern immer ein Netz von Rückkopplungen und verschachtelten Regelkreisen. Ein Wirkungsgefüge, in dem es weit mehr auf Konstellationen und ihre Gesamtdynamik ankommt, als auf sichtbare Einzelwirkungen. [Lesenswert sind zum Thema ebenso Vester (1980), „Neuland des Denkens. Vom technokratischen zum kybernetischen Zeitalter", und Vester (1999), „Die Kunst, vernetzt zu denken", d. A.]

Wie wir Systeme wahrnehmen bzw. erkunden, beschreibt Probst (1987, S. 45) wie folgt:

1. Welches Wissen ist in einem Kontext sinnvollerweise mit einzubeziehen? Gibt es alternative Standpunkte, um einen Kontext sinnvoll wahrzunehmen?
2. Wie nehmen wir Strukturen und Verhalten wahr? Wo liegen die Grenzen menschlicher Wahrnehmung? Worüber können wir nichts wissen? Ist sich das System über die Verhaltensmöglichkeiten, die systemischen Zusammenhänge bewusst (Selbstreflexion)?
3. Was wollen wir mit unserer Modellbildung/Beobachtung? „Passt" das von uns konstruierte Modell zum Wollen? Erfüllt es seinen Zweck?
4. Je nachdem, wie wir das Modell in einer bestimmten Situation wahrnehmen, handeln wir; verschiedene Konstruktionen der Wirklichkeit sind möglich; der Beobachter ist Teil des beobachteten Systems [**Beobachter 2. Ordnung**, d. A.]; wir sind für unser Denken, Wissen und Tun verantwortlich.
5. Die Wahrnehmung ist ganzheitlich, aber wir sehen nicht das Ganze; sie ist abhängig von Erfahrungen, Erwartungen usw.; sie ist selektiv; sie ist strukturbestimmt; eine vollständige Erklärung komplexer Phänomene ist nicht möglich.
6. Die Bewusstmachung des Zwecks der Beobachtung und der Eigenheiten des Beobachters ist unerlässlich. Modelle passen oder passen nicht, sie sind nicht das Abbild einer objektiven Wirklichkeit.

▶   **Merksatz** Systemisches und kybernetisches Denken ist: transdisziplinär und konstruktivistisch (Wirklichkeiten konstruierend).

2.3   Kontrollfragen

K 2.1   Beschreiben Sie die geschichtliche Herkunft des Wortes *Kybernetik nach Karl Steinbuch.*

K 2.2   Was verstehen Sie unter *Kybernetische Anthropologie?*

K 2.3   Was ist Kybernetik und was ist es nicht?

K 2.4   Beschreiben Sie die drei Sichtweisen eines interessierten Bürgers, Ingenieurs und Kybernetikers auf einen Roboter.

K 2.5   Beschreiben Sie die drei Sichtweisen eines interessierten Bürgers, Ingenieurs und Kybernetikers auf einen PKW.

K 2.6   Beschreiben und skizzieren Sie im Detail die Regelkreisfunktion eines autonom fahrenden PKW.

K 2.7   Beschreiben und skizzieren Sie im Detail die doppelte Regelkreisfunktion eines autonomen Fahrer-PKW-Systems.

K 2.8   Der Definitionskosmos der Kybernetik hält verschiedene Erklärung für das, was unter Kybernetik verstanden wird, bereit.
    1. Benennen Sie die gelisteten 12 Erklärungen.
    2. Welchen Personen können die Erklärungen zugeordnet werden?

K 2.9   Beschreiben Sie das Akronym „Cyber …". Nennen Sie die Bedeutungen und von wem diese ausgehen.

K 2.10   Skizzieren Sie die sechs Schritte eines kybernetischen Denkens in einem zirkulären Verlauf nach Probst.

K 2.11 Für das Untersuchen und Modellieren eines komplexen Systems, seiner Teile und seiner Ganzheit sind nach Probst sechs relevante Merkmale wesentlich. Welche sind das?

K 2.12 Für die Lenkung und Entwicklung von kybernetischen Systemen nennt Probst sieben Arten von kybernetischem Denken. Nennen Sie diese und argumentieren Sie deren Ziele und Zwecke.

K 2.13 Wie nehmen wir Systeme wahr und erkunden sie? Dazu werden sechs Kriterien aufgeführt. Benennen und argumentieren Sie diese.

K 2.14 Worin liegt das allgemeine Missverständnis hinsichtlich der „kybernetischen Wahrnehmungskurve" bei Menschen begründet?

K 2.15 Beschreiben Sie mit Ihren eigenen Worten, was unter „Kybernetik der Kybernetik" zu verstehen ist. Welcher Begriff wird statt „Kybernetik der Kybernetik" auch oft genutzt? Auf wen geht dieser Begriff zurück?

Literatur

Anschütz H (1967) Kybernetik – kurz und bündig. Vogel, Würzburg

Brockhaus Enzyklopädie (1966–1974) F. A. Brockhaus, Wiesbaden

Dörner D (1976) Problemlösen als Informationsverarbeitung. Kohlhammer, Stuttgart

Dörner D (1981) Über die Schwierigkeiten menschlichen Umgangs mit Komplexität. Psychologische Rundschau 7:163–179

Dörner D (1989) Die Logik des Misslingens. Rowohlt, Reinbek bei Hamburg

Flechtner H-J (1984) Grundbegriffe der Kybernetik. (Erstveröffentlichung 1970). dtv, Stuttgart

Hassenstein B (1972) Biologische Kybernetik. (Erstveröffentlichung 1967, Quelle & Meyer, Heidelberg). VEB G. Fischer, Jena

Klaus G (1961) Kybernetik in philosophischer Sicht. Dietz, Berlin

Klaus G (1964) Kybernetik und Gesellschaft. VEB Deutscher Verlag der Wissenschaften, Berlin

Klaus G, Liebscher H (1970) Was ist – Was soll Kybernetik. H. Freistühler, Schwerte/Ruhr

Klaus G, Liebscher H (1976) Wörterbuch der Kybernetik. Dietz, Berlin

Küppers EWU (2013) Denken in Wirkungsnetzen. Nachhaltiges Problemlösen in Politik und Gesellschaft. Tectum, Marburg

von Neumann J (1993) First draft of a report on the EDVAC. IEEE Ann Hist Comput 15(4):27–75, weitere Quelle. http://www.di.ens.fr/~pouzet/cours/systeme/bib/edvac.pdf. Zugegriffen am 16.01.2018

Obermair G (1975) Mensch und Kybernetik. Heyne, München

Probst GJB (1987) Selbstorganisation. Ordnungsprozesse in sozialen Systemen aus ganzheitlicher Sicht. Parey, Berlin/Hamburg

Rid T (2016) Maschinendämmerung. Eine kurze Geschichte der Kybernetik. Propyläen/Ullstein, Berlin

Rieger S (2003) Kybernetische Anthropologie. Eine Geschichte der Virtualität. Suhrkamp TB, Berlin

Steinbuch K (1965) Automat und Mensch. Kybernetische Tatsachen und Hypothesen, 3., neu-bearb. und erw. Aufl. Springer, Berlin/Heidelberg/New York

Steinbuch K (1971) Automat und Mensch. Auf dem Weg zu einer kybernetischen Anthropologie, 4., neu bearb. Aufl. Springer, Berlin/Heidelberg/New York

Ulrich H, Probst GJB (1995) Anleitung zum ganzheitlichen Denken und Handeln. Haupt, Bern/Stuttgart

Vester F (1980) Neuland des Denkens. Vom technokratischen zum kybernetischen Zeitalter. DVA, Stuttgart

Vester F (1999) Die Kunst, vernetzt zu denken. Ideen und Werkzeuge für einen neuen Umgang mit Komplexität. DVA, Stuttgart

Grundbegriffe und Sprache der Kybernetik

3

Zusammenfassung

In Kap. „Grundbegriffe und Sprache der Kybernetik" werden in der notwendigen Ausführlichkeit verschiedene Grundbegriffe der Kybernetik besprochen, die zu einem grundlegenden Verständnis komplexer kybernetischer Zusammenhänge beitragen. Grafische Darstellungen mit praktischen Prozessbeispielen kybernetischer Anwendungen ergänzen die Texte und machen den Leser mit den verschiedenen sozialen, technischen und wirtschaftlichen Bereichen vertraut, die durchsetzt sind mit kybernetischen Systemen verschiedenster Art.

Wie die Sprache der Kybernetik in den Anfängen Einfluss auf Gesellschaft, Kultur und Technik nahm, beschreibt Rid (2016, S. 197–199) folgendermaßen:

> Der Computer war in der Zeit nach dem Zweiten Weltkrieg etwas so Neues, dass er grenzenlosen Fortschritt zu versprechen schien. Die neuen „Denkmaschinen" konnten die Konstruktion von Wolkenkratzern, den Betrieb von Börsen und den Verlauf von Mondmissionen berechnen. Der Fantasie waren keine Grenzen gesetzt. Die „Riesenhirne" waren Wunder im Wartestand, die alles verändern würden: Krieg und Arbeit würden automatisiert werden; Organismen und Maschinen würden miteinander verschmelzen und neue Lebensformen hervorbringen. Viele dieser Visionen der modernen Zukunft griffen in der Mitte des Jahrhunderts jedoch den damaligen Stand der Technik um Jahrzehnte voraus. […]
>
> Am unmittelbarsten drängte sich der Vergleich mit dem menschlichen Gehirn auf. Wenn die Denkmaschine ein vereinfachtes Gehirn war, stellte sich die umgekehrte Frage eigentlich von selbst: War nicht das reale Gehirn nur eine komplexe Maschine? Der Geist verwandelte sich plötzlich in etwas, das sich in der Sprache der Technik verstehen, beschreiben und analysieren ließ. Und die Kybernetik stellte die Sprache zur Verfügung: Input und Output, negative Rückkopplung, Selbstregulierung, Gleichgewicht, Ziel und Zweck. […]
>
> Der Mythos der Kybernetik hatte erhebliche kulturelle Auswirkungen. In seiner gegenkulturellen und hochsymbolischen Lesart bildet Wieners Werk eine der ältesten und tiefsten Wurzeln des unerschütterlichen Glaubens an technische Lösungen, die später die Silicon-Valley-Kultur charakterisieren sollte.

© Springer Fachmedien Wiesbaden GmbH, ein Teil von Springer Nature 2019   37
E. W. U. Küppers, *Eine transdisziplinäre Einführung in die Welt der Kybernetik*,
https://doi.org/10.1007/978-3-658-23725-7_3

Ohne auf die sicher spannenden und kulturell breitgestreuten Einflusssphären der Kybernetik in den 1960er- und 1970er-Jahren noch intensiver eingehen zu wollen, die auch mit Namen wie Timothy Leary, der für eine weltweite Gegenkultur zur Technik stand, und L. Ron Hubbard, dem späteren Gründer von Scientology, verbunden sind, soll hier auf zwei übergeordnete Merkmale kybernetischer Systeme hingewiesen werden, bevor eine Reihe von spezifischen Grundbegriffen der Kybernetik behandelt wird.

Der Informationsbegriff. Jede Information besitzt einen materiellen oder energetischen Träger, an den es gebunden ist. Daraus folgt, dass dieser Informationsbegriff zentral für die Kybernetik ist. Dazu formuliert Anschütz (1967, S. 12):

> Die Kybernetik betrachtet die Naturvorgänge von ihrem Aspekt her, Information zu sein. Die materielle oder energetische Anordnung, in der der Träger der Information auftritt, wird das informationsverarbeitende System (IVS) genannt.

Daraus lässt sich ableiten:

▶ **Merksatz** Die Begriffe „Information" und „Informationsverarbeitendes System" (IVS) sind die Grundbegriffe der Kybernetik. Jede Theorie, die von diesen Begriffen einen sachgemäßen Gebrauch macht, ist eine kybernetische Theorie.

Aus kommunikativer Perspektive, die alle Kapitel dieses Buches miteinander verknüpft, gilt ebenso:

▶ **Merksatz** Informationsverarbeitende Systeme sind Kommunikationssysteme, in denen Informationen durch lineare und zirkuläre Transportwege ausgetauscht und verarbeitet werden.

Kybernetische Abstraktion. Anschütz (1967, S. 14) formuliert weiterhin: „Durch die Abtrennung der Information von den sie begleitenden energetischen und materiellen Prozessen abstrahiert die Kybernetik von der Natur dieser Trägerprozesse." Ein Charakteristikum der gesamten Kybernetik ist daher:

▶ **Merksatz** „Jede mathematische Behandlung der Naturvorgänge, welche Eigenschaften von Energie und Materien beschreiben will, gehört nicht zur Kybernetik." (Anschütz 1967, S. 14)

„Daraus folgt, dass für die Kybernetik eine große Anzahl von Prozessen gleichwertig ist, die sich nur im Träger der Information unterscheiden" (ebd.), woraus ein weiterer Merksatz ableitbar ist:

▶ **Merksatz** „Informationsverarbeitende Systeme gelten für die Kybernetik als gleichartig, wenn ihre Funktion gleich ist." (Anschütz 1967, S. 14)

Abb. 3.1 Black-Box-Modell als Informationsverarbeitendes System – IVS

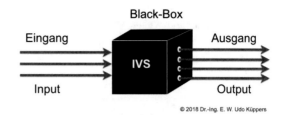

Abb. 3.2 Black-Box-Modell als IVS des Menschen. (Quelle: nach Anschütz 1967, S. 16, modifiziert d. d. A.)

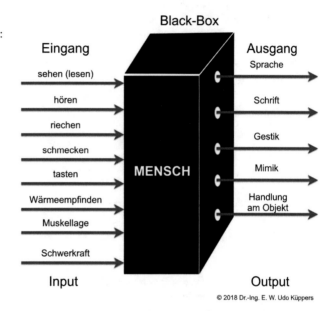

Eine typische Darstellung eines IVS, aber auch anderer Systeme, deren innere Struktur und Funktion unbekannt sind, ist das Black-Box-Modell, wie es Abb. 3.1 zeigt. Dabei können die Informationseingänge als Ursache und die Informationsausgänge als Wirkung betrachtet werden. Abb. 3.2 zeigt die Black Box eines Menschen mit den Sinnen als Informationseingängen und den zugehörigen physikalischen Trägern der Information sowie den Informationsausgängen. Ursache einer Wirkung des Menschen in die Außenwelt ist dabei eine vom Gehirn ausgehende Information im informationsverarbeitenden System IVS des Menschen.

Wir wenden uns nun einigen begrifflichen Werkzeugen zu, die wir heute als selbstverständlich im Umgang mit kybernetischen Systemen nutzen.

3.1 System – System

Nach dem Wörterbuch der Kybernetik (Klaus und Liebscher 1976, S. 800–816) wird der Begriff System, in Verbindung mit kybernetischen Systemen, einem breiten Analysespektrum unterzogen. Allgemein wird als „System" die

[…] geordnete Gesamtheit von materiellen oder geistigen Objekten [gesehen, und bezogen auf die Kybernetik] […] eine Vielzahl von Interpretationen, mit denen namentlich in der Kybernetik und in anderen mathematischen Disziplinen meist eine Präzisierung für spezielle Zwecke verbunden ist.

Im Rahmen der Kybernetik gibt es Systembegriffe dieser Art vor allem in der Automatentheorie (verschiedene Begriffe des Automaten, […] des Nervensystems), der Regelungstheorie (Begriff des Regelungssystems) und der Informationstheorie (insbesondere Begriffe des Nachrichtenübertragungs- bzw. Kommunikationssystems). Darüber hinaus gibt es verschiedene Ansätze für eine allgemeine kybernetische Systemtheorie, in deren Rahmen u. a. auch verschiedene Begriffe (kybernetischer) selbstorganisierender, insbesondere selbstoptimierender, lernender und selbstreproduzierender Systeme entwickelt wurden. (ebd.)

▶ **Merksatz** „Allgemein formuliert hat es die Kybernetik mit einer speziellen Klasse materieller dynamischer Systeme zu tun, deren wichtigstes Merkmal in ihrer relativen Beständigkeit gegenüber Einwirkungen aus der Umgebung besteht." (ebd.)

Die in diesem Sinne am vollkommensten beschaffenen kybernetischen Systeme kennen wir bisher aus der Welt der lebenden Organismen. Hier kann auch studiert werden, wie sich die Unabhängigkeit von der Umgebung in einem lange währenden Prozess stufenweise entwickelt hat. (ebd.).

Die Evolution bedient sich sozusagen über einen unvorstellbar großen Zeitraum kybernetischer Werkzeuge, die es ihr ermöglichen, über eine ebenso unvorstellbare große Biodiversität, Fortschritte trotz erheblicher Störungen zu erzielen, ohne das System als Ganzes zu zerstören.

Auf der höchsten der uns bekannten Entwicklungsstufen des Lebens (auf der Entwicklungsstufe der Säugetiere und des Menschen) wird z. B. eine Vielzahl von Parametern unabhängig von entsprechenden Veränderungen der Umgebung in gewissen Grenzen verhältnismäßig konstant gehalten. Auf diese Weise besteht ein relativ beständiges inneres Milieu, wobei sich spezifische homöostatische Prozesse vollziehen. Das in diesem Sinn einfachste kybernetische System ist der (einfache) Regelkreis; der homöostatische Prozess wird hier durch eine kompensierende Rückkopplung in Gang gehalten. Es lässt sich zeigen, dass jedes derartige Regelungssystem von einem (inneren) […] Widerspruch beherrscht wird, der das Wesen des betreffenden homöostatischen Prozesses ausmacht. Hieraus resultiert, dass neben der relativen Beständigkeit gegenüber äußeren Einwirkungen [die wir auch als Störgrößen kennen, d. A.] die relativ selbstständige Aktivität ein wesentliches Merkmal kybernetischer Systeme ist.

Insofern besitzt der Begriff des kybernetischen Systems eine verhältnismäßig umfangreiche Bedeutung; der von der Kybernetik untersuchte Typ von Systemen ist offenbar ein in allen Bereichen der Wirklichkeit wesentlicher Typ. (ebd.)

▶ **Merksatz** Die wirkliche Welt ist nicht schlechthin ein System von Systemen, sondern ein System von relativ voneinander unabhängigen, „sich selbst regulierenden und aufgrund der inneren Widersprüche sich selbst bewegenden […] (kybernetischen) Systemen." (ebd.).

Auf einige der mit dem vorangegangenen Text verknüpften Begriffe werden wir noch detaillierter eingehen.

3.2   Regelkreis und Elemente – Control Circuit and Elements

Das einfachste kybernetische System ist ein einfacher Regelkreis, wie er in Abb. 3.4 zu sehen ist. Vorab gehen wir aber auf einige zugehörige Eigenschaften von Regelkreisen näher ein.

Regelkreis – Control Circuit Ein Regelkreis ist charakterisiert als ein geschlossener Wirkungsablauf, der sich, beeinflusst durch äußere Störgrößen, dynamisch auf ein bestimmtes Ziel, das durch die Führungsgröße gegeben ist, zubewegt. Tendiert die Differenz zwischen vorgegebener Führungsgröße als Ziel und der real messbarer Regelgröße gegen Null, ist eine gewisse Stabilität des Regelkreises erreicht. Die negative Rückkopplung ist die ausschlaggebende Komponente des Regelkreises, um diesen durch Regelung bzw. Anpassung in einem – z. B. bei biologischen Regelungsprozessen – dynamischen Gleichgewicht oder Fließgleichgewicht zu halten (s. a. Abschn. 3.7).

Stabilität – Stability Die Stabilität von Regelkreisen zählt zu den wichtigsten Eigenschaften eines Regelkreises. Vernetzte Regelkreise in Organismen beisitzen ein ausreichendes Potenzial, um durch ihre dynamischen selbstentwickelten Sollwerte und Selbstregelungsprozesse bei Störungen, die zu instabilem Verhalten von Regelkreisen führen, diese wieder in stabile Lagen zu lenken.

Aber die Gefahr des Oszillierens durch Über- und Unterschwingung um den Sollwert – instabile Auslenkung durch Störungsgrößen – ist permanent vorhanden. Krankheiten zum Beispiel, die einen gesunden Organismus befallen, ob durch Bakterien, Viren oder andere externe Stör-Einflüsse, bringen die Stabilität des Organismus aus dem Gleichgewicht (Oszillieren von Regelungsgrößen des Organismus außerhalb gegebener Toleranzen). Der Organismus versucht nun durch Aktivierung seiner Selbstheilungskräfte entgegenzusteuern. Gelingt dies, ist nach einiger Zeit ein Fließgleichgewicht innerhalb normaler Toleranzgrenzen wieder erreicht. Gelingt dies nicht, müssen zusätzliche externe Stellgrößen (Medikamente etc.) dosiert aktiviert werden, bis das Gleichgewicht des Organismus wieder nachhaltig hergestellt ist.

Bereits in den Anfangsjahren der Kybernetik waren Norbert Wiener und sein Mitarbeiter Julian Bigelow mit dem Problem des Oszillierens von Regelungssystemen konfrontiert. Sie untersuchten die Frage, ob bei Lebewesen, speziell bei Zielbewegungen des Menschen, ähnlich wie bei technischen Regelungsvorgängen, Oszillationen vorhanden waren. In Kap. IV „Rückkopplung und Schwingung" (S. 145–170) seines Buches „Regelung und Nachrichtenübertragung in Lebewesen und in der Maschine" beschreibt Wiener dazu verschiedene Beispiele, die auch in diesem Kapitel beschrieben sind. Wiener schreibt (1963, S. 32):

> Mr. Bigelow und ich kamen zu dem Schluss, dass ein außerordentlich wichtiger Faktor im willensgesteuerten Handeln das ist, was die Regelungstechniker mit Rückkopplung bezeichnen.

Und weiter auf S. 34:

> Eine übermäßige Rückkopplung jedoch ist ein ebenso ernstes Hindernis für organisiertes Handeln wie eine gestörte Rückkopplung. Angesichts dieser Möglichkeiten traten Mr. Bigelow und ich an Dr. Rosenblueth [mexikanischer Physiologe, d. A.] mit einer sehr bestimmten Frage heran: Gibt es irgendeinen pathologischen Zustand, in dem der Patient beim Versuch, irgendeinen Willensakt wie das Aufheben eines Bleistiftes auszuführen, über das Ziel hinausschießt und in unkontrollierbare Schwingung (an uncontrollable oscillation) verfällt? Dr. Rosenblueth antwortete uns sofort, dass es einen solchen gut bekannten Zustand gibt, der Absichts-Tremor (purpose-tremor) genannt wird und welcher oft zu Unrecht dem Kleinhirn zugeordnet wird.

Für Wiener und seinem Mitarbeiter Bigelow war diese Antwort eine wichtige Bestätigung ihrer Annahme von der Gleichartigkeit beziehungsweise Gleichheit der Regelungsmechanismen in Lebewesen und Maschinen. Abb. 3.3 zeigt drei verschiedene Regelungssysteme unterschiedlicher Stabilitäten.

Ein wesentliches Problem bei der Konstruktion von Reglern ist, die Regelabweichung vom Sollwert oder der Führungsgröße trotz wechselnder Störeinflüsse so gering wie möglich zu halten. Theoretisch und praktisch kann diese Prüfung durch die Vorgabe einer Sprungfunktion der Führungsgröße – in Abb. 3.3 ist das w(t) – erfolgen, die den Wert w(t) = 0 auf den Wert w(t) = 1 setzt. Der zeitliche Nachlauf der Regelgröße x(t), als Antwort auf die Sprungfunktion w(t), ist gekoppelt mit der unvermeidlichen Laufzeit in Regler und Regelstrecke, die zu einer „Totzeit" führt, bis die Regelgröße reagieren kann. Abb. 3.3 zeigt unter A den qualitativen zeitlichen Verlauf einer Regelgröße für ein stabiles Regelsystem, in dem der zeitliche Verlauf der Regelgröße dazu führt, dass die Regelabweichung (xe – w1) zielgerichtet minimiert wird. Unter B zeigt der zeitliche Verlauf der Regelgröße durch mehrfaches Über- und Unterschwingen um den Sollwert ein tendenziell instabileres Verhalten des Regelsystems als unter A. Die Skizze unter C ist schließlich Ausdruck eines vollkommen instabilen Regelsystems (Steinbuch 1965, S. 137–138).

Steuerung – Regelung – Anpassung I Control – Regulation – Adaption Grundlegend sind Steuern, Regeln und Anpassen drei methodische Herangehensweisen, auf einen Wirkungsablauf einzuwirken.

Dem *Steuern* liegt dabei ein *offener* Wirkungsablauf zugrunde, der durch die Steuerungskette von hintereinandergeschalteten Steuerelementen charakterisiert ist, wie Abb. 3.4 zeigt.
   Neben Kontrolle oder Steuerung waren Rückkopplung (in Verbindung mit Regelung) und Mensch-Maschine-Beziehungen die drei Ideen, die im Mittelpunkt der neuen Disziplin Kybernetik Mitte der 1940er-Jahre standen. Rid (2016, S. 70) schreibt dazu:

> Der Grundgedanke der Kybernetik war der der Kontrolle oder Steuerung. Die Bestimmung von Maschinen und Lebewesen besteht darin, ihre Umgebung zu kontrollieren und zu steuern; sie nicht nur zu beobachten, sondern zu beherrschen. Der Aspekt der Kontrolle ist fundamental. Der Begriff der Entropie [Unordnung, d. A.] illustriert das. [...] Von Natur aus besteht die Tendenz einer Zunahme der Entropie. [...] Diesen Trend zu wachsender Unordnung anzuhalten oder umzukehren, erfordert Steuerung. Steuerung bedeutet, dass ein System mit seiner Umwelt interagiert und sie formen kann, zumindest in einem gewissen Maß.

Abb. 3.3 Zeitverhalten von Regelungssystemen mit unterschiedlichen Stabilitäten bzw. Oszillationsverhalten. (Quelle: nach Steinbuch 1965, S. 137)

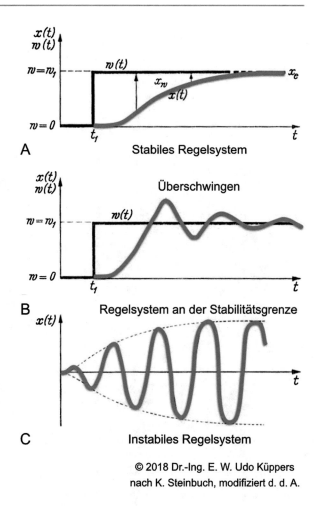

© 2018 Dr.-Ing. E. W. Udo Küppers
nach K. Steinbuch, modifiziert d. d. A.

Diese sogenannte Ordnung durch Steuerung bzw. Regelung aufrecht zu erhalten, in einer Umwelt zunehmender Unordnung (Entropie), ist aber thermodynamisch an zwei Eigenschaften gebunden, die

1. der Zufuhr von Energie und
2. der begrenzten Lebensdauer.

Zum Beispiel hält jedes Lebewesen seine innere Ordnungsstruktur nur dadurch aufrecht, dass ausreichend Energie (z. B. in Form von Nahrung) zur Verfügung steht und auf Kosten einer begrenzten Lebensdauer.

Ähnlich ist es bei Maschinen, deren „Nahrung" in der Regel aus Strom besteht und die auch eine begrenzte Lebensdauer aufgrund von unvermeidbarem Verschleiß besitzen.

Regeln findet demgegenüber in einem *geschlossenen* Wirkungsablauf statt. Die Führungsgröße, die den Sollwert oder das Ziel der Regelung vorgibt, wird von außen vorgegeben,

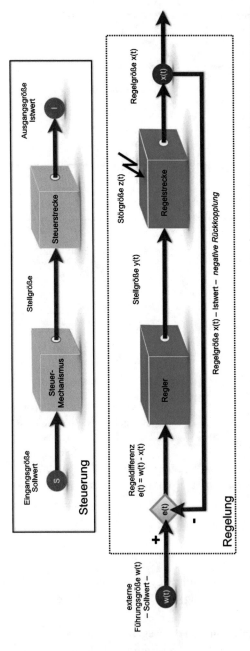
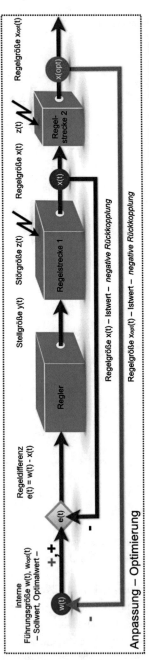

Abb. 3.4 Steuern, Regeln, Anpassen, Steuerungskette und Regelkreise als einfachste kybernetische Systeme in Form von Blockschaltbildern

während das Regelungssystem sein Verhalten selbstständig auf eine Weise ändert, dass der Sollwert erreicht wird.

Mit *Anpassen* ist ein Regelungsvorgang gemeint, der zu einem Gleichgewicht zwischen System und Umwelt tendiert, wobei der Sollwert durch den anpassungsorientierten Regelungsvorgang selbst entwickelt wird und Ausgangspunkt für nachfolgende Regelungsprozesse ist. Diese Art angepasster Regelung scheint mit hoher Wahrscheinlichkeit und in weitaus komplexeren und vernetzten Abläufen, als sie hier darstellbar sind, biologischen Regelungsprozessen innezuwohnen. Stichworte hierfür sind die Begriffe der *Selbstregulation* bzw. *Selbstorganisation*. (vgl. u. a. Flechtner (1970, S. 44). Alle drei Arten von Steuerung bzw. Regelung sind in Abb. 3.4 wiedergegeben.

Selbstverständlich existiert neben den grundlegenden Regelkreisen in Abb. 3.4 in der Praxis auch eine Vielzahl von zusammengesetzten Variationen von Regelkreisen, die unter anderem als Kaskadenregelung, Regelung mit Vorfilter und Vorsteuerung oder als Regler für ein Mehrgrößensystem in Erscheinung treten. Alle drei Typen von Regelungen sind in der Abbildungssequenz Abb. 3.5, 3.6 und 3.7 zu erkennen. Ergänzt werden die Blockschaltbilder durch praktische Anwendungsbeispiele.

Eine Kaskadenregelung beinhaltet mehrere Regler, wobei die zugehörigen Regelungsprozesse ineinandergeschaltet sind. Kaskadenregler werden von innen nach außen eingestellt, das heißt: Zuerst werden im inneren Regelkreis, dem eine Hilfsregelgröße zugeführt wird, über einen sogenannten Folgeregler Störungen der Regelstrecke ausgeregelt, wobei Störungen nicht mehr die gesamte Regelstrecke durchlaufen. Zudem kann der Folgeregler für eine Begrenzung der Hilfsregelgröße sorgen, die je nach Prozess ein elektrischer Strom, ein mechanischer Vorschub oder ein hydrodynamischer Fluss sein kann. Der äußere Regelprozess umfasst den Führungsregler und die äußere Regelstrecke, dadurch wird aus der Stellgröße des Führungsreglers die Regelgröße des Folgereglers.

Ein typisches Einsatzgebiet für Kaskadenregelungen sind thermische Prozesse mit großer Zeitverzögerung (z. B. Aufheizen von Werkstücken in einem Ofen). Der Führungsregler regelt die Werkstücktemperatur und gibt den Sollwert für den schnelleren Folgeregler vor, der die Temperatur des Thermoelementes regelt (s. Fa. Eurotherm Regler GmbH, 2604_Kaskadenregelung_HA151069GER.pdf, https://www.eurotherm.de/index.php?route=module/downloads/get&download_id=1248'. Zugegriffen am 18.01.2018).

Regelentwürfe stehen oft vor dem Problem, dass eine gute Regelführung nicht immer mit einem guten Störungsverhalten gleichzusetzen ist. Die Grundstruktur der Regeleinrichtung versucht dann – zum Beispiel durch Aufschaltung einer Hilfsregelgröße (s. Abb. 3.5) –, die Störgröße zu minimieren. Gelingt dies nicht, kann eine Erweiterung des Grundregelkreises durch Vorfilter und Vorsteuerung durch weitere Freiheitsgrade Abhilfe schaffen.

> Der Regelkreis wird auf ein schnelles Störverhalten eingestellt. Das möglicherweise starke Überschwingen der Führungssprungantwort im Grundregelkreis wird mit Hilfe des Vorfilters vermieden. […] Die Erweiterung der Struktur mit Vorfilter um eine Vorsteuerung […] [s. Abb. 3.6, d. A] bietet theoretisch die Möglichkeit, Führungs- und Störverhalten unabhängig voneinander gestalten zu können. (Philippsen 2015, S. 174)

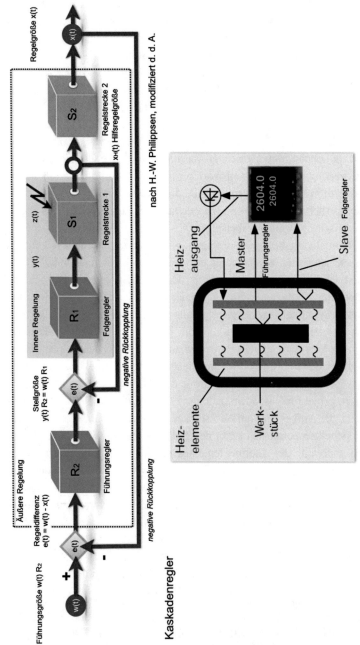

Abb. 3.5 Kaskaden-Regelsystem als kybernetische Systemvariation. (Quelle: in Anlehnung an Philippsen 2015, S. 170; Praxisbeispiel: Fa. Eurotherm Regler GmbH, 2604_Kaskadenregelung_HA151069GER.pdf, https://www.eurotherm.de/index.php?route=module/downloads/get&download_id=1248'. Zugegriffen am 18.01.2018)

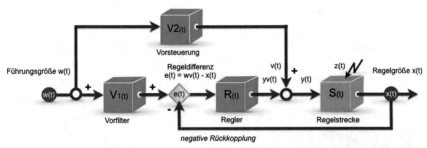

Regler mit Vorfilter und Vorsteuerung

nach H.-W. Philippsen, modifiziert d. d. A.

Regler mit Vorsteuerung zur optimalen Einstellung der Raumtemperatur

Neuer Raumtemperaturregler Fa. Vaillant   Älterer Raumtemperaturregler Fa. theben

© 2018 Dr.-Ing. E. W. Udo Küppers

Abb. 3.6 Regelsystem mit Vorfilter und Vorsteuerung als kybernetische Systemvariation. (Quelle: in Anlehnung an Philippsen 2015, S. 174; Praxisbeispiel: Vorsteuerung im Rahmen einer Raumtemperaturregelung symbolisiert durch das aktuelle und frühere Modell eines Raumtemperaturreglers)

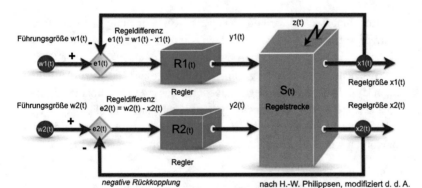

nach H.-W. Philippsen, modifiziert d. d. A.

Regler eines Mehrgrößensystems ohne Berücksichtigung der Verkopplung

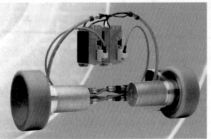

Servoantriebssystem iTAS für fahrerlose Transportsysteme mit hochauflösender Stromregelung und einer hohen Drehmomentgenauigkeit im System.

Foto aus aktuellem Produktkatalog Wittenstein cyber motor GmbH, download v. 23. 1. 2018

© 2018 Dr.-Ing. E. W. Udo Küppers

Abb. 3.7 Mehrgrößen-Regelsystem als kybernetische Systemvariation. (Quelle: in Anlehnung an Philippsen 2015, S. 178; Praxisbeispiel: Servoantriebssystem Fa. Wittenstein cyber motor GmbH, https://www.wittenstein.de/download/itas-de.pdf. Zugegriffen am 18.01.2018)

Ein typisches Einsatzgebiet für den um Vorfilter und Vorsteuerung erweiterten Grund-regelkreis ist die Antriebstechnik, die in verschiedenen elektrischen, mechatronischen, verbrennungstechnischen und weiteren Anwendungsfeldern zum Einsatz kommt. „Die Vorsteuerung wird als Geschwindigkeits- bzw. Beschleunigungsvorsteuerung realisiert. Der Symmetriefilter [Vorfilter, d. A.] sorgt dafür, dass der Regler im Wesentlichen nur die Abweichung vom Verlauf der Führungsgröße ausregelt." (ebd., S. 176).

Das Praxisbeispiel bezieht sich auf eine Raumtemperaturregelung. Weil über die Jah-reszeiten unterschiedliche Wärmebedarfe in Wohnräumen anfallen, wird die Vorlauftem-peratur im Heizkreislauf durch Vorsteuerung über einen Regler – als Funktion der Außentemperatur – begrenzt. Dadurch soll eine zu große Überschwingung der Raumtem-peratur (Regelgröße) und infolgedessen der Wärmeverluste verhindert werden.

Mehrgrößenregelungssysteme, wie sie als Blockschaltbild in Form einer Zweigrößenrege-lung ohne Verkopplung, z. B. für die Zufuhr von Kalt- und Warmwasser in einen Behälter, genutzt werden, sind in vielen Anwendungsbereichen des Alltags anzutreffen. Hochaktuell – aber auch sehr kritisch (!) – ist eine Mehrgrößenregelung in Zusammenhang mit der PKW-Ab-gaskomponentenmessung zu sehen, die in den letzten Jahren (seit 2008) für Gesprächsstoff in vielen Industrieländern sorgt. Überwiegend zeigen sich aber Mehrgrößenregelungssysteme, ob bei PKW, Industriemaschinen oder bei Apparaturen, des täglichen Gebrauchs als sehr nützlich.

3.3   Negative Rückkopplung – Balanced Feedback

Ein Regelkreis oder Regelungssystem wird durch negative Rückkopplung gesteuert. Rück-kopplung liegt dann vor, wenn das Ausgangssignal eines informationsverarbeitenden Sys-tems wieder zum Eingang zurückgeführt wird, sodass ein geschlossener Kreislauf entsteht.

Es ist wenig überraschend, dass neue Disziplinen in der Wissenschaft ihren Ausgangs-punkt im praktischem Umfeld des Militärs liegen haben. Bei der interdisziplinären Disziplin Bionik (Küppers 2015) war das so; und auch die Kybernetik entstand im militärischen Um-feld, wobei das Pilot-Flugzeug-Verhalten oder die Zielsicherheit von Artilleriegeschützen eine Rolle in Verbindung mit dem Problem der Steuerung spielten. Dazu Rid (2016, S. 71):

> Als weiteres Beispiel nennt Wiener, wenig überraschend, ein Artilleriegeschütz, bei dem die Rückkopplung sicherstellt, dass die Mündung tatsächlich aufs Ziel gerichtet ist. Auch der Me-chanismus, der die Drehbewegung des Geschützturms steuerte, war auf feedback […] ange-wiesen. Seine Leistung konnte schwanken: Extreme Kälte verdickte den Schmierstoff in den Lagern und erschwerte die Drehbewegung, die durch Sand und Schmutz zusätzlich beeinträch-tigt werden konnte. Es war also entscheidend, den Output, die reale Leistung, durch Rück-kopplung zu überprüfen. Die Rückkopplung führt häufig dazu, dem entgegenzuwirken, was ein System bereits tut, indem sie beispielsweise einen Motor stoppt, der einen Turm dreht, oder ein Thermostat anweist, eine Heizung abzuschalten. Das nennt man negative Rückkopplung.

Der Kern des kybernetischen Weltbildes beschreibt Wiener folgendermaßen (ebd., 70):

> Ich behaupte, dass die physischen Funktionsweisen des lebenden Individuums und die eini-ger neuerer Kommunikationsmaschinen in ihren analogen Versuchen, die Entropie durch Rückkopplung zu steuern, vollkommen parallel sind.

Und weiter schreibt Wiener (ebd., S. 71):

▶   **Merksatz**   „[Rückkopplung ist] […] die Eigenschaft, künftiges Verhalten durch
     vergangene Leistung regeln zu können."

1788, lange vor der Zeit, als der Begriff Kybernetik bekannt wurde und sich daraus eine
wissenschaftliche Disziplin entwickelte, verwirklichte der schottische Erfinder James
Watt (1736–1819) in seiner Dampfmaschine bereits das kybernetische Rückkopplungsprinzip, und dies gleich zweimal, wie Anschütz beschreibt (1967, S. 74):

> James Watt hat dieses Rückkopplungsprinzip in seinen Erfindungen gleich zweimal verwirk-
> licht, denn schon die Wattsche Dampfmaschine allein stellt ein rückgekoppeltes System dar.
> Die Stellung des Kolbens bestimmt nämlich die Stellung des Dampfeinlassschiebers, so dass
> der Dampf immer auf die richtige Seite des Kolbens wirken kann.

Die zweite Rückkopplung wird durch die sogenannte Fliehkraftregelung erzeugt, wobei
eine Drosselklappe in der Dampfleitungszufuhr mit einem rotierenden Fliehkraftregler
verbunden ist. Dieser existiert aus zwei an Stabgelenken befestigten Kugelmassen, die
um eine vertikale Achse rotieren. Je höher der Dampfdruck ist, desto höher werden die
Kugelmassen gegen die Schwerkraft gehoben und desto mehr schließt sich die Drosselklappe in Bereich der Dampfzufuhr – und umgekehrt. Zweck dieser Rückkopplung ist es,
eine konstante Arbeitsgeschwindigkeit zu erzielen (Abb. 3.8).

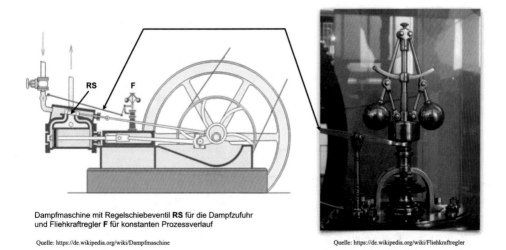

Dampfmaschine mit Regelschiebeventil **RS** für die Dampfzufuhr
und Fliehkraftregler **F** für konstanten Prozessverlauf

Quelle: https://de.wikipedia.org/wiki/Dampfmaschine   Quelle: https://de.wikipedia.org/wiki/Fliehkraftregler

Abb. 3.8 Rückkopplungssysteme bei Watts Dampfmaschine mit Fliehkraftregler. (Quelle: links –
Dampfmaschine – https://de.wikipedia.org/wiki/Dampfmaschine. Zugegriffen am 20.01.2018), modifiziert d. d. A.; rechts – Fliehkraftregler – https://de.wikipedia.org/wiki/Fliehkraftregler. Zugegriffen
am 20.01.2018)

3.4   Positive Rückkopplung – Reenforced Feedback

Im Kontrast zu der auf Ausgleich und Stabilität angelegten negativen Rückkopplung existiert auch eine sogenannte positive Rückkopplung. Bei in der Regel mehrfach durchlaufenden Zirkulationszyklen von positiven Rückkopplungen in einem Regelkreis kann es einerseits zu einem Stillstand der Regelungsfunktion kommen, andererseits zu einem einseitigen Aufschaukeln über die physikalische Grenze des Systems hinweg und somit letztlich zur Zerstörung des Systems selbst.

Über technische Prozesse hinaus sind positive Rückkopplungen im wirtschaftlichen bzw. gesellschaftlichen Umfeld präsent, und auch die Natur arbeitet damit auf eine wohl regulierende Weise. Es sind meist quantitative Effekte, die mit positiven Rückkopplungen verknüpft sind. Zum Beispiel stellt sich bei Pionierpflanzen, die in der Natur eine Brachfläche neu besiedeln, ein explosionsartiges Wachstum ein, bis zu einer gewissen Grenze, die einen Übergang zu einer höheren Art mit anderem, weniger starkem, dafür angepasstem Wachstumsverhalten kennzeichnet. Typisch für diese gekoppelten Wachstumsphasen ist die Entwicklung zu einem Wald, der als Klimaxgesellschaft das Endstadium einer Entwicklung präsentiert. Charakteristisch für die Funktionsweise diese Art gekoppelter, biologischer positiver Rückkopplung ist die sogenannte logistische Kurvenfunktion – oder S-Kurve. Sie zeichnet sich dadurch aus, dass sich die Wachstumsperioden der Organismen an einem Umkehrpunkt ablösen und somit Fortschritte gewährleisten, ohne Gefahr zu laufen, die Systemgrenze zu überschreiten und dadurch zerstörend auf das Gesamtsystem zu wirken.

In Technik und Wirtschaft zeigen sich zum Beispiel positive Rückkopplungen durch einseitig ausgerichtete, ökonomisch gesteuerte Vorgaben von Wachstum (z. B. Maximierung von Absatzzahlen und Gewinnen). Deren Ergebnisse münden nicht selten in unausgereiften Massenprodukten, mangels geeigneter Kontrollen durch negative Rückkopplungen. Als zusätzliche vernetzte positive Rückkopplungen können – im wahrsten Sinn des Wortes – negative Begleiterscheinungen (Kartelle, Produkt-Manipulationen, programmierte Obsoleszenz, wie sie aus verschiedenen Industrien, z. B. PKW-Industrie, Elektroindustrie, Energieindustrie u. a. m., bekannt sind) die Qualität der Produkte noch deutlich stärker mindern. Der volkswirtschaftliche Schaden wird durch die Verknüpfung mehrere positiver Zirkulationsprozesse noch zusätzlich befeuert (für das Beispiel der politisch gewollten „Energiewende 2011" in Deutschland siehe Küppers 2013, S. 190–209).

Im gesellschaftlichen kommunikativen Kontext spielen positive Rückkopplungen eine dominierende Rolle. Fast jede Art von konfliktreicher Kommunikation, die bis zu nonverbalen, verbalen oder physischen Verletzungen der Kommunikationspartner führen kann, hat ihre Auslösung in sich gegeneinander aufschaukelnden positiven Rückkopplungen. Das Gespräch gerät aus den Fugen, jeder beharrt auf seinem Standpunkt und seinem Recht. Oft kann letztlich nur eine dritte externe Instanz aus diesem sogenannten „Teufelskreis" herausführen und Lösungen anbieten, die im besten Fall eine negative Rückkopplung „Engelskreis" zur Beruhigung des Konfliktes einschließen.

3.5   Ziel bzw. Zweck – Aim resp. Purpose

Bei Regelkreisprozessen ist die sogenannte Führungsgröße – ob sie extern vorgegeben oder regelungsintern selbst ermittelt wird – mit einem Ziel oder Zweck einer Regelfunktion verknüpft. Zum Beispiel gibt die Führungsgröße Körpertemperatur einen bestimmten Sollwert – bei Menschen ca. 37 °C – für einen Organismus vor, der sich für die Weiterentwicklung und das Überleben (Zweck) in dynamischer Umwelt bewährt hat.

3.6   Selbstregulation – Self-Regulation

Die Selbstregulation in einem Regelkreis ist dann gegeben, wenn die Führungsgröße, die den Sollwert vorgibt, als Teil des Regelungsprozesses, durch diesen selbst eingestellt wird und sich im Verlauf des Prozesses immer wieder neuen Situationen „optimal" anpasst.

In den 1970er-Jahren wurde der Begriff der Selbstregulation oft in Zusammenhang mit der Pädagogik benutzt, in Form selbstregulativen, selbstbestimmenden oder selbststeuernden Lernens bei Kindern (Hentig 1965).

Organismen sind durchsetzt mit selbstregulatorischen Funktionen. Ein Beispiel ist die Atmung bzw. Atemfrequenz. Beim Laufen eines untrainierten Läufers wird sich mit zunehmender Laufgeschwindigkeit die Atemfrequenz sehr schnell erhöhen, weil zunehmend Sauerstoff benötigt wird, bis zu einer Grenze, die den Läufer zwingt, seine Geschwindigkeit mangels Leistungsvermögen zu drosseln, worauf sich die Atemfrequenz wieder reduziert und sich Normalwerte einregeln.

Trainierte Läufer regeln ihre Sauerstoffzufuhr ebenfalls durch die Variable Atemfrequenz. Sie tun dies aber viel effektiver und angepasster, wodurch sie längere Strecken zurücklegen können, ohne an ihre absolute Leistungsgrenze zu kommen.

Im wirtschaftlichen Umfeld erfreut sich bis heute – warum eigentlich? – die sogenannte „Unsichtbare Hand des Marktes" als ein Mittel zur Selbstregulation von Märkten großer Beliebtheit. Sie besagt, dass wenn alle Marktteilnehmer ihr eigenes Wohl vor Augen haben bzw. rational denken, eine Selbstregulierung des Wirtschaftsgeschehens zu optimalen Produktionsverhältnissen, das heißt zu optimalen Produkten bzw. Produktqualitäten sowie deren Verteilungen, im Markt führt.

Die Realitäten im Markt sprechen seit Jahrzehnten eine eindeutig andere Sprache, wodurch sich die hier zugrundegelegte wirtschaftliche Selbstregulation als eine Schimäre erweist. Das trotz der eindeutigen Widerlegung dieser jahrzehntelangen ökonomischen Fehlorientierung (unsichtbare Hand, Homo oeconomicus) noch heute viele Menschen daran festgehalten, ist verwunderlich und aus psychologischer Sicht durch *kognitive Dissonanz* (Aronson et al. 2004, S. 226) erklärbar:

> Gemäß der kognitiven Dissonanz erleben Menschen Unbehagen (Dissonanz) immer dann, wenn sie mit Kognitionen über irgendeinen Aspekt ihres Verhaltens konfrontiert werden, die mit ihrem Selbstkonzept nicht übereinstimmen.

Technische Selbstregulierungsprozesse sind bei allen Maschinenvorgängen zu erkennen, wenn es auf die Erhaltung eines bestimmten Merkmals, einer Geometrie oder eines Prozessablaufs über die Zeit ankommt. Folgeregler oder Optimalregler sind Beispiele hierfür. Bei technischen Schneidprozessen werden zum Beispiel auch *selbstschärfende Schneidplatten* verwendet, die die Werkstückqualität über eine längere *Standzeit* – die Zeit zwischen dem Austausch von zwei Werkzeugen wegen Verschleiß und Qualitätsabfall bei zu bearbeitenden Werkstücken – als üblich erhalten.

Übrigens: Das biologische materialtechnische Vorbild für selbstnachschärfende technische Werkzeuge sind die selbstschärfenden Zähne von Ratten (*Rattus*).

3.7   Fließgleichgewicht – Steady-State und andere Gleichgewichte

Als Fließgleichgewicht oder dynamisches Gleichgewicht wird ein Zustand in einem offenen System, zum Beispiel einem Organismus, verstanden, bei dem sich Zuflüsse und Abflüsse von Energie und Stoffen über die Zeit die Waage halten. Demgegenüber befindet sich ein offenes System wie ein Organismus in einem sogenannten Übergangszustand – transient state –, wenn „Stoffflüsse nicht ausgeglichen sind und Funktionsraten wahrscheinlich von sich schnell verändernden Konzentrationen und der Wechselwirkung vieler Faktoren abhängen" (Odum 1991, S. 145). Es sind die berühmten komplexen Nahrungsnetze der Natur, die an den Gleichgewichtsbedingungen maßgeblich beteiligt sind und die es zu verstehen gilt, wenn wir ansatzweise erfassen wollen, wie die Natur funktioniert.

War die stoffliche Produktionsrate während der Wachstumsperioden bestimmend für organismische Gleichgewichtsbedingungen, so wird sie, bei zunehmender Ausschöpfung von Raum und Nährstoffen,

> „durch die Rate der Zersetzung und Nährstoffregeneration begrenzt. Es entwickelt sich ein Klimaxfließgleichgewicht [z. B. die Klimaxgesellschaft eines Waldes, d. A.], in dem sich Produktion und Atmung die Waage halten und in dem nur eine geringe oder keine Nettoproduktion und keine weitere Zunahme der Biomasse – Wachstum – zu verzeichnen ist." (ebd., S. 203)

Im Rahmen seiner Forschung mit der Biophysik offener Systeme und der Thermodynamik lebender Systeme führte der österreichische Biologe und Systemtheoretiker Ludwig von Bertalanffy (1901–1972) den Begriff Fließgleichgewicht ein. Nach von Bertalanffy können verschiedene Typen von Systemgleichgewichten unterschieden werden (nach: https://de.wikipedia.org/wiki/Ludwig_von_Bertalanffy. Zugegriffen am 22.01.2018):

1. Der Begriff des dynamischen Gleichgewichts wird als Oberbegriff für echtes Gleichgewicht und Fließgleichgewicht gesehen.
2. Ein echtes Gleichgewicht findet in „geschlossenen Systemen" statt, die weder Energie noch Materie mit ihrer Umgebung austauschen. Die Entropie ist maximal, wodurch keine Arbeitsverrichtung möglich ist. Die makroskopischen Zustandsgrößen bleiben konstant, während mikroskopisch Prozesse weiterlaufen, wie das Beispiel des chemischen Gleichgewichts zeigt:

Das chemische Gleichgewicht ist ein Zustand, in dem die Gesamtreaktion ruhend erscheint, also keine Veränderungen erkennbar sind. Die äußerlich beobachtbare Reaktionsgeschwindigkeit ist null. Trotzdem laufen die chemischen Reaktionen („Hin"- und „Rück"-reaktion) weiterhin ab, und zwar gleich schnell in beide Richtungen. Es handelt sich daher nicht um ein statisches Gleichgewicht, wie es äußerlich betrachtet erscheint, sondern um ein dynamisches Gleichgewicht, in dem weiterhin Reaktionen ablaufen. (https://de.wikipedia.org/wiki/Chemisches_Gleichgewicht. Zugegriffen am 22.01.2018)

3. Ein Fließgleichgewicht setzt ein „offenes System" voraus, das mit seiner Umwelt Energie und Materie austauschen kann. Das Fließgleichgewicht ist ein stationärer Zustand mit zeitlich konstanten, anhaltenden Systemeinträgen und Systemausträgen, deren Nettodifferenz näherungsweise null ist.
4. Das homöostatische Gleichgewicht ist gleichermaßen ein Fließgleichgewicht, das ein offenes System voraussetzt. Mit einem Informationssystem verknüpfte sekundäre Regulationen sind die Auslöser, die über negative Rückkopplung zu einem homöostatischen Systemgleichgewicht führen.

Begonnen haben wir Abschn. 3.7 mit einem Beispiel aus der Natur zum Fließgleichgewicht und enden wollen wir mit einem technischen, uns allen bekannten Beispiel, dem Zu- und Abfluss eines Wasserbehälters, zum Beispiel einer Badewanne. Befinden sich die hydrodynamischen Volumenströme von Zu- und Abfluss im Gleichgewicht, sodass der Wasserpegelstand konstant bleibt, dann befindet sich das System in einem dynamischen Gleichgewicht. Es wird unmittelbar in einen Nichtgleichgewichtszustand übergehen, wenn durch Störung – z. B. Einstellung eines höheren Wasserzustroms oder Verstopfungen im Abfluss – der Wasserpegel variiert.

3.8 Homöostase – Homeostasis

Zur Erklärung dieses Begriffes, der vorab bereits unter Abschn. 3.7 genannt wurde, lassen wir Karl Steinbuch zu Wort kommen, wobei er einen Organismus als anschauliches System verwendet (Steinbuch 1965, S. 145):

Die Gesamtheit aller Regelvorgänge, welche bewirken, dass gewisse Zustände des Organismus (z. B. Körperhaltung, Körpertemperatur, Blutzuckergehalt, Blutsauerstoffgehalt usw.) in den für das Weiterleben zulässigen Grenzen bleiben, wird als „Homöostase" bezeichnet. Der englische Neurologe W. R. Ashby hat ein technisches Modell vielfach verknüpfter Regelungsvorgänge gebaut, das er „Homöostat" nennt.

Auf Ashby und seinen Homöostaten werden wir in Abschn. 4.6 noch ausführlicher eingehen. Steinbuch verweist zudem auf das interessante Beispiel eines gemischt organisch-technischen Regelungssystems, ähnlich der kombinierten Regelung zwischen einem Autofahrer und dem PKW, wie es Abb. 2.4 zeigt.

Jeder gesunde Organismus, so kann gefolgert werden, befindet sich im Zustand der Homöostase. Und die Fähigkeit lebender Systeme zur Selbstregulation und Selbstorganisation, was in gewissen Grenzen auch Selbstheilungsprozesse einschließt, kann eine Störung
des homöostatischen Gleichgewichtes wieder ausgleichen. Ashbys technisch-elektrischer
Homöostat tat – nach Einleitung verschiedener Störungen – auch genau dies, er suchte und
fand wieder das apparatetechnische Systemgleichgewicht.

3.9   Varietät – Variety

Mit Varietät wird in der Kybernetik ein Zuwachs an „Werkzeugen" verstanden, die sich
durch verschiedene Handlungen, Arten von Kommunikation, Wirkungsprozesse u. a. m. auszeichnen. Nach W. R. Ashby „dient die Varietät der Messung der Komplexität eines Systems" (https://de.wikipedia.org/wiki/Varietät_(Kybernetik). Zugegriffen am 22.01.2018).

Mit Varietät sind auch das Varietätstheorem, die Varietätszahl und der Varietätsgrad
verknüpft.

Das Varietätstheorem (V) sagt aus, wie groß die auf ein System einwirkenden Störungen (S) im Verhältnis zu den Systemreaktionen (R) sind und welche Konsequenzen (K)
sich daraus ergeben. Formelhaft ergibt sich (ebd.):

$$V(K) > V(S) / V(R) \tag{3.1}$$

Ein Beispiel aus der Informationstechnik soll das Varietätstheorem auf praktische Füße stellen. Die in jüngerer Zeit zunehmenden „Hackerangriffe" über das Internet – einwirkende
Störungen V(S) – auf vernetzte digitale Informationssysteme, wie Mobiltelefone, Unterneh-
mensserver, öffentliche Stromnetze, Staatsrechnersysteme etc., haben in der Vergangenheit
und führen in der Gegenwart zu enormen Ausfällen und somit Folgeproblemen – Systemreaktionen V(R) – der betroffenen informationstechnischen Systeme. Die daraus entstehen-
den Konsequenzen – V(K) – können vielfältiger und – unter Umständen – teurer Natur sein,
wie Behebung der entstandenen Folgeprobleme, neue redundante Sicherungssysteme, Maßnahmen zur System-Dezentralisierung, Einstellung fachkundiger IT-Spezialisten etc.

In unserer zunehmend digitalisierten Umwelt sind das Varietätstheorem (V) und damit
verbundene Probleme und Problemlösungen zum ständigen Begleiter unserer digitalen
Aktivitäten geworden. Strategien zur Problemvorsorge – Minimierung von V(S) – stehen
immer im Wettlauf mit der Weiterentwicklung der Störungsangriffe von V(S). Es ist das
berühmte „Hase-und-Igel-Spiel", dessen Ausgang aus heutiger Sicht völlig ungewiss ist.

Die von Frahm (2011, S. 25) eingeführten Kenngrößen Varietätszahl V(Z) und Varietätsgrad V(G) für die Messung von komplexen Projektstrukturen in kybernetischen Systemen sind gegeben als:

V(Z) ist gleich der Summe aller Wechselwirkungen W einer Projektstruktur geteilt
durch die Zahl der Ordnungsebenen OE:

$$V(Z) = \sum W / \sum OE \tag{3.2}$$

V(G) ist gleich der Summe aller Wechselwirkungen W einer Projektstruktur geteilt durch die Zahl der Knoten K:

$$V(G) = \sum W / \sum K. \qquad (3.3)$$

Betrachten wir beispielsweise unsere belebte Natur mit zig Milliarden und mehr Wechselwirkungen zwischen Organismen einerseits und Organismen mit der unbelebter Natur, sowie Ordnungsebenen, die sich von atomarem bis biosphärischen Räumen erstrecken, so sorgt allein die schiere Zahl von Wechselwirkungen für eine unvorstellbar hohe Varietätszahl.

Nicht annähernd so große Varietätszahlen erreichen soziale, technische oder wirtschaftliche Systeme, obwohl auch ihre Varietätszahlen, z. B. die eines dynamischen Verkehrsverlaufs oder eines stationären Kraftwerks, wegen derer hohen Komplexitätsgrade nicht minder kritisch zu betrachten sind.

Es bleibt bei allen Systemen, deren Messung der Komplexität durch die Varietät nach Ashby gegeben ist, die fundamentale kommunikative Voraussetzung:

▶   **Merksatz** Wir müssen erst lernen und verstehen, mit Komplexität von Systemen – welcher Art auch immer – richtig umzugehen. Kern dieses Lernens und Verstehens ist vernetztes, systemisches Denken und Handeln. Ohne dieses ist jeder – erst recht nachhaltiger – Lösungsansatz im Umfeld komplexer Strukturen und Verfahren zum Scheitern verurteilt.

3.10   Ashbysches Gesetz von der erforderlichen Varietät – Ashbys Law of requisite Variety

Das Gesetz besagt, dass ein System, welches ein anderes steuert, umso mehr Störungen in dem Steuerungsprozess ausgleichen kann, je größer seine Handlungsvarietät ist.

Eine andere Formulierung lautet: Je größer die Varietät eines Systems ist, desto mehr kann es die Varietät seiner Umwelt durch Steuerung vermindern.

Häufig wird das Gesetz in der stärkeren Formulierung angeführt, dass die Varietät des Steuerungssystems mindestens ebenso groß sein muss wie die Varietät der auftreten den Störungen, damit es die Steuerung ausführen kann. (https://de.wikipedia.org/wiki/Ashbysches_Gesetz. Zugegriffen am 22.01.2018)

Ashby selbst spricht in seinem Buch „Einführung in die Kybernetik" von „Unterschied" als dem wichtigsten Begriff der Kybernetik (Ashby 2016, S. 25):

[…] Unterschied(s); d. h. es sind entweder zwei Dinge offensichtlich unterschiedlich, oder ein Ding hat sich mit der Zeit verändert.

Mathematisch interessierte Leserinnen und Leser können die Herleitung von Ashbys Gesetz von der erforderlichen Vielfalt in Ashby (2016, S. 293–314) in Kapitel 11 nachvollziehen. Darin betrachtet Ashby aus der Sicht von zwei Spielern R und D, die nach einem bestimmten Schema nacheinander Zahlen auswählen müssen, deren Zugvielfalt. Daraus leitet er das Gesetz der erforderlichen Vielfalt (Varietät) ab, das besagt (ebd., S. 299):

Ist V_D (Vielfalt der Züge von D [d. A.]) gegeben und fixiert, dann kann $V_D - V_R$ ($V_R =$ Vielfalt der Züge von R [d. A.]) nur durch ein entsprechendes anwachsen in V_R kleiner werden. *Vielfalt in den Ergebnissen kann, wenn sie bereits minimal ist, nur dann noch weiter vermindert werden, wenn ein entsprechendes Anwachsen der Vielfalt von R erfolgt.* [...].

Dies ist das Gesetz der erforderlichen Vielfalt. Um es deutlicher darzustellen: Nur Vielfalt in R kann die Vielfalt in D senken; *nur Vielfalt kann Vielfalt zerstören.*

Diese These ist [...] fundamental in der allgemeinen Regelungstheorie [...].

Die Schwierigkeiten, Veränderungen nachzuvollziehen, um sie dadurch fassbarer und erklärbarer zu machen, insbesondere wenn sie in unmerklich kleinen Schritten in hochkomplexer Umwelt ablaufen, zeigt nicht zuletzt unser Bemühen um Verständnis vom Ablauf des Klimas auf unserem Planeten. Selbst in einem kleinen dynamischen, vielleicht sechs bis zehn miteinander vernetzte Elemente umfassenden System im privaten oder beruflichen Umfeld erkennen wir bereits unsere Grenzen, Unterschiede nach zeitlichen und strukturellen Veränderungen von Systemelementen sicher zu erfassen und zu verarbeiten. Als weiterer Merksatz bietet sich an:

▶   **Merksatz** In einem kybernetischen System sind nicht deren Elemente selbst,
     sondern die informationstechnischen kommunikativen Veränderungen durch
     die gekoppelten bzw. rückgekoppelten Verknüpfungsprozesse (Transportpro-
     zesse, Flüsse) zwischen den Systemelementen entscheidend.

3.11   Autopoiesis – Autopoesis

Die chilenischen Wissenschaftler Humberto Maturana als Neurobiologe und Francisco Varela als Biologe, Philosoph und Neurowissenschaftler prägten die Autopoiesistheorie und den Begriff der Autopoiesis, der Maturana zugeschrieben wird und der auf die Selbsterschaffung und Selbsterhaltung lebender Systeme verweist. Autopoietische Systeme sind rekursiv – rückwirkend – aufgebaut bzw. organisiert, was bedeutet, dass das Ergebnis aus dem Zusammenwirken ihrer Systembestandteile wieder zu derselben Organisation führt, die die Bestandteile hervorgebracht hat. Diese charakteristische Art der inneren Organisation bzw. Selbstorganisation ist ein klares Unterscheidungsmerkmal zu nichtlebenden Systemen. Das Produkt einer Organisation ist das Produkt selbst. Systemelemente und deren Struktur bzw. Strukturänderungen entstehen durch Zirkulation aus den vorhandenen Systemelementen. Maturana weist darauf hin, dass Nervensysteme keine direkten Schnittstellen zur Umwelt besitzen und daher auf eigene Prozesse zurückgreifen müssen (vgl. Varela et al. 1974, S. 187–196).

Eine operative Geschlossenheit und Selbstreferentialität – Selbstbezüglichkeit – scheint demnach jedem autopoietischen System zueigen zu sein. Operative Geschlossenheit bezieht sich auf die innere Organisation und Ordnung eines Systems, wobei das System selbst offen zur Umwelt ist.

Würde ein externer Beobachter, ein Mensch, einen anderen Menschen beobachten, könnte er keine Erkenntnis über die innere strukturelle Kopplung des autopoietischen Systems gewinnen. Er würde demzufolge zwar Ein- und Austräge, Inputs und Outputs analysieren können, das System selbst wäre für ihn aber vergleichbar einer Black Box.

3.12   Systemmodellierung – System Modelling

Reale Strukturen von Systemen, seien es natürliche, technische, wirtschaftliche oder soziale Systeme, in denen negative wie positive Rückkopplungen – oft nicht linear – miteinander wirken, sind in ihrer Gesamtheit kaum vollständig zu erfassen und zu beschreiben. Grund dafür ist der überaus hohe Grad an Komplexität und Dynamik, der Systemen innewohnt. Natürliche Nahrungsnetze sind hierfür das beste Beispiel aus der Biosphäre, hochkomplexe technische Prozesse im Energiesektor ein anderes aus dem Wirtschaftssektor und kommunikative Prozesse im kommunalen, städtischen Umfeld ein letztes aus dem Sozialsektor.

Die näherungsweise Erfassung von Abläufen innerhalb realer komplexer Prozesse, die immer verbunden sind mit Konflikten und Unsicherheiten, setzt daher auf die Analyse von Systemausschnitten in gewissen Grenzen. An diesem Punkt setzt das Werkzeug der Modellierung ein. Es versucht durch Abbildung der realen Gegebenheiten, Strukturen – zusammenhängende Systemelemente – und Prozesse – Transportvorgänge zwischen den Systemelementen – so weit es möglich ist realitätsnah zu erfassen und deren Zustand und Entwicklung modellhaft zu beschreiben. Ohne im Detail auf alle Voraussetzungen und Randbedingungen eingehen zu wollen, was eine Modellierung erfordert (es würde den Rahmen dieses Buches bei Weitem überschreiten), werden in Abb. 3.9, 3.10 und 3.11 drei modellierbare komplexe Systeme als Ausschnitte weit umfangreicher Systeme aus Natur, Technik und Gesellschaft gezeigt.

Allen Modellen ist gemein, dass sie einen Zustand hoher Komplexität widerspiegeln, der Interaktionen von Regelkreisfunktionen beinhaltet, die sowohl negativ problemausgleichend als auch positiv problemverstärkend wirken.

Welche der systemspezifischen Rückkopplungen für eine gegebenenfalls nachhaltige Weiterentwicklung schließlich den Ausschlag geben für ein Systemrisiko, ob an geeigneten Stellen im System möglicherweise negative Rückkopplungen fehlen oder modellhafte Strukturen falsch zusammengesetzt sind und vieles mehr, kann durch die Simulation unter Umständen schneller verfolgt und operativ beeinflusst werden als am realen System. Modellierungen können helfen, bestimmte Probleme schneller zu erfassen, um Maßnahmen zu ergreifen, die problemvorbeugend wirken. Es gilt aber der Satz:

▶   **Merksatz** Eine noch so präzise Simulation kann auf Dauer keine Realität ersetzen!

Das Simulationsprogramm des regionalen Wasserhaushalts, wie es in Abb. 3.9 zu sehen ist, besitzt im Kern das System-Containerelement „Boden-Wasser", dessen Aufnahmekapazität grundsätzlich durch Zulauf- und Ablaufflüsse beeinflusst wird. Darüber hinaus

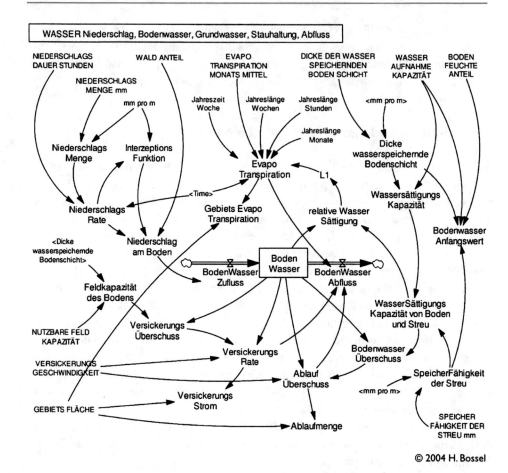

Abb. 3.9 Kybernetisches System mit negativen Rückkopplungen an einem Modellierungsbeispiel aus der Natur. (Quelle: Bossel 2004, S. 21)

existiert eine Vielzahl von Parametern, die diesen grundlegenden Transportprozess beeinflussen und deren vernetzte quantitative Einflüsse in der Gesamtanalyse ein realitätsnahes Abbild für die entsprechende Naturregion zeigen. Es können darüber hinaus sehr unterschiedliche Randbedingungen modellhaft eingestellt werden, um deren Wirkung auf den Wasserhaushalt zu untersuchen. In Bossel (2004, S. 20–27) sind Ergebnisse dieser – mit der *System-Dynamics*-Software durchgeführten – Simulation nachzulesen.

Während Abb. 3.9 und die folgende Abb. 3.10, die sich mit der Kybernetik eines kommunalen/regionalen Haushaltes befasst, quantitative Ergebnisse simuliert, zeigen Abb. 3.11 und 3.12 im Ansatz qualitative Ergebnisse in Form von Wirkungsnetzen mit entsprechenden Rückkopplungen zwischen den Systemelementen.

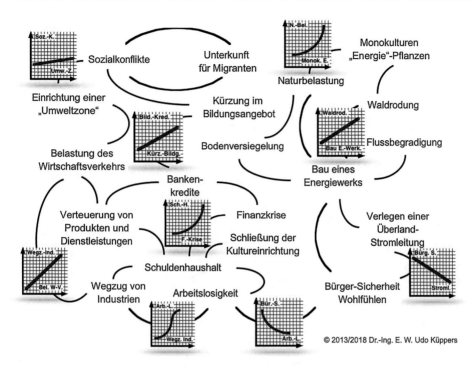

Abb. 3.10 Kybernetik eines kommunalen/regionalen Haushaltes

Seit Jahrzehnten immer wieder fortgeschrieben, in starren Strukturen öffentlicher Verwaltungen: ein überaus hierarchischer Kommunikationsablauf. Die Konsequenz dieses *bürokratischen Informationsverarbeitenden Systems* – bIVS – ist eine zunehmende Fehleinschätzung der realistischen dynamischen Abläufe in kommunaler/regionaler/ staatlicher Umwelt. Die anerzogenen kausalen bzw. monokausalen Problemlösungsstrategien führen regelmäßig zu faulen – weil fehlgeleiteten – Kompromissen. Es werden Prozessverläufe in Unkenntnis der vernetzten dynamischen Zusammenhänge auf triviale Weise linearisiert, obwohl systemische Strategien zur Problemlösung zwingend angebracht wären.

Ein Konsequenz daraus ist die permanente Fehleinschätzung – in Personal, Material und Finanzen – einzelner Verwaltungssystem-Abteilungen bzw. -Mitspieler, die sich – im schlimmsten Fall – zu veritablen Organisationskrisen innerhalb der nicht selten isolierten Abteilungen auswirken. Der öffentliche Einblick in Sozialämtern, Bildungssenatsverwaltungen, Umweltabteilungen, Verkehrsressorts verschiedener Kommunen und Städte gibt ein teils erschreckendes Bild von öffentlichen Dienstleistungen am Bürger, ganz abgesehen von den Milliarden verschwendeter Kosten, die zuständige leitende Bürokratieangestellte in öffentlich finanzierte Vorhaben (Prestigebauten wie die Hamburger Elbphilharmonie, der Flughafen Berlin-Brandenburg oder der Hauptbahnhof Stuttgart 21 u. v. m.) investieren.

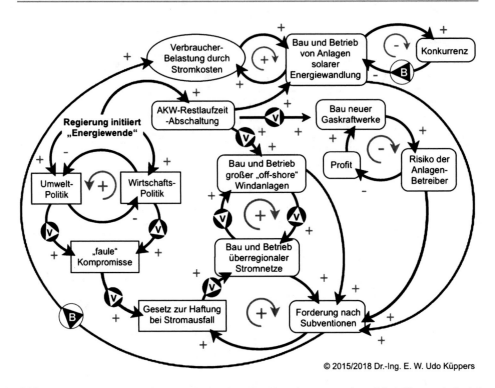

© 2015/2018 Dr.-Ing. E. W. Udo Küppers

Abb. 3.11 Kybernetisches System mit negativen Rückkopplungen an einem Modellierungsbeispiel aus der Energietechnik. (Quelle: Küppers 2013, S. 193); Legende: Die Rechtecke weisen auf politische, abgerundete Rechtecke auf wirtschaftliche und Ellipsen auf bürgerliche Aktivitäten hin. Das V-Symbol steht für Prozessverzögerung, das B-Symbol für Prozessbeschleunigung, Plus-Zeichen wirken verstärkend, Minuszeichen abschwächend von … auf. „Teufelskreise" (Plus-Symbol) führen an Systemgrenzen mit dem Potential der Zerstörung, „Engelskreise" (Minus-Symbol) wirken zirkulär ausgleichend – beinhalten negative Rückkopplung(!)

Kommunen, Städte, Regionen und der Bund in Deutschland, konkret: die dafür zuständigen Personen, kranken erkennbar an zwei Symptomen:

1. ihre partielle – teils kollektive – Unfähigkeit, die kommunale Umgebung als ganzheitliches Terrain ihrer Gestaltungsmöglichkeiten für eine nachhaltige Entwicklung wahrzunehmen,
2. ihre partielle – teils kollektive – Unfähigkeit, ihre neuronalen eingeschliffenen kausalen Denkmuster zu ändern, um sich dadurch auf neue Gestaltungsmöglichkeiten, durch unterschiedliche Standpunkte und Perspektivwechsel, zu lösender Probleme einzulassen.

Erst wenn es gelingt, beide Symptome zu entschärfen und in Bahnen zu lenken, die kommunale Überlebensfähigkeit als Ganzes fördert und entsprechende Systemwerkzeuge

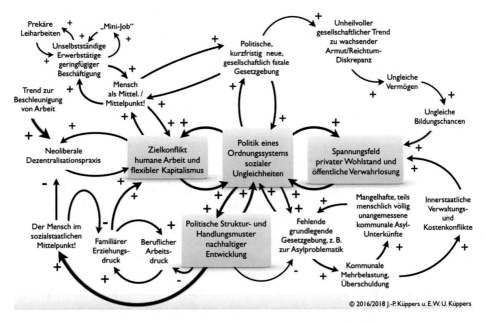

Abb. 3.12 Kybernetisches System mit negativen Rückkopplungen an einem Modellierungsbeispiel aus dem sozialen Umfeld. (Quelle: Küppers und Küppers 2016, S. 38)

konsequent nutzt, entsteht ein Weg, verkrustete und risikoreiche Verwaltungs- bzw. Organisationsstrukturen sukzessive in hochachtsame Verwaltungs- bzw. Organisationsprozesse zu transformieren, welche die komplexe dynamische Realität als immerwährende Grundlage ihres Denkens und Handelns anerkennen (Küppers 2011a, b, c).

Das in Abb. 3.10 skizzierte Wirkungsnetz eines kommunalen/regionalen Haushaltes zeigt auf realistische Weise die Zusammenhänge einzelner beteiligter Systembereiche (Organisationseinheiten wie Abteilungen, Ressorts etc. einer Kommunalverwaltung). Kybernetik und Wirkungsnetz ziehen an einem Strang, weil sich beide Begriffe durch vielfältige vernetzte und rückgekoppelte Eigenschaften in dynamischer Umwelt auszeichnen. Gut erkennbar sind die linear und nicht linear verlaufenden Beziehungsflüsse zwischen den kommunalen Systembereichen, deren Funktionsverläufe aufgrund von Daten- und Informationsrecherchen ermittelt werden.

Eine hochachtsame, die überlebensfähige Fortentwicklung stärkende Kommune setzt sich erst dann durch, wenn der in Abb. 3.10 skizzierte dynamische, realitätsnahe Gesamtzusammenhang die Basis jeder Kalkulation und Simulation ist. Dazu bedarf es – wie vorab erwähnt – neuer systemrelevanter Werkzeuge, deren effiziente und effektive Handhabung – nicht auf Knopfdruck, sondern durch sukzessives fehlertolerantes Lernen und Praktizieren – Erfolg verspricht.

Abb. 3.11 zeigt den Ausschnitt aus einem qualitativen Wirkungsnetz einer Energiepolitik folgenreicher Teufelskreise, die auf die politische Entscheidung der Bundesregierung

2011 (worauf in Abschn. 3.4 bereits hingewiesen wurde) nach dem Fukushima-Kernkraft-werkunglück zurückgeht. Es sind drei auffällige Charakteristika erkennbar:

1. Die Übermacht selbstverstärkender Rückkopplungsprozesse.
2. Die Übermacht verzögerter Wirkungsflüsse.
3. Die zentrale Systemeinflussgröße „Forderung nach Subventionen" wirkt verstärkend und beschleunigend auf die Systemeinflussgröße „Verbraucher-Belastung durch Strom-kosten".

Zusammengenommen zeichnen alleine die drei Merkmale der „Energiewende 2011" eine unausgereifte folgereiche Planungsstrategie, die bis in die Gegenwart anhält. Dies kann nicht zuletzt auch dadurch begründet werden, dass keine einheitliche Gesamtstrategie der Politik im gesellschaftlichen Umfeld erkennbar ist.

Angesicht der immensen volkswirtschaftlichen Bedeutung der Energieversorgung und der zwangsläufigen Problemlösungen im Umfeld hochkomplexer Zusammenhänge wundert es nicht, dass durch Politik und Wirtschaft eine Vielzahl von Reparaturbaustellen, weitge-hend zu Lasten der großen Zahl von Energieverbrauchern, stattfindet, obwohl eine fundierte, auf Nachhaltigkeit zielende ganzheitliche Strategie und Risikoanalyse notwendig wäre.

Politikblockaden wie die zwischen dem Umwelt- und Wirtschaftsministerium, gepaart mit wirtschaftlichem Fortschritt durch hohe staatliche Risikoabsicherung auf der Basis von Subventionen, wie im Teufelskreis für den „Bau neuer Gaskraftwerke" erkennbar, sind eine unheilvolle Verknüpfung, die mehr Folgeprobleme produziert als sie zu vermei-den versucht. Negative Rückkopplungen, die zu nachhaltiger gesellschaftlicher Stabilität und Konfliktminimierung führen können, sind Mangelware. Das gegenwärtig erkennbare Gesellschaftssystem der Bundesrepublik zeigt mit Blick auf die Energieversorgung der Bevölkerung kaum kybernetische Ansätze einer fehlertoleranten Entwicklung.

Um es regelungstechnisch auszudrücken: Die Aktivitäten der Politik und Wirtschaft auf die Sprungfunktion der Führungsgröße „nachhaltige, kernenergiefreie Energieversor-gung", ausgelöst durch den Kernkraftwerk-GAU in Fukushima, Japan, im Jahr 2011, ist heute, in 2018, immer noch im Zustand höchst instabiler Regelung, wie es Abb. 3.3 C symbolisch zeigt.

In Abb. 3.12 wird ein Ordnungssystem sozialer Ungleichheit präsentiert, aus dem wie-derum ein Überschuss an verstärkten Rückkopplungen und zugleich ein Mangel an Kor-rektiven durch negative Rückkopplungen zwischen den Systemelementen erkennbar sind. Dazu schreiben Küppers und Küppers (2016, S. 37–38):

Bemüht man sich, die herausgegriffene Wirkungsnetz-Einflussgröße Spannungsfeld privater Wohlstand und öffentliche Verwahrlosung durch […] ausgewählte […] Prüfsteine in seine Überlegungen über die Vorbeugung von Folgen von sozialer Ungleichheit mit einzubeziehen, wird augenfällig, wie kleinmütig heutige Politiker agieren. Um es zuzuspitzen: die Polarisie-rung von Arm und Reich ist zweifellos die falsche Strategie der Krisenlösung (Negt et al. 2015, S. 15). Keinen Ausweg aus der Situation dieser Polarisierung zu suchen, ist skandalös und ein folgenreicher Fehler.

Der Historiker Tony Judt beschreibt das hier aufgeführte Spannungsverhältnis und das abstruse Gesellschaftsbild wachsenden privaten Wohlstands und öffentlicher Verwahrlosung als „Symptome kollektiver Verarmung" (Judt 2011, S. 20 ff.), die allenthalben zu sehen sind und in erheblichem Maße die Sozialordnung prägen. Die Auswirkungen dieser zersetzenden Ungleichheit formulierte Judt deutlich anhand der ungleichen Einkommensverteilung:

Je größer die Kluft zwischen den wenigen Reichen und den vielen Armen, desto größer die sozialen Probleme.

Ein kurzer Blick in den aktuellen fünften „Bericht zu Lebenslagen in Deutschland", von April 2017 (BMAS 2017), aus einem Land, das zu den führenden Industrienationen gehört, zeigt die ganze Wahrheit der gesellschaftlichen, fortschreitenden Spaltung, die bereits seit Jahren fortlaufend zu einem Paradox mutiert ist, weil es der Politik nicht gelingt, allen gesellschaftlichen Mitspielern die Teilnahme am Fortschritt im Land zu gewährleisten, trotz vorhandenem Reichtum und realer Möglichkeiten – im Gegenteil.

▶ **Merksatz** „Politik und Verantwortung" schält sich hier als ein wesentliches duales Systemelement in einem kybernetischen System gesellschaftlicher Zusammenhänge heraus. Das stellt insbesondere auch die wechselseitige Kommunikationen oder das „Miteinander reden" zwischen Bürgern und Politikern in den Mittelpunkt.

Regelungstechnisch formuliert wird dies durch einen *deutlichen* Mangel an negativen Rückkopplungen zwischen Bürgern und Politikern sichtbar. Diese Mängelverwaltung wird noch dadurch gestärkt, dass Politik und Wirtschaft auf Kosten der Bürger unheilvolle Allianzen eingehen, wie im Bereich der – einer breiten Öffentlichkeit bekannten – Automobil-Abgasregelung durch Automobilkonzerne, einer technischen Regelung übrigens, die weniger durch negative – gesundheitsschonende – als mehr durch positive – wirtschaftsstärkende – Rückkopplungseffekte auffällt.

3.13 Kontrollfragen

K 3.1 Was ist ein Black-Box-Modell und was ihr Pendant?

K 3.2 Skizzieren und erklären Sie eine Black Box als informationsverarbeitendes System in allgemeiner Darstellung und als Black-Box-Mensch. Beschreiben Sie bei letzterer explizit mindestens vier Ein- und vier Ausgänge.

K 3.3 Skizzieren und erklären Sie drei unterschiedliche Zeitverhalten von Reglersystemen.
Was ist ein wesentliches Problem bei Reglerkonstruktionen?

K 3.4 Skizzieren und erklären Sie den Unterschied zwischen Steuerung, Regelung und Optimieren (Anpassen)?

K 3.5 Skizzieren und erklären Sie eine Kaskadenregelung. Nennen Sie drei typische Anwendungsfälle.

K 3.6   Was ist ein Mehrgrößen-Regelsystem? Nennen Sie drei typische Anwendungsfälle. Skizzieren Sie den kybernetischen regelungstechnischen Verlauf.

K 3.7   Erklären Sie „negative und positive Rückkopplung" in einem Regelungssystem.

K 3.8   Was bedeutet Selbstregulierung?

K 3.9   Was besagt das Ashby-Gesetz?

K 3.10 Erklären Sie die Autopoiesistheorie. Wer hat sie entwickelt?

K 3.11 Warum werden Systeme modelliert?

Literatur

Anschütz H (1967) Kybernetik – kurz und bündig. Vogel, Würzburg

Aronson E, Wilson T, Akert RM (Hrsg) (2004) Sozialpsychologie, 4., ak. Aufl. Pearson, München

Ashby WR (2016) Einführung in die Kybernetik. Suhrkamp, Frankfurt am Main

BMAS (2017) Lebenslagen in Deutschland. Armuts- und Reichtumsberichterstattung der Bundesregierung. Bundesministerium für Arbeit und Soziales, Bonn

Bossel H (2004) Systemzoo 2, Klima, Ökosysteme und Ressourcen. Books on Demand GmbH,
Norderstedt

Flechtner H-J (1970) Grundbegriffe der Kybernetik. dtv, Stuttgart

Frahm M (2011) Beschreibung von komplexen Projektstrukturen. PMaktuell, Heft 2/2011

von Hentig H (1965) Die Schule im Regelkreis. Klett, Stuttgart

Judt T (2011) Dem Land geht es schlecht. Carl Hanser, München

Klaus G, Liebscher H (1976) Wörterbuch der Kybernetik. Dietz, Berlin

Küppers EWU (2011a) Systemische Denk- und Handlungsmuster einer neuen nachhaltigen Politik
im 3. Jahrtausend. Z Polit 3(3–4):377–398

Küppers EWU (2011b) Wirkungsnetzanalyse des Kommunalhaushaltes. Der Neue Kämmerer,
Jahrbuch 2011, S 39–41

Küppers EWU (2011c) Die Wirkungsnetz-Organisation – ein Modell für öffentliche Verwaltung?
apf 5(2012):129–136

Küppers EWU (2013) Denken In Wirkungsnetzen. Nachhaltiges Problemlösen in Politik und
Gesellschaft. Tectum, Marburg

Küppers EWU (2015) Systemische Bionik. Springer Essential, Springer, Wiesbaden

Küppers J-P, Küppers EWU (2016) Hochachtsamkeit. Über unsere Grenze des Ressortdenkens.
Springer Fachmedien, Wiesbaden

Negt O, Osrtolski A, Kehrkaum T, Zeuner C (2015) Stimmen für Europa. Ein Buch in sieben Sprachen.
Steidel, Göttingen

Odum EP (1991) Prinzipien der Ökologie. Spektrum der Wissenschaft, Heidelberg

Philippsen H-W (2015) Einstieg in die Regelungstechnik. Hanser, München

Rid T (2016) Maschinendämmerung. Eine kurze Geschichte der Kybernetik. Propyläen/Ullstein,
Berlin, S 2016

Steinbuch K (1965) Automat und Mensch. Kybernetische Tatsachen und Hypothesen, 3., neubearb.
und erw. Aufl. Springer, Berlin/Heidelberg/New York

Varela FJ, Maturana HR, Uribe R (1974) Autopoiesis: the organization of living systems, its characterization and a model. Biosystems 5:187–196

Wiener N (1963) Kybernetik. Regelung und Nachrichtenübertragung in Lebewesen und in der
Maschine (Original: 1948/1961 Cybernetics or control and communication in the animal and
the machine), 2., erw. Aufl. Econ, Düsseldorf/Wien

Teil II

Kybernetiker und kybernetische Modelle

Kybernetik und ihre Repräsentanten

4

Zusammenfassung

Im Rahmen dieses Kapitels werden eine Reihe von Repräsentanten der Kybernetik vorgestellt, die maßgebenden Einfluss auf die Entwicklung dieser fächerübergreifenden Disziplin genommen haben. Derjenige, von dem der größte Impuls für die Kybernetik als wissenschaftlicher Zweig und breite Anwendung ausging, war zweifelsohne Norbert Wiener, weshalb wir mit ihm beginnen.

Die Zahl einflussreicher Personen aus verschiedensten Fachgebieten, die jeweils ihren Beitrag zur Kybernetik geliefert haben, ist zu groß, als dass sie hier vollständig versammelt werden könnten. Allein im Internet werden 56 Personen genannt, von denen einige einflussreiche Köpfe in gegebener Kürze erwähnt werden sollen (vgl. https://de.wikipedia.org/wiki/Liste_bekannter_Kybernetiker. Zugegriffen am 25.01.2018).

© Springer Fachmedien Wiesbaden GmbH, ein Teil von Springer Nature 2019　　　67
E. W. U. Küppers, *Eine transdisziplinäre Einführung in die Welt der Kybernetik*,
https://doi.org/10.1007/978-3-658-23725-7_4

4.1   Norbert Wiener und Julian Bigelow

Abb. 4.1 Norbert Wiener,
US-amerikanischer
Mathematiker (1894–1964).
(Quelle: https://www.flickr.
com/photos/tekniskamuseet/
6979011285/in/photolist-
52hopp-bCHfUM.
Zugegriffen am 10.01.2019

Abb. 4.2 Julian Bigelow,
US-amerikanischer
Elektroingenieur (1912–2003)
und enger Mitarbeiter von
Norbert Wiener. Im Bild von
links, Julian Bigelow, Herman
Goldstine, Robert Oppenheimer
und John von Neumann
(Quelle: https://de.wikipedia.
org/wiki/Julian_Bigelow#/
media/File:Julian_Bigelow.jpg.
Zugegriffen am 10.01.2019

Viele sprechen von Norbert Wiener als dem „Vater der Kybernetik", was nicht zuletzt auf sein 1948 erschienenes Buch „Cybernetics or Control and Communication in the Animal and the Machine" (deutsch, 1963: „Kybernetik. Regelung und Nachrichtenübertragung im Lebewesen und in der Maschine") zurückzuführen ist, dass der US-amerikanische Mathematiker Wiener seinem langjährigen wissenschaftlichen Gefährten Arturo Rosenblueth (s. Abschn. 4.2) widmete. Ausgangspunkt von Wieners Entdeckungsreise, die mit dem zentralen Begriff der Kybernetik – „negative Rückkopplung" – verbunden ist, war der Militärbereich, in dem so viele neue Forschungen – z. B. die der bereits genannten Bionik – ihren Anfang nahmen. Im Vorwort zur zweiten englischsprachigen Auflage 1961, die mit der deutschen Erstauflage identisch ist, schrieb Wiener (Wiener 1963, Vorwort):

Wenn ein neuer wissenschaftlicher Zweig richtig lebendig ist, muss und soll sich der Schwerpunkt des Interesses im Laufe der Jahre verschieben. Als ich zuerst über Kybernetik schrieb, bestand die Hauptschwierigkeit, einen Standpunkt einzunehmen, darin, dass die Vorstellungen der statistischen Informationstheorie und der Regelungstheorie neu waren und sogar auf die Denkhaltung der Zeit schockierend wirkten. Heute sind sie allgemein bekanntes Rüstzeug der Fernmeldeingenieure und der Entwickler automatischer Regelungen, […]. Die Betrachtung der Information und die Technik des Messens und des Übertragens von Information ist für den Ingenieur, für den Physiologen, den Psychologen und den Soziologen zu einer regelrechten Disziplin geworden.

Wie Kap. 6 und 7 noch zeigen werden, hat sich der Gedanke der Kybernetik bzw. einer kybernetischen Regelung und somit Wieners Lebendigkeit der Kybernetik auf viele Fachdisziplinen und Praxisanwendungen ausgebreitet.

Alles, was später mit der Entwicklung der Kybernetik Wieners zusammenhängen sollte, begann Anfang der 1940er-Jahre, mit einem elektrischen Feuerleitsystem, einem Bell Labs Computer M-9, der, so Rid (2016, S. 46):

[…] Mathematik in eine Rückkopplungsschleife […] einspeiste und das Feuerleitsystem in die Lage versetzte, mittels Widerständen, Potentiometer, Servomotoren und Gleitkontakten einfache mathematische Funktionen wie Sinus und Kosinus zu berechnen. Elaborierte – sorgfältig ausgeführte – Mathematik würde so eine schwere 90-Millimeter-Luftabwehrkanone steuern. […]

Der Zielvorgang war aber eine offene Schleife: Es gab kein Feedback an die Granate, nachdem sie einmal abgefeuert war. […] Warren Weaver, Wissenschaftsmanager in der Rockefeller Foundation, leitete das Vorhaben unter der Bezeichung D-2.

Von der Johns Hopkins University, ebenso vom NDRC (National Defence Research Committee) finanziert, kam eine geniale Idee, jene Rückkopplungsschleife zu schließen: der Abstandszünder.

Im Gegensatz zum gebräuchlichen Zeitzünder, mit dem die Explosion des Flugkörpers vor Abschuss des Projektils eingestellt werden musste, detonierten Flugkörper mit Abstandszünder aufgrund von Informationen, die während des Fluges gesammelt wurden. Somit wurde eine echte Rückkopplungsschleife realisiert. Jedoch musste der neue Zündmechanismus enorme Kräfte des Projektils bei Abschuss – das 20.000-fache von g (g entspricht der Erdschwerebeschleunigung mit einem mittleren Wert von 9,81 m/s²) – vertragen können und weitere Belastungen mehr. „Die technische Herausforderung war schwindelerregend" (ebd., S. 47). Zur Verbesserung des Luftabwehr-Feuerleitsystems reichte Wiener im November 1940 ein Exposé mit dem Titel „Fliegerabwehr-Prädiktor" ein. Es beinhaltete, die „rein mathematischen Möglichkeiten der Voraussage durch einen Apparat zu untersuchen und anschließend den Apparat zu konstruieren." (ebd., S. 51) Zusammen mit dem Elektrotechniker und Mathematiker Julian Bigelow als Chefingenieur begann Wiener Ende 1940, sein bewilligtes Projekt durchzuführen. Das Luftabwehrproblem führte Wiener zu der Überlegung, dass Piloten unter Beschuss ähnlich einer Zickzacklinie oder durch Kunstflüge ausweichen, was umso schwieriger ist, je mehr Gewicht das Flugzeug besitzt. Dazu Rid (2016, S. 52):

Wiener erkannte allmählich, dass der psychische Stress des Menschen und die physische Einschränkung des Flugzeugs das Mensch-Maschine-System vorhersagbar machen. Dadurch wurde es leichter, die zukünftige Flugbahn eines Flugzeuges auf der Grundlage seines vergangenen Verhaltens zu errechnen.

Die vorab von Wiener angenommene – nicht leicht zu fliegende – Zickzacklinie eines Flugzeuges wurde durch eine neu angenommene, leicht gewellte Fluglinie berechenbarer. Wiener und Bigelow war nach mehreren Monaten theoretischer und experimenteller Untersuchungen 1942

> klar geworden, dass Mensch und Maschine eine Einheit bildeten, ein System, einen zusammenhängenden Mechanismus, der faktisch wie ein Servo funktionieren würde, ein Gerät, mit der Eigenschaft, Abweichungen in seinem Betrieb selbst zu korrigieren. (ebd., S. 54)

Auch wenn Wieners Prädikator nie zum praktischen Einsatz kam, sollten doch die Überlegungen von Mensch-Maschine-System, Steuerung und negativer Rückkopplung seine kybernetische Weltsicht und die aufkommende Kybernetik maßgebend bestimmen.

4.2   Arturo Rosenblueth

Abb. 4.3 Arturo Rosenblueth, mexikanische Physiologe (1900–1970). (Quelle: http://con-temporanea.inah.gob.mx/node/42, Archivo fotográfico de Arturo Rosenblueth de El Colegio Nacional, México, D.F, Zugegriffen am 25.01.2018)

Der mexikanische Physiologe Arturo Rosenblueth war ein enger wissenschaftlicher Gefährte von Norbert Wiener. Diese Verbundenheit beruhte unter anderem darauf, dass Rosenblueth Wiener in seiner Ansicht bestätigte, dass Rückkopplungen sowohl in der Regelungstechnik von Maschinen als auch in lebenden Organismen eine entscheidende

Rolle spielen. Hervorzuheben sind Arbeiten von Rosenblueth und Wiener über „Behavior, Purpose and Teleology" (deutsch: „Verhalten, Zweck und Teleology") (Rosenblueth und Wiener 1943) sowie „Purposeful and Non-Behavior" (deutsch: „Zielgerichtetes und nicht zielgerichtetes Verhalten") (Rosenblueth et al. 1950), die negative Rückkopplungen thematisierten.

4.3   John von Neumann

Abb. 4.4 John von Neumann, ungarisch-US-amerikanischer Mathematiker und Informatiker (1903–1957).(Quelle: https:// upload.wikimedia.org/ wikipedia/commons/d/d6/ JohnvonNeumann-LosAlamos. jpg). Zugegriffen am 10.01.2019

John von Neumann war ein früher Computerpionier, Mathematiker, Informatiker und Kybernetiker. Kybernetische Mathematik und die Spieltheorie (siehe Abschn. 6.6) als Teil der Theoretischen Kybernetik waren einige seiner Interessensgebiete. Von Neumann gilt als eine der Väter der Informatik.

Anfang der 1940er-Jahre diskutierte von Neumann mit Wiener den Nutzen der kybernetischen Forschung, sie analysierten u. a. Gemeinsamkeiten zwischen Gehirn und Computer. Beide gründeten 1943 den „kybernetischen Kreis", der schließlich durch die von der Macy Foundation geförderte einflussreiche Konferenzreihe in Manhattan führte. Um 1945 beteiligte sich von Neumann an der Konstruktion der ENIAC (Electronic Numerical Integrator and Calculator), einem aus heutiger Sicht riesigen Rechner von dreißig Tonnen Gewicht und 25 Meter Länge, dem Vorläufer der EDVAC (Electronic Discrete Automatic Computer). Er besaß bereits die Grundstruktur vieler Computer heutiger Generation, wie Abb. 4.5 zeigt, die später *Von-Neumann-Architektur* (s. auch Kap. 2) genannt wurde.

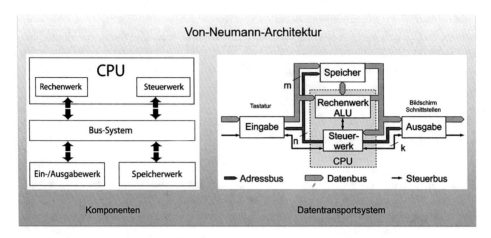

Abb. 4.5 Von-Neumann-Architektur eines Computers. (Quelle: https://de.wikipedia.org/wiki/ Von-Neumann-Architektur. Zugegriffen am 25.01.2018)

Erwähnenswert ist auch, dass von Neumann sich mit der *Theory of Self-Reproducing Automata,* Theorie der sich selbst reproduzierenden Automaten, befasste. Hierbei wechselte er in seinen Überlegungen und Beschreibungen von Gegenständen ständig zwischen der Technik von Maschinen und natürlichen Systeme, die kreativ gewollt war (vgl. Rid 2016, S 147–149). Weiter schreibt Rid (ebd., S. 149):

> Er [John v. Neumann, d. A.] kleidete seine Theorie in kybernetische Begriffe, verwischte also die Grenzen zwischen Maschine und Organismus.
> Von Neumann studierte einerseits die Mechanismen der natürlichen Evolution und stellte fest, dass die natürlichen Organismen etwas Komplizierteres erzeugen als sie selbst. Die Natur kopiert nicht einfach, sie verändert ihre Nachkommen über die reine Selbstreproduktion hinaus.
> In der technischen Welt wurde damit jedoch das Gegenteil erreicht. Während die organismische Selbstreproduktion entwicklungsfähig war, war die mechanische Selbstreproduktion degenerativ. Von Neumann schloss daraus:

▶   **Merksatz** „Eine Organisation, die etwas synthetisiert, ist notwendigerweise komplizierter, von einer höheren Ordnung, als eine Organisation, die von ihr synthetisiert wird." (Rid 2016, S. 150)

Der Bau einer „fruchtbaren" Maschine durch eine Maschine, die mindestens so komplex war wie die „Muttermaschine", war eine theoretische Frage, aber deshalb nicht weniger schwierig zu beantworten, womit wir die Einblicke in von Neumanns Arbeiten in Rahmen dieses Beitrags schließen.

Dass dieses Thema einer *künstlichen maschinellen Evolution* auch gegenwärtig wieder aktuelles Forschungsthema ist, zeigen einerseits die Verknüpfungen von Robotertechniken mit *Künstlicher Intelligenz* und andererseits die Verschmelzung von Mensch und Technik zu sogenannten „Cyborgs". Der Zeitpunkt, wann Maschinen mit „Maschinenintelligenz" in der Lage sind, selbstständig und selbstorganisiert Maschinenmutationen zu entwerfen und zu bauen – mit welchem Ziel und zu welchem Zweck? –, liegt noch im Nebel der Zukunft – und diese ist ungewiss.

4.4   Warren Sturgis McCulloch

Abb. 4.6 Warren Sturgis McCulloch, US-amerikanische Neurophysiologe und Kybernetiker(1898–1969) Quelle: With Permission from the American Philosophical Society Library, Philadelphia PA, USA

Der US-amerikanische Neurophysiologe und Kybernetiker Warren Sturgis McCulloch wurde bekannt durch seine Grundlagenarbeiten zu Theorien des Gehirns und seine Mitwirkung in der Kybernetik-Bewegung der 1940er-Jahre (McCulloch 1955). Gemeinsam mit Walter Pitts (s. Abschn. 4.5) kreierte er Computermodelle, die auf mathematischen Algorithmen, der sogenannten Schwellwert-Logik, basierten. Sie teilte die Untersuchung in zwei individuelle Herangehensweisen, eine, die sich auf biologische Prozesse im Gehirn, und eine andere, die sich auf Anwendungen von neuronalen Netzwerken künstlicher Intelligenz konzentrierte (McCulloch und Pitts 1943). Das Ergebnis dieser Untersuchung war das Modell eines McCulloch-Pitts-Neurons. McCulloch und Pitts konnten zeigen, dass mit *Turing-Maschinen* berechenbare Programme durch ein begrenztes Neuronen-Netzwerk berechnet werden können. Turing-Maschinen, nach dem britischen Logiker und Mathematiker Alan Turing (1912–1954) benannt, sind Rechnermodelle, die auf einfache Art die Arbeitsweise eines Computers modellieren. Sie repräsentieren ein Programm bzw. einen Algorithmus.

4.5   Walter Pitts

Abb. 4.7 Walter Pitts,
US-amerikanischer Logiker
(1923–1969), zusammen mit
Ysroael Lettvin, US-amerikanischer Kognitionswissen-
schaftler, links. (Quelle: http://
en.wikipedia.org/wiki/
Image:Lettvin_Pitts.jpg and
Family album). Zugegriffen am
10.01.2019

Walter Pitts war ein US-amerikanischer Logiker, sein Arbeitsgebiet war die kognitive Psychologie. Pitts wurde in den 1940er-Jahren McCullochs Mitarbeiter, aus der Zusammenarbeit entstand das bekannte McCulloch-Pitts-Neuronenmodell. 1943 übernahm er eine
Assistentenstelle und wurde Doktorant am Massachusetts Institute of Technology – MIT –
bei Norbert Wiener.

Die McCulloch-Pitts-Zelle, auch McCulloch-Pitts-Neuron, ist das einfachste Modell
eines künstlichen neuronalen Netzes, mit dem nur binäre – Null/Eins – Signale verarbeitet
werden können. Analog zu biologischen Neuronennetzen können auch hemmende Signale
durch das künstliche Neuron bearbeitet werden. Der Schwellwert eines McCulloch-Pitts-
Neurons ist durch jede reelle Zahl einstellbar. Abb. 4.8 links zeigt eine Reihe von skizzier-
ten Zellen während der Entwicklung durch McCulloch und Pitts, während Abb. 4.8 rechts
drei einfache McCulloch-Pitts-Neuronen mit unterschiedlichen Schwellwerten mit logischen Gattern zeigt.

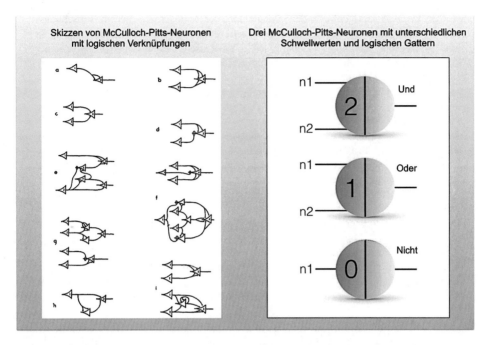

Abb. 4.8 McCulloch-Pitts-Neuronenmodelle. (Quelle links: McCulloch und Pitts 1943, S. 130)

4.6 William Ross Ashby

Abb. 4.9 William Ross Ashby, britischer Psychiater(1903–1972). Mit freundlicher Genehmigung von Mick Ashby. Image is reproduced with permission of the Estate of W. Ross Ashby

Der englische Forscher und Erfinder William Ross Ashby hatte durch seine einflussreichen Forschungsergebnisse, wie seinen Homöostaten und sein Gesetz von der erforderlichen Varietät (siehe Abschn. 3.8 und 3.9), sowie sein Buch „Design for a Brain" (1952, zweite Auflage 1954) großen Anteil an der Entwicklung der Kybernetik. Rid schildert die Entwicklung Ashbys wie folgt (Rid 2016, S. 77–78):

Ross Ashby, ein 45-jähriger Major der Sanitätstruppe der Royal Army, leitete die Forschungs-
abteilung von Barnwood House [wo traumatisierte Offiziere behandelt wurden, d. A.]. In
dieser abgelegenen Klinik erfand Ashby den „Homöostaten", eine sonderbare, von seiner
Arbeit mit geistig gestörten Patienten inspirierten Maschine. […] Fünfzehn Jahre hatte Ashby
gebraucht, um sein Protogehirn zu konstruieren, zwei weitere, um es zu bauen. Gekostet hatte
es ihn fünfzig Pfund (verglichen mit der damaligen Deutschen Mark und unter Berücksichtigung eines Wechselkurses GBP zu DM, (1 : 11,702 erstmals ab 1953), beträgt der heutige
Wert ca. 299 Euro, (https://de.wikipedia.org/wiki/Deutsche_Mark. Zugegriffen am
25.01.2018, d. A.). Die Vorrichtung sah aus, als hätte man vier altmodische Autobatterien im
Quadrat auf einer großen Metallplatte angeordnet. […] Ashby und sein Assistent, David Ban-
nister, hatten magnetgetriebene Potenziometer, elektrische Leitungen, Röhren, Schalter und
kleine Wasserbehälter in ihre Maschine verbaut. […]
    Die auffällig sichtbaren Teile waren vier kleine Magnete, die in vier kleinen, oben auf je-
dem der Kästen angebrachten Wasserbehältern wie Kompassnadeln schwangen. Jeder der
vier Kästen verfügte über fünfzehn Dreh- und Kippschalter, mit denen sich Parameter verändern ließen. […]
    Das Ziel der Maschine bestand darin, ihre vier Elektromagneten in einer stabilen Position
zu halten, bei der die Nadel über jedem Kasten in der Mitte ihres Wasserbehälters zentriert
war. Dies war die normale, „gemütlich" Position des Homöostaten. Das Experiment bestand
darin, es der Maschine „ungemütlich" zu machen und zu schauen, wie sie darauf reagierte.

Wege zur „Ungemütlichkeit" bzw. zu einem Ungleichgewicht des Homöostaten waren
unter anderem: Umpolung der Magnete, sie mit einem Gitterstab zu verbinden oder Be-
wegungseinschränkung der Magnete (ebd.).

    Was auch immer Ashby tat, um den Homöostaten (s. Abb. 4.10) aus dem Gleichgewicht
zu bringen, letztlich fand das Gerät Wege, die Kompassnadeln erneut zu zentrieren und
den Gleichgewichtszustand wieder herzustellen (vgl. ebd., S. 78).

    Ashbys Vortrag auf der Macy-Konferenz 1952 in New York führte zu kontroversen De-
batten, unter anderem mit Wieners Assistent Bigelow. Während Bigelow einen Unterschied machte zwischen Umwelt und Organismus, für den Ashbys Maschine entweder für
die Umwelt oder einen Organismus stand, sah Ashby selbst seinen Homöostaten als eine
Einheit von Umwelt und Organismus (Ashby 1954). Und Rid formuliert (2016, S. 83):

    Dies war Ashbys fundamentale, ja historische Erkenntnis

Der Amerikaner Gregory Bateson (Abschn. 4.7), Antropologe, Biologe, Sozialwissenschaftler und Kybernetiker, war ebenso Teilnehmer der Konferenz wie auch der englische
Ökologe George Evelyn Hutchinson (1903–1991). Als Bateson den Ökologen Hutchinson fragte, ob sich Ashbys Maschine mit der Natur vergleichen lasse, ob sie die gleiche
Lerneigenschaft aufweise, wie sie in einem Ökosystem stattfindet, stimmte Hutchinson
dem definitiv zu. Wiener, der die Konferenz nicht besuchte, aber von Ashys Apparat er-
fuhr, nannte den Homöostaten nicht nur eine experimentelle Maschine, sondern eine „lernende Maschine" (ebd., S. 86). Ashby selbst schrieb 1948 (ebd., S. 87):

Abb. 4.10 Homöostat nach William Ross Ashby. Mit freundlicher Genehmigung von Mick Ashby. Image is reproduced with permission of the Estate of W. Ross Ashby

Das Gehirn ist keine denkende Maschine, es ist eine handelnde Maschine. […] Es erhält Informationen und unternimmt dann etwas aufgrund dieser Informationen.

Das Gehirn könnte demnach auch als Black Box gesehen werden, mit Eingangssignalen, die – wie auch immer sie verarbeitete werden – zu Ausgangssignalen führen. Ashby sah im Nervensystem eine physikalische Maschine, „ein physikochemisches System", welches konstant daran arbeitet, den Organismus an die Umwelt anzupassen. So ergeben nach Ashby (ebd., S. 88)

[d]er frei lebende Organismus und seine Umwelt […] zusammengenommen ein absolutes System, vergleichbar dem Homöostaten.

Und um abschließend den Zirkelschluss von dem Homöostaten zur kybernetischen Regelung zu bekommen, schreibt Rid:

▶ **Merksatz** „Wie sein [Ashbys, d. A.] Homöostat nutzt das Gehirn einfach eine negative Rückkopplung, um sich auf vorliegende Störungen einzustellen." (Rid 2016, S. 91)

Dieser kleine Einblick in Ashbys Beiträge zur Kybernetik zeigt den großen Einfluss, den seine Experimente auf Wiener, Bigelow, Bateson und viele andere Kybernetiker seiner und auch heutiger Zeit genommen haben und weiterhin nehmen. Aus früheren Homöostaten werden heute intelligente Maschine mit künstlicher Intelligenz, die durchsetzt sind mit negativen Rückkopplungen zur adaptiven Regelung und Vermeidung bzw. Minderung von Störeinflüssen.

Die spontane Zusammenarbeit von Mathematikern, Informatikern, Elektrotechnikern, Biologen, Psychologen, Physiologen, Medizinern, Soziologen und anderen Spezialisten, die in den 1940er-Jahren das Fundament für das Gebiet der Kybernetik gelegt haben, ist heute zum Standard für kybernetische, inter- und intradisziplinärer Forschung und Entwicklung geworden, ohne den kein humanoider oder kollaborativer Roboter, kein grundlegender kybernetischer Erkenntnisgewinn und -fortschritt möglich sind.

▶ **Merksatz** Und immerfort sei an die „Mutter" aller negativen wie positiven Rückkopplungen erinnert: die evolutionäre Natur. Sie hat es über Jahrmilliarden, unter schärfsten Qualitäts- und Kontrollmerkmalen, geschafft, individuelle und kollektive Meisterleistungen durch adaptive Fortschritte zu erzielen, die unzähligen Individuen und Populationen zu Gute kommen. Kommunikation durch informationsverarbeitende Systeme war – neben Energie und Material – die treibende Kraft der Entwicklung in der Biosphäre. Der Mensch, der sich die Technosphäre geschaffen hat, tut gut daran, sich an den fundamentalen vernetzten Regelungsprozessen der Natur ein Beispiel zu nehmen, aus Gründen nachhaltiger und fehlertoleranter Prozesse und nicht zuletzt aufgrund seiner eigenen Weiterentwicklung.

4.7   Gregory Bateson

Abb. 4.11 Gregory Bateson, angloamerikanischer Anthropologe, Biologe, Sozialwissenschaftler, Kybernetiker und Philosoph. (1904–1988). With kind Permission from the American Anthropological Association, Arlington, VA, USA

[Gregory Batesons] Arbeitsgebiete umfassten anthropologische Studien, das Feld der Kommunikationstheorie und Lerntheorie, genauso wie Fragen der Erkenntnistheorie, Naturphilosophie, Ökologie oder der Linguistik. Bateson behandelte diese wissenschaftlichen Gebiete allerdings nicht als getrennte Disziplinen, sondern als verschiedene Aspekte und Facetten, in denen seine systemisch-kybernetische Denkweise zum Tragen kommt (https://de.wikipedia. org/wiki/Gregory_Bateson. Zugegriffen am 25.01.2018).

Als 38 Jahre alter Teilnehmer an der Macy-Konferenz 1942 profitierte der junge Bateson von den „Vätern" der Kybernetik, insbesondere aber von Ashbys Arbeiten am Homöostaten. Bateson erweiterte konsequent den Gedankengang Wieners und Ashbys, wobei Wiener von einem Bomberpiloten spricht, der als Servoventil agiert und somit Teil einer Mensch-Maschine-Einheit ist, während Ashby seinen Homöostaten als eine Einheit aus Maschine und Umwelt beschrieb. Rid schreibt zu Batesons Überlegungen (2016, S. 220):

Wenn die Axt eine Verlängerung des Holzfäller-Ichs war, dann auch der Baum, denn ohne Baum konnte der Mann seine Axt schwerlich gebrauchen. Es handelt sich also um die Verbindung Baum-Auge-Gehirn-Muskeln-Axt-Hieb-Baum; „und es ist dieses Gesamtsystem, das die Charakteristika des immanenten Geistes hat", schrieb Bateson in [seiner 1972 (dt.: 1981) erstmals erschienenen Aufsatzsammlung, d. A.] Ökologie des Geistes. […] Bateson war klar, wie verrückt das für die meisten seiner amerikanischen und europäischen Leser klang, die es gewohnt waren, die Welt individualistisch zu verstehen, nicht in so radikal holistischer, ganzheitlicher Form. „Dies ist aber nicht die Weise, in der ein durchschnittlicher Abendländer die Abfolge der Ereignisse eines fallenden Baumes sieht." […]
Für Bateson aber war die Schleife Baum-Auge-Gehirn-Muskeln-Axt-Hieb-Baum ein elementarer kybernetischer Gedanke.

Bateson erweiterte seinen Gedanken zur holistischen Sicht auf die Dinge schließlich auf die Gesellschaft, die er mit Ashbys Homöostaten vergleicht. Die Dynamik der Gesellschaft war die eines „ultrastabilen Systems. […] Das System war ‚selbstkorrigierend‘." (ebd., S. 222).

Wer denkt beim letzten Satz Batesons nicht an die Gaia-Hypothese, die von der Mikrobiologin Lynn Margulis (1938–2011) und dem Chemiker, Biophysiker und Mediziner James Lovelock (1991) (*1919) Mitte der 1960er-Jahre entwickelt wurde? Die Biosphäre der Erde wird danach als ein lebender Organismus betrachtet, der auch Gesellschaften einschließt, demnach einen noch weit größeren holistischen Anspruch erhebt, als es Bateson vor Augen hatte.

Wenn heutige Strategien im erdweiten, hochgradig vernetzten Feld zu Lösungen von Konflikten aller Art analysiert würden, wäre in der westlichen Hemisphäre bzw. in den Industrienationen noch überwiegend kausales bzw. monokausales Denken das geistiges Werkzeug für operatives Handeln, weitgehend unter Einschluss erheblicher Folgeprobleme und zugleich weitgehend unter Ausschluss negativer – systemstabilisierender – Rückkopplungsprozesse. Die aktuellen Beispiele aus gesellschaftlichen Armut-Reichtums-Spaltungen und Spaltungstendenzen (BMAS 2017), nicht nur mitten im Industriekontinent Europa, sprechen eine deutliche Sprache. Daher sind Batesons holistische Überlegungen, in Kreisläufen und (negativen) Rückkopplungen zu denken, ökologisch, ökonomisch und sozialgesellschaftlich so aktuell wie nie – wenn nicht sogar noch aktueller und dringlicher als – zuvor.

4.8   Humberto Maturana und Francisco Varela

Abb. 4.12 Humberto
Maturana, chilenischer Biologe
und Philosoph (*1928)
(Quelle: File:Maturana,
Humberto -FILSA 2015 10 25
fRF09.jpg), https://upload.
wikimedia.org/wikipedia/
commons/0/02/Humberto_
Maturana-FILSA2015.jpg
Zugegriffen: 10.01.2019

Abb. 4.13 Francisco Varela,
chilenischer Biologe, Philosoph
und Neurowissenschaftler
(1946–2001).(Quelle:
Fotographer Joan Halifax
(Upaya). flickr_url: (https://
www.flickr.com/photos/
upaya/143621045/in/set-
72157594148545142/).
Zugegriffen am 10.01.2019

Der Begriff der Autopoiese, der bereits in Abschn. 3.11 erklärt wurde (Varela et al. 1974), ist zentraler Bestandteil der von den beiden Chilenen Humberto Maturana und Francisco Varela erarbeiteten biologischen Theorie der Erkenntnis, die sie in ihrem Buch „Der Baum der Erkenntnis" (1987, erstmals veröffentlicht 1984) darlegten.

In einem Interview (Ludewig und Maturana 2006) werden die zentralen Aphorismen der Theorie der Erkenntnis herausgestellt, als (ebd., S. 7):

> Jedes Tun ist Erkennen, und jedes Erkennen ist Tun.

Und:

> Alles Gesagte wird von Jemandem gesagt.

Eine weitere Erklärung beschreibt (https://de.wikipedia.org/wiki/Der_Baum_der_Erkenntnis#Autopoiese. Zugegriffen am 26.01.2018):

Den Begriff alles Lebendigen verbinden (M/V) [Maturana/Varela, d. A.] mit der autopoieti-schen (= sich selbst schaffenden) Organisation, die sie am Beispiel einer Zelle aufzeigen und auf mehrzellige Organismen übertragen. Ziel der Evolution ist das Fortbestehen der Art mit Hilfe der Einzelwesen. Voraussetzungen dafür sind sowohl eine autonome Organisation wie eine Anpassung (strukturelle Koppelung) an die Umgebung, allerdings nicht als einseitige Ausführung der Forderungen der Außenwelt: Bei all diesen Prozessen gibt es nicht einen Akteur und die Zielgruppe, sondern wechselseitig sich überlappende Vorgänge: Bereits bei der Reproduktion ist nicht allein die DNS beteiligt, sondern ein ganzes Netzwerk von Inter-aktionen mit z. B. den Mitochondrien und Membranen in ihrer Gesamtheit. Dieses Zusam-menspiel zur Selbsterhaltung besteht aus Geben und Nehmen, wobei die ausgewählten und übernommenen Substanzen zum System passen müssen und von diesem verarbeitet werden. Das heißt: Die beteiligten Organe sind in einem kontinuierlichen Netzwerk von Wechselwir-kungen miteinander verbunden.

Maturanas Behandlung der Frage über das Leben, der Systemeigenschaften und der Mög-lichkeiten der Unterscheidung zwischen lebenden und nicht lebenden Systemen führten ihn zu der Erkenntnis, dass es auf die „Organisation des Lebendigen" ankommt. Damit verknüpfte er zwei traditionelle Merkmale des Systemdenkens:

1. die organismische Biologie, die sich mit der Art der biologischen Formen befasst, und
2. die Kybernetik, die sich – wie bekannt – zielorientierten Steuerungs- und Regelungs-vorgängen in – biologischen und technischen – Systemen widmet.

Maturana und Varela sehen in Autopoiese einen notwendigen und hinreichenden Aus-druck, um die Organisation lebender Systeme zu charakterisieren. Zum Schluss lassen wir Maturana selbst zu Wort kommen, indem er erklärt (Ludewig und Maturana 2006, S. 22)

[…] dass es sich bei einer autopoietischen Einheit um ein geschlossenes Produktionsnetz von Komponenten handelt, in dem die Komponenten das sie erzeugende Netz ihrerseits generie-ren. Das konstituiert das Lebewesen als autopoietische Einheit. Nur wenn dies geschieht, handelt es sich um lebende Einheiten; wenn nicht, liegt etwas anderes als ein autopoietisches System vor. Nur dann hat das Lebewesen ein Sein. Nur um auf diesen Umstand hinzuweisen, existiert überhaupt das Wort Autopoiese.

Interessant scheint noch Maturanas Aussage, dass das Phänomen der Selbstorganisation für ihn nicht existiert, mit der Begründung, dass die Organisation invariant sei und an den Beobachter gekoppelt ist (ebd., S. 39):

Der Beobachter sagt […], dass, wenn die komplexe Einheit durch eine bestimmte Organisa-tion definiert ist, dann muss diese Organisation notwendigerweise invariant sein, sonst würde sie bei Veränderung etwas anderes werden. Unter diesen Bedingungen kann es keine Selbst-organisation geben. Das „selbst" bezieht sich auf eine Einheit, die sich selbst organisiert, und das kann nicht sein. Sie organisiert sich nicht selbst, weil ihre Organisation unveränderlich ist, anderenfalls wäre sie etwas anderes geworden.

Auf die Aussage hin angesprochen, dass Selbstorganisation demnach bedeutet, dass sich eine Zahl von Komponenten zu einer Einheit verbinden, antwortete Maturana mit dem Begriff der spontanen Organisation, den er in diesem Fall vorziehen würde (vgl. ebd., S. 40).

4.9   Stafford Beer

Abb. 4.14   Stafford Beer, britischer Betriebswirt (1926–2002). Foto-Quelle: S. Beer in 2001, with kind permission from Eden Medina, Indiana University, Bloomington, IN, USA, Dep. of History

„Die Wissenschaft von der effektiven Organisation" war Stafford Beers Interpretation von Kybernetik, die der Betriebswirt erstmals in seinem Buch „Cybernetics and Management" 1959 (deutsch: „Kybernetik und Management", 1970) präsentierte.

Die Managementkybernetik ist ein Zweig der Managementlehre, die durch Beer begründet wurde (Beer 1994b, 1995, 1981) und auf der insbesondere in der Hochschule St. Gallen in der Schweiz, ausgehend vom Wirtschaftswissenschaftler Hans Ulrich (1919–1997), das St. Galler Management-Modell aufbaut – seit 2014 in 4. Generation (Rüegg-Stürm und Grand 2015).

Beers „Viable System Model" – VSM – für Organisation orientiert sich auf das Systemdenken. Dabei beeinflussen sich miteinander verknüpfte Systemelemente gegenseitig. Das VSM ist laut Beer auf jede Organisation bzw. jeden Organismus abbildbar und somit für ihn ein universell einsetzbares Rahmenwerkzeug, mit bevorzugter Anwendung in Unternehmen.

Die grundlegende Struktur des VSM besitzt fünf Systemelemente bzw. Subsysteme, die im Detail in Abschn. 7.4 beschrieben werden.

Als ein weiterer kybernetischer Ansatz Beers, diesmal auf Wirtschaftsstrukturen eines Landes – Chile, zur Zeit der Allende-Regierung 1970–1973 – angewendet, kann sein Projektversuch „Cybersyn" gewertet werden (Beer 1994a). Es sollte die zentrale Wirtschaftsverwaltung des Landes durch ein Computer- bzw. Fernschreiber-Netzwerk in Echtzeit kontrolliert werden. Der Versuch scheiterte jedoch frühzeitig, auch aufgrund des Regierungssturzes durch das Regime Pinochet. Trotzdem ist es interessant, auf die Einzelheiten dieses kybernetischen gesellschaftlichen Experiments zu schauen, was in Abschn. 7.4 geschieht.

4.10   Karl Wolfgang Deutsch

Abb. 4.15 Karl Wolfgang
Deutsch, US-amerikanischer
Sozial- und
Politikwissenschaftler
(1912–1992). Foto mit
freundlicher Genehmigung
von Peter Rondholz, Berlin

1986 schrieb der Sozial- und Politikwissenschaftler Karl Wolfgang Deutsch – zu jener
Zeit im Wissenschaftszentrum für Sozialwissenschaft in Berlin, Deutschland, tätig – einen
kurzen Beitrag über sein 1963 erschienenes Buch „The nerves of government: models of
political communication and control" (deutsch „Politische Kybernetik", 1969) Nach einer
kurzen Einleitung (Deutsch 1986, S. 18):

> The Nerves of Government applies concepts of the theory of information, communication,
> and control to problems of political and social science. Key notions are Norbert Wiener's use
> of the concepts of „feedback," „channel capacity," and „memory." From these, concepts of
> „consciousness," „will," and „social learning" are developed by the present author. These
> ideas have found further application in the development in the computer'based political world
> model GL000S at the Science Center Berlin for Social Research.

beschreibt Deutsch den Beginn seiner Arbeiten mit Modellen und Perspektiven zu „Politische Kybernetik" wie folgt:

> This book began in 1943, when the mathematician Norbert Wiener walked into my office at
> MIT and recruited me at the point of a cigar info a tong process of communication. It started
> with a discussion about my field, international politics, but soon turned to his own work on
> communication and control in machines, animals, and societies. His was the most powerful
> and creative mind I have ever encountered. We remained in close intellectual contact until I
> moved to Yale in 1958, and we remained close friends until his death in 1974. His ideas were
> just what I needed to develop my own. […]

The main obstacles to the wider acceptance and use of a cybernetic approach to politics have been twofold. It seemed too complex to those colleagues habituated to a humanistic and literary approach for politics, and even to those already used to simple analyses of statistics, correlations, and regressions. And secondly, there was a lack of suitable data, particularly on time variables and changes over time.

Aus heutiger Sicht erscheint der Vorbehalt einiger Kollegen Deutschs gegenüber einer neuen Denk- und Handlungsweise nachvollziehbar, weil sich dieses intellektuelle Muster bis heute erhalten hat. Weniger nachvollziehbar ist heute das Hindernis bzw. der Mangel an geeigneten Daten im Computerzeitalter von Big Data – im Gegenteil!

Deutsch berücksichtigt unter anderem bei seinen Überlegungen zu kybernetischen Ansätzen in der Politik bzw. bei dem „Regierungsprozess als Steuerungsvorgang" (Deutsch 1969, S. 255–276) natürlich auch Rückkopplungen, insbesondere negative Rückkopplungen. Er stellt eine verblüffende Ähnlichkeit fest, einerseits zwischen technischen und biologischen Steuerungsprozessen, zielorientierten Bewegungen und autonomen Regelungen und gewissen Vorgängen in der Politik anderseits. Auch hier wird auf Abschn. 7.4 verwiesen, wo näher auf Anwendungsaspekte der Kybernetik und Politik eingegangen wird.

4.11　Ludwig von Bertalanffy

Abb. 4.16 Ludwig von Bertalanffy, Österreichischer Biologe und Systemtheoretiker (1901–1972), 1958, Mt Sinai Hospital, LA, USA. Foto mit freundlicher Genehmigung durch des BCSSS, Bertalanffy Center for the Study of Systems Science, Wien

Rückblickend auf Abschn. 3.7 wurden die Leistungen des österreichischen Biologen und Systemtheoretikers Ludwig von Bertalanffy bereits gewürdigt. Mit seinem Namen verbunden bleibt der Begriff des „Systemgleichgewichts":

[Bertalanffy] verfasste eine *Allgemeine Systemtheorie*, die versucht, auf der Grundlage des methodischen Holismus gemeinsame Gesetzmäßigkeiten in physikalischen, biologischen und sozialen Systemen zu finden und zu formalisieren. Prinzipien, die in einer Klasse von Systemen gefunden werden, sollen auch auf andere Systeme anwendbar sein. Diese Prinzipien sind zum Beispiel: Komplexität, Gleichgewicht, Rückkopplung und Selbstorganisation. (https://de.wikipedia.org/wiki/Ludwig_von_Bertalanffy. Zugegriffen am 26.01.2018)

Es war eine Theorie der offenen Systeme (Theory of Open Systems in Physics and Biology) die Bertalanffy weiter entwickelte – zur Systemtheorie offener Systeme selbst siehe von Bertalanffy 1950 und zu Allgemeine Systemtheorie siehe von Bertalanffy 1969; zu Biophysik des Fließgleichgewichtes siehe von Bertalanffy et al. 1977.

4.12 Heinz von Foerster

Abb. 4.17 Heinz von Foerster, österreichischer Physiker (1911–2002). (Quelle: Heinz von Foerster personal file, from University of Illinois publicity department, USA, licensed under the Creative CommonsAttribution-Share Alike 4.0 International)

Der österreichische Physiker Heinz von Foerster ist einer der Mitbegründer der kybernetischen Wissenschaften. Untrennbar mit seinem Namen verbunden sind Begriffe wie Kybernetik erster und zweiter Ordnung, wie sie in Abschn. 5.4 und 5.5 ausführlich beschrieben werden.

In einer Kurzbiografie über Heinz von Foerster beschreibt Albert Müller (2001) Foersters Vielseitigkeit und – wie wir heute sagen würden – Blicke über den Tellerrand in andere Fachgebiete.

Die Vielseitigkeit Heinz von Foersters zeigt sich auch darin, dass er – parallel zu seinen beruflichen Laufbahnen – Forschungsinteressen innovativen Zuschnitts entwickelte: 1948 veröffentlichte er ein Buch zum Problem Das Gedächtnis. Eine quantenmechanische Untersuchung im Wiener Deuticke-Verlag. Damit gelang ihm nicht nur eine quantenphysikalische Interpretation der Ebbinghausschen Messungen zu den Gedächtnisleistungen, sondern vor allem auch ein erstes Opus, in dem der Foerstersche „Denk- und Arbeitsstil" klar zu Tage tritt. […]

Bei einem Amerika-Besuch bald nach Publikation seines Buches erlangte Foerster die Anerkennung und Förderung von Warren McCulloch, und er konnte seine Ideen über das Gedächtnis auf einer Tagung der Josiah Macy Jr. Foundation, die sich interdisziplinär mit Problemen der Kybernetik beschäftigte, zur Diskussion stellen. Foerster erhielt noch 1949 eine

Stelle am Electron Tube Lab der University of Illinois, an der er schon 1951 zum Professor of Electrical Engineering avancierte. Von 1949 an war Foerster auch der Sekretär der Macy-Tagungen, deren Tagungsberichte er mit herausgab. So erhielt er eine zentrale Position in der Entwicklung der noch jungen Wissenschaft der Kybernetik.

Foersters Interesse an Kybernetik und ihrer Weiterentwicklung mündete 1957 in der Gründung des Biological Computer Laboratory (BCL) an der University of Illinois, das in den folgenden fast zwanzig Jahren zu einem der wichtigsten Innovationszentren der Kybernetik und der Kognitionsforschung werden sollte. Der Gründung des BCL entspricht eine Wende in den Publikationen Foersters. Dominierten in den 50er Jahren Arbeiten aus Elektrotechnik und Physik, wandte er sich nun Themen wie Homöostase, selbstorganisierenden Systemen, System-Umwelt-Relationen, Bionics, Bio-Logik, Maschinen-Kommunikation etc. zu. […]

Bezeichnend für den Foersterschen Arbeits- und Forschungsstil erscheint in jenen Jahren immer wieder das „Abschweifen" in „fremde", nicht-naturwissenschaftliche und nicht-technische Gebiete: Computermusik, Symbolforschung oder Bibliothekswissenschaften sind hier Beispiele; […].

Bedeutsam sind schließlich auch die didaktischen Innovationen am BCL, die vor allem auch auf die Partizipation der Studentinnen und Studenten zielten. Publikationen wie Cybernetics of Cybernetics or the Control of Control and the Communication of Communication geben davon ein eindrucksvolles Bild.

Siehe hierzu von Foersters 2003 verfasstes Essay „Understanding Understanding":

▶ **Merksatz** Es ist nicht zuletzt auch dieser Begriff Heinz von Foersters „Understanding Understanding" oder „Begreife die Einsicht", die die Kommunikation in kybernetischen Welten so dominant werden lässt.

Abschließend lassen wir noch einen Schüler des deutschen Soziologen und Gesellschaftstheoretikers Niklas Luhmanns (1927–1998, s. Abschn. 6.1) zu Wort kommen, der Foersters Ansichten zu Publikationen pointiert beschreibt (Baecker 1998):

Getreu seiner Einsicht, dass in den meisten Büchern nur Käse steht, obwohl sie nie den Mut haben, dann auch „Käse" darüberzuschreiben, hat er nie eigene Monografien geschrieben, sondern Beiträge für Tagungen verfasst und Tagungsbände herausgegeben.

4.13   Jay Wright Forrester

Abb. 4.18 Jay Wright Forrester, US-amerikanischer Informatiker (1918–2016). Mit freundlicher Genehmigung durch das MIT Museum, Cambridge, MA, USA, many thanks to Amy MacMillan Bankson, MIT Sloan School of Management

Der US-amerikanische Informatiker Jay Wright Forrester ist ein Pionier der Computertechnik und der Systemwissenschaft. Auf ihn geht das Forschungsgebiet der Systemdynamik zurück, dessen Modellstruktur als Simulationen bis heute in vielen Fachdisziplinen für Analysen komplexer Systeme genutzt wird.

1956 gründete Forrester am MIT Sloan School of Management die System Dynamics Group. „Industrial Dynamics" (1961) war Forresters erstes Buch. Hier nutzte er System Dynamics für die Analyse industrieller zirkulärer Geschäftsprozesse. Jahre später veranlasste ein Treffen mit Bostons Bürgermeister John F. Collins Forrester, das Buch „Urban Dynamics" (1969) zu schreiben, wonach eine Debatte über die Durchführbarkeit von Modellen von weit ausgeprägten sozialen Systemen entbrannte. Dieser Ansatz wurde von vielen kommunalen und städtischen Planern rund um die Welt aufgegriffen. Aus seiner Begegnung mit dem „Club of Rome", einem Zusammenschluss von Wissenschaftlern vieler Disziplinen, die sich um eine nachhaltige Zukunft der Menschen bemühen, bei dem Ansätze zu einer globalen Nachhaltigkeit diskutiert wurden, resultierte schließlich sein Buch „World Dynamics" (1971a), das sich mit komplexen Interaktionen von Weltwirtschaft, Bevölkerung und Ökologie befasste, wobei daraus gezogene Schlussfolgerungen nicht unumstritten war (s. https://en.wikipedia.org/wiki/Jay_Wright_Forrester. Zugegriffen am 28.01.2018). Abb. 4.19 zeigt Forresters Skizze zu seinem Weltmodell, einschließlich seine mehrheitlich nichtlinearen Flussverläufe, dargestellt durch die Funktionsgraphen. Abb. 4.20 zeigt ein strukturierteres Abbild des Flussdiagramms vom Weltmodell.

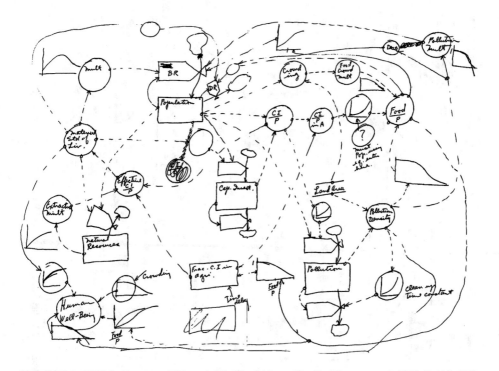

Abb. 4.19 Jay Wright Forresters Weltmodell in Handskizze. (Quelle: Forrester et al. 1972, S. 118–119)

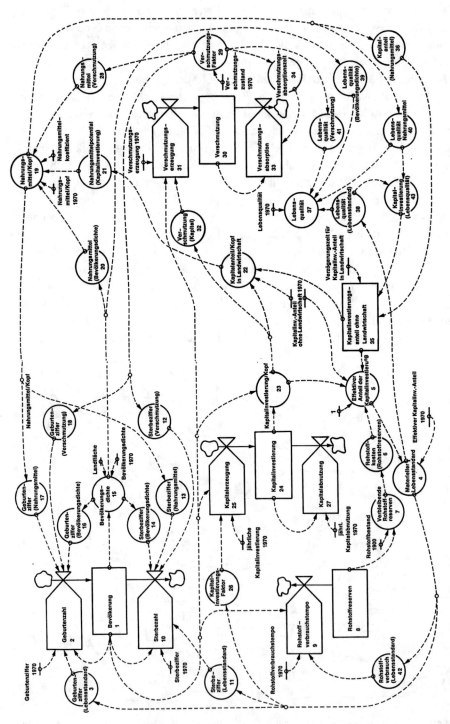

Abb. 4.20 Jay Wright Forresters Weltmodell in strukturierter Form. (Quelle: Forrester et al. 1972, S. 34–35)

In beiden Abbildungen Abb. 4.19 und 4.20 stehen rechteckige Symbole für „stationäre Behälter", deren Inhalt gefüllt oder entleert werden kann. Die runden Symbole stehen für „dynamische Flussgrößen", die über ihre mathematischen Verknüpfungen untereinander und mit den „Behältern" ihre Stärke, Geschwindigkeit und ggf. Richtung zeitlich ändern.

Das Thema gab auch den Anstoß für die US-amerikanische Umweltwissenschaftlerin und Biophysikerin Donella Meadows (1941–2001) und Mitstreiter, das Buch „The limits to growth" (deutsch: „Die Grenzen des Wachstums", 1972) zu veröffentlichen, ein Bericht für das Club-of-Rome-Projekt zum „Dilemma der Menschheit" – on the predicament of mankind.

In aktueller Ausgabe, nach mehreren Zwischenberichten des Club of Rome, liegt seit 2012 das von Jørgen Randers verfasste Buch „2052. Eine globale Prognose für die nächsten 40 Jahre" als der neue Bericht an den Club of Rome (Original: „2052. A Global Forcast for the Next Forty Years") vor – 40 Jahre nach „The limits to growth".

Abb. 4.21 zeigt im Vergleich zu Abb. 4.20 das aktuelle Weltbild nach Randers, mit den wichtigsten Ursache-Wirkungs-Beziehungen für die 2052-Prognose. Details sind in Randers 2012 nachzulesen.

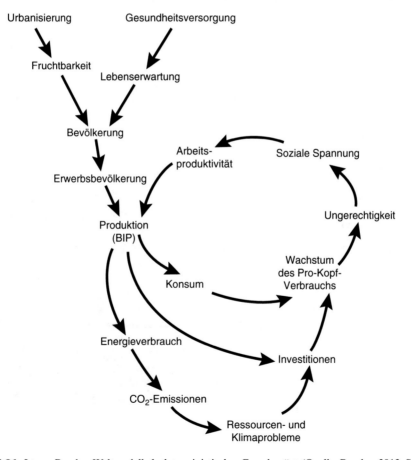

Abb. 4.21   Jørgen Randers Weltmodell als deterministisches Grundgerüst. (Quelle: Randers 2012, S. 81)

Der Einfluss Forresters auf die Gedankenwelt, sich mit systemischen vernetzten Perspektiven den realen dynamischen komplexen Zusammenhängen zu nähern und somit auch einer kybernetischen Herangehensweise durch zirkuläre Rückkopplungen zwischen den Einflussgrößen eines Systems Rechnung zu tragen, ist unübersehbar und unschätzbar groß.

Einige seiner Leistungen sind in Büchern und Fachbeiträgen festgehalten, unter anderem: „Counterintuitive Behavior of Social Systems", 1971b; Grundzüge einer Systemtheorie, 1972; „Der teuflische Regelkreis – das Globalmodell der Menschheitskrise", 1972; „Designing the future", 1998; „Economic theory for the new millennium", 2003 und viele mehr.

▶   **Merksatz** Forresters Einfluss auf die Gedankenwelt ist ein früher Hinweis auf die Notwendigkeit, Kommunikation durch systemische statt kausale (mono-kausale) Perspektiven zu trainieren und zu praktizieren. Ohne systemische Denkmuster gelingen kein realistischer Blick und kein realistischer Lösungsansatz in den dynamischen komplexen Vorgängen um uns herum.

Im anwendungsorientierten Kap. 7 werden wir auf System Dynamics – SD – noch durch Beispiele aus der Praxis eingehen. Die methodische Herangehensweise mit der typischen SD-Struktur und den Fließprozessen zwischen einzelnen „Containern" des SD-Modells hat bis in die Gegenwart zahlreiche Nachahmer gefunden, die mit modifizierter Software qualitative und qantitative Probleme beliebiger Art dynamischer komplexer Vorgänge bearbeiten.

4.14   Frederic Vester

Abb. 4.22 Frederic Vester, deutscher Biochemiker und Systemforscher (1925–2003). (Quelle: Bild ohne spezifische Quellennennung, dankend zur Verfügung gestellt durch Malik MZSG Management St. Gallen AG, Schweiz)

Frederic Vester war ein deutscher Biochemiker und Systemforscher. 1970 gründete er die „Studiengruppe für Biologie und Umwelt", aus der zahlreiche Forschungsergebnisse, Bücher und Aufsätze zur Kybernetik bzw. zu systemischem oder vernetztem Denken hervorgingen. Gerade das Systemdenken war vermutlich sein größter Antrieb, Forschung und Anwendung auf verschiedensten gesellschaftlichen – nicht zuletzt konfliktreichen – Gebieten neu zu beleben und auf eine neue Stufe des Denkens und Handelns zu stellen – ganz im Gegensatz zu den vorherrschenden, unrealistischen kausalen Strategien im komplexen dynamischen Umfeld.

Bereits in einem sehr frühen Stadium seiner kybernetischen Arbeiten bekam Vester die Möglichkeit, eine Studie als Orientierung für wichtige Umweltfragen für die Stadt München zu erstellen (Vester 1972). Daraus entwickelte er, jenseits von konventionellen Analysen aus einzelnen Fachgebieten heraus, ein neues Konzept, dass die Dynamik bzw. Wechselwirkung zwischen den einzelnen Fachgebieten zu Umweltfragen hervorhob. Es wurde eine Studie über den „Systemzusammenhang in der Umweltproblematik" mit dem Titel: „Das Überlebensprogramm". Der Inhalt der „kybernetischen Studie" fasste „Produkte" wie Wasser, Abwasser, Abgase, Stäube, Stress, Lärm, „Umweltbereiche" wie Wasser, Boden, Nahrung, Ozean, Klima, Raumordnung sowie Verknüpfungen von Wirtschaft-Wissenschaft-Technik, Forschungslücken, Öffentlichkeitsarbeit und weiteres mehr in einem vernetzten Wirkungssystem zusammen.

Die Ergebnisse dieser Studie, die weitaus realistischer waren als konventionelle Ergebnisse zum Themenkomplex, forderten nichts weniger als (ebd., S. 205):

Eine der Umweltproblematik angemessene Prophylaxe verlangt – da die zeitliche Verschiebung unter den aufgezeigten Regelkreisen und ihren jeweiligen Feedback-Effekten [Rückkopplungs-Effekten, d. A.] eine Wirkung oft erst Jahre nach der Ursache auftreten lässt – offenbar die Einbeziehung weit größerer Zeiträume in die „politische" Planung des Menschen, als sie unserer bisherigen Kulturstufe entspricht.

Vergleichen wir aus heutiger Sicht – 46 Jahre später – heutige stadt- und regionalplanerische Ansätze für ein fiktives „Überlebensprogramm 2018" mit dem aus 1972, kann ohne zu übertreiben, durch zahlreiche weltweite Belege von Ergebnissen kurzfristigen Denkens und Handelns, nüchtern festgestellt werden:

- Aktuelle „Überlebensprogramme" kybernetischen Zuschnitts für Städte und Regionen fristen, in ihren ausgeprägten vernetzten Strukturen und nachhaltigen Lösungsansätzen, ein komfortables Nischendasein.
- In den letzten 46 Jahren hat es nicht an notwendigen und hinreichenden Warnungen für lokale und globale Folgen gefehlt, die eintreten, wenn die reale Vernetzung mit ihren vielfältigen Rückkopplungsmechanismen – insbesondere den stabilisierenden „negativen" Rückkopplungen – unberücksichtigt bleibt, das heißt bevorzugt auf Betreiben ökonomisch getriebener Fortschritte ignoriert wird.

- Es haben sich durch Menschen als Entscheider, die blind sind für ihre eigene Lebensgrundlage, schleichend unzählige, sich gegenseitig antreibende Teufelskreise der Zerstörungen und der Katastrophen aufgebaut, die sie – die Entscheider – kühl kalkulierend abwägen, zwischen persönlichem Profit und gesellschaftlicher Belastung.
- Es wird unsere evolutionäre Natur, die wir dabei sind zu zerstören, wenig beeindrucken. Sie wird mit Sicherheit neue Wege nachhaltigen Fortschritts finden. Ob die Mehrheit der Menschen dazu noch in der Lage ist, hängt vor allem von ihrem Umgang mit Natur, Umwelt und Gesellschaft ab.

Das Ergebnis des Überlebensprogramms 1972 stellt drei Alternativen im Umgang mit Natur, Umwelt, Technik, Wirtschaft und Menschen heraus (ebd., S. 207):

1. „Zurück zur Natur" – verbietet sich, weil es auch einen Rückgang zivilisatorischer vorteilhafter Errungenschaften bedeuten würde.
2. „Weitermachen wie bisher" – setzt den konfliktreichen kurzsichtigen Kurs von menschengemachten Zerstörungen fort, die inzwischen durch ein eigenes Zeitalter, das Anthropozän, beschrieben werden.
3. „Einführung kybernetischer Denkweisen und Technologien" – wäre ein erfolgreicher Weg für problemvorbeugende, robuste, fehlertolerante und schließlich auch nachhaltige Fortschritte. Die Einsicht, nicht nur für sich selbst, sondern auch für zukünftige Generationen jetzt (!) Problemvorsorge zu betreiben, wird ein Dreh- und Angelpunkt des Denkens und Handelns der kybernetischen Denkweise sein und bleiben.

Mit „Das kybernetische Zeitalter. Neue Dimensionen des Denkens" legte Vester (1974) einen weiteren Grundbaustein für seine anwendungsorientierten, breit gestreuten Forschungsfelder. Diese verliefen von Genetik, Gehirn, Gesundheit, Heilung, Biotechnologie, Bionik, Kybernetik, Computer über Landwirtschaft, Nahrung, Ozean bis zu Kunststoff, Atomspaltung, Energie, Transport, Verkehr, Kultur und anderen mehr. Vester schien bei jedem seiner gesellschaftlich relevanten Arbeitsfelder intuitiv deren vernetzte Auswirkungen auf Nachbarbereiche zu erfassen.

In der für eine breite Öffentlichkeit zugängigen Wanderausstellung „Unsere Welt. Ein vernetztes System" zeigte Vester (1978) in 27 Themenbereichen eine Vielzahl von kybernetischen Vorgängen, die es Natur, Technik, Wirtschaft, Gesellschaft und Menschen erst erlauben, so zu sein, wie sie sind. Vester ging es darum, zu zeigen, welche – für uns Menschen – oft unsichtbaren Mechanismen am Werk waren und sind, wenn überraschende Unglücke stattfinden. Wachstum ist z. B. nicht gleich Wachstum, weil das eine, quantitative, zu Instabilitäten und das andere, qualitative, zu Stabilitäten in einem System führen kann. Fragen wie „Wie wirken die Dinge auf sich zurück?", „Was sind Rückkopplungen?", „Wie wirken Regelkreise in uns Menschen?", „Was macht Doping bei Sportlern, unvernetztes Denken in der Energiepolitik?", „Was passiert bei Eingriffen in

Ökosystemen?" sowie Themen wie das Abfallkarussell, das kybernetische Haus und anderes mehr sind lehrreiche Beispiele für einen Umgang mit der Natur und in einer Gesellschaft, die kybernetisch denkt.

Mit „Ballungsgebiete in der Krise" (1983) und „Ausfahrt Zukunft" (1990) widmet sich Vester frühzeitig dem gesellschaftlichen Thema und Problem Verkehr, das gegenwärtig, im Jahr 2018, in städtischen Ballungsgebieten einen unrühmlichen Höhepunkt an Umweltverschmutzung und gesundheitlicher Belastung durch PKW-Abgase und deren manipulierte Abgaswerte durch Automobilhersteller und Zulieferer erreicht hat. Es ist ein schlagender Beweis für den offensichtlichen Unwillen der PKW-Hersteller, von ihren herkömmlichen kurzsichtigen Denkstrategien eigener Profitmaximierung abzulassen und einen eher kybernetischen Entwicklungsweg einzuschlagen, der menschliche Gesundheit, Umweltbelastung, Verkehr, Produktabsatz und anderes mehr in einem Wirkungsnetz betrachtet, wie es weitaus realistischer und problemmindernder wäre als die gegenwärtig vorhandene, einseitige ökonomische Ausrichtung. Eine entscheidende Schlüsselposition in diesem kybernetischen Verkehrs- und Infrastrukturspiel besitzen Interessenverbände und insbesondere die Politiker, deren Aktivitäten ebenso vernetzt zu analysieren und – falls fehlerhaft – zu korrigieren wären wie die aller anderen auch.

Bezogen auf die in Deutschland durch Politiker hofierte Automobilindustrie – um nur eine dominante Branche zu nennen –, kann mit kybernetischem Terminus herausgestellt werden, dass Industrie und Politik im Rahmen eines Kartells agieren, das aus sukzessiv entwickelten vernetzten Teufelskreisen positiver Rückkopplungen besteht, bei der ökologische, ökonomische und sozialen Systemgrenzen längst überschritten wurden, wie die Vielzahl der Folgeprobleme mit hohen Risiko und Zerstörungspotenzial zweifelsfrei belegt.

Mit „Neuland des Denkens. Vom technokratischen zum kybernetischen Zeitalter" (1984), „Leitmotiv vernetztes Denken" (1989) und „Die Kunst vernetzt zu denken. Ideen und Werkzeuge für einen neuen Umgang mit Komplexität" (1999a, engl.: „The art of interconnected thinking", 2007) führt Vester seinen aufklärerischen Weg für ein neues Denken in Zusammenhängen konsequent fort.

Als nützliches Werkzeug bleibt Vesters *Papiercomputer* (s. Abb. 4.23) in Erinnerung, der auch als Computerprogramm nutzbar ist. Durch mathematisch einfache Analysen verschiedener Einflussgrößen in einem komplexen System werden deren Wirkungen untereinander erfasst und bewertet. Das Ergebnis führt zu einer ersten realistischen Annäherung an ein komplexes System, in dem die vernetzten Einflussgrößen auf ihren Grad des Einflusses und der Beeinflussbarkeit anderen gegenüber interpretiert werden.

Auf diese Weise bekommt der Operator ein Gefühl für Abhängigkeiten der Einflussgrößen im System, womit er seinen sich der Realität annähernden, vernetzten – kybernetischen – Blick auf die Dinge schärfen kann. Bei einer operativen Analyse derselben, aber nicht vernetzten Systemeinflüsse wäre das Ergebnis mit Sicherheit realitätsferner, weil die vorhandenen Wechselwirkungen völlig außer Acht blieben.

In diesem sehr überschaubaren Modell von fünf miteinander verknüpften Parametern werden diese in erster sehr grober Annäherung, mit einfachen mathematischen

Wirkung von ↓ auf →	A	B	C	D	E	F	AS		Q
Stadtplanung **A**	●	3	2	2	2	1	A	10	1,25
Grünflächen **B**	0	●	2	2	1	1	B	6	1,2
Luftverschmutzung **C**	2	1	●	3	0	2	C	8	1,14
Gesundheit **D**	2	0	0	●	1	1	D	4	0,4
Individualverkehr **E**	2	1	3	2	●	1	E	9	1,28
öffentliche Meinung **F**	2	0	0	1	3	●	F	6	1,0

0 = keine Einwirkung
1 = schwache Einwirkung
2 = mittlere Einwirkung
3 = starke Einwirkung

	A	B	C	D	E	F	AS	Q
PS	8	5	7	10	7	6	PS	
P	80	30	56	40	63	36	P	

Abb. 4.23 „Papiercomputer" nach Frederic Vester. (Quelle: Vester 1983a, S. 143)

Mitteln systemisch bewertet, durch Zahlenkolonnen in den Spalten AS, Q und den Reihen PS, P.

Unter AS = Aktivsumme werden die jeweiligen Matrix-Zahlenreihen, unter PS = Passivsumme werden die jeweiligen Matrix-Zahlenspalten addiert. Die jeweiligen Q = Quotient-Werte errechnen sich aus AS : PS, P = Produktwerte ergeben sich aus AS × PS.

Die Einordnung in eines der Vier-Quadrantenfelder, aufgestellt durch die Ordinate *Beeinflussbarkeit* und die Abszisse *Einflussnahme*, verteilt alle fünf Einflussgrößen nach ihrer Aktivität (höchster Q-Wert), Passivität (kleinster Q-Wert), kritischsten Variable (höchster P-Wert) und puffernden, reaktiven Variable (kleinster P-Wert).

Daraus lässt sich ein erster ganzheitlicher Überblick über die Positionen der beteiligten Variablen bzw. Systemeinflussgrößen gewinnen.

Der *Papiercomputer* für sich genommen, kann nur ein grobes Hilfsmittel sein, um vernetztes Denken zu trainieren. Seine wahre Stärke zeigt sich erst als integraler Bestandteil des *Sensitivitätsmodells Prof. Vester®*.

Vesters weitere herausragende Leistung im Bereich der Biokybernetik besteht darin, *Acht Grundregeln der Biokybernetik* erarbeitet zu haben (Vester 1983a, S. 66–86). Nach Vester arbeiten eine Handvoll Gesetze in der Natur, die

[…] sich im Rahmen der Evolutionsstrategie der Natur als die inneren Führungsgrößen überlebensfähiger Systeme und Subsysteme erwiesen. Sie müssen daher auch für das System der menschlichen Zivilisation – als ein Teilsystem der Biosphäre – gelten und dessen Überleben und entwicklungsfähige Gestaltung weit mehr garantieren können als etwa so stupide Prämissen wie der eingleisige Zwang zum wirtschaftlichen Wachstum. […]
    Die Tatsache, dass uns diese Grundregeln komplexer Systeme kaum interessiert haben [und auch gegenwärtig kaum interessieren, d. A.], ist daher […] mit ein Grund, warum auch die in einem vernetzten Denken wurzelnden kybernetischen Technologien noch ganz in den Anfängen stecken […].
    Diese acht Grundregeln, die eigentlich für jedes offene komplexe System Gültigkeit haben, und dessen so notwendige Selbstregulation und damit Überlebensfähigkeit ermöglichen, lassen sich unmittelbar in die Praxis umsetzen.

Trotz voranschreitender Erkenntnisse über Zusammenhänge in Gesellschaften der vergangenen Jahrzehnte sowie exemplarischer Ansätze einer kybernetischen Wirtschaft, durch neue
kybernetische Organisationsstrukturen – z. B. St. Galler Management-Modell –, stoffliches
Recycling etc., steht die Mehrzahl aller Problemlösungsstrategien im komplexen gesellschaftlichen Umfeld noch immer auf der archaischen Stufe kausaler – monokausaler – Lösungs-
stränge von hintereinander geschalteten operationalen Schritten. Deren technische Produkt-
lösungen, aber auch deren Folgen und Folgenprobleme sind überall sichtbar.

Vesters Leistungen zur Kybernetik bzw. Biokybernetik blieben unvollständig ohne seine
entwickelten Werkzeuge *Ecopolicy* und *Sensitivitätsmodell Prof. Vester®*, mit denen an
modellierten komplexen Systemen vernetztes Denken und Handeln praktisch erfahrbar ist
(Vester, 1983b, 1975).

Ecopolicy ist als Brettspiel und computergeneriertes Programm entwickelt worden. Es
setzt die Mitspieler in die Position einer Staatenregierung einer fiktiven Gesellschaft, in
der acht wesentliche Einflussgrößen miteinander verknüpft sind. Durch Verteilung von
Punkten auf direkt steuerbare Größen im Staat, wie Sanierung, Produktion, Lebensqualität
und Aufklärung, werden indirekt über vernetzte Flüsse Politik, Umweltbelastung, Bevölkerung und Vermehrungsrate beeinflusst (s. Abb. 4.25). Erschwerend kommt hinzu, dass
zufällige Ereignisse die gesteuerte Punktevergabe beeinflussen sowie die vernetzten
Beziehungen der „staatlichen" Einflüsse nicht immer linear kalkulierbar sind. Ziel der
Simulation ist es, das fiktive Land über die Spielzeit in einem stabilen Zustand zu erhalten.

> Das „Sensitivitätsmodell Prof. Vester®" ging aus einer Vorstudie hervor, die sich 1976 mit „Bal-
> lungsgebiete in der Krise – eine Anleitung zum Verstehen und Planen menschlicher Lebens-
> räume mit Hilfe der Biokybernetik" befasste. Die Studie war zugleich der deutsche UNESCO-
> Beitrag zum internationalen Programm „Man and the Biosphere" (Vester 1999b, S. 4).

Dieser Studie folgte der regionale Planungsansatz „Ökologie im Verdichtungsraum. Darstellung der Gesamtdynamik und Entwicklung eines Sensitivitätsmodells". Sie hatte zum
Ziel, weit über eine Umweltverträglichkeitsprüfung hinaus eine Systemverträglich-
keitsprüfung in den Mittelpunkt der Untersuchung zu stellen (Vester und Hesler 1988).
Darin enthalten sind auch die acht biokybernetischen Grundregeln, wie sie in Abb. 4.24
wiedergeben sind. Abb. 4.26 zeigt die rekursive Struktur des Sensitivitätsmodells, mit
durchgezogenen Linien als verstärkenden und gestrichelte Linien als ausgleichenden Rückkopplungen. Anschließend zeigt Abb. 4.27 in einer Überblicksskizze den verfeinerten
strukturellen Ablauf des Sensitivitätsmodells nach Vester und Hesler.

Rückblickend gebührt im deutschsprachigen Raum Frederic Vester – mehr als anderen –
das große Verdienst, unermüdlich für eine reale systemische Sicht auf die Dinge, die um uns
herum passieren, geforscht und gekämpft zu haben. Er hat wie nur wenige nach ihm uns die
Augen für die genialen kybernetischen Tricks der Natur und dafür geöffnet, wie deren Prinzipien – unter technosphärischen Randbedingungen – vorteilhaft genutzt werden können.

▶ **Merksatz** Biokybernetisches Denken, Kommunizieren und Handeln ist untrennbar mit dem Namen Frederic Vester verbunden.

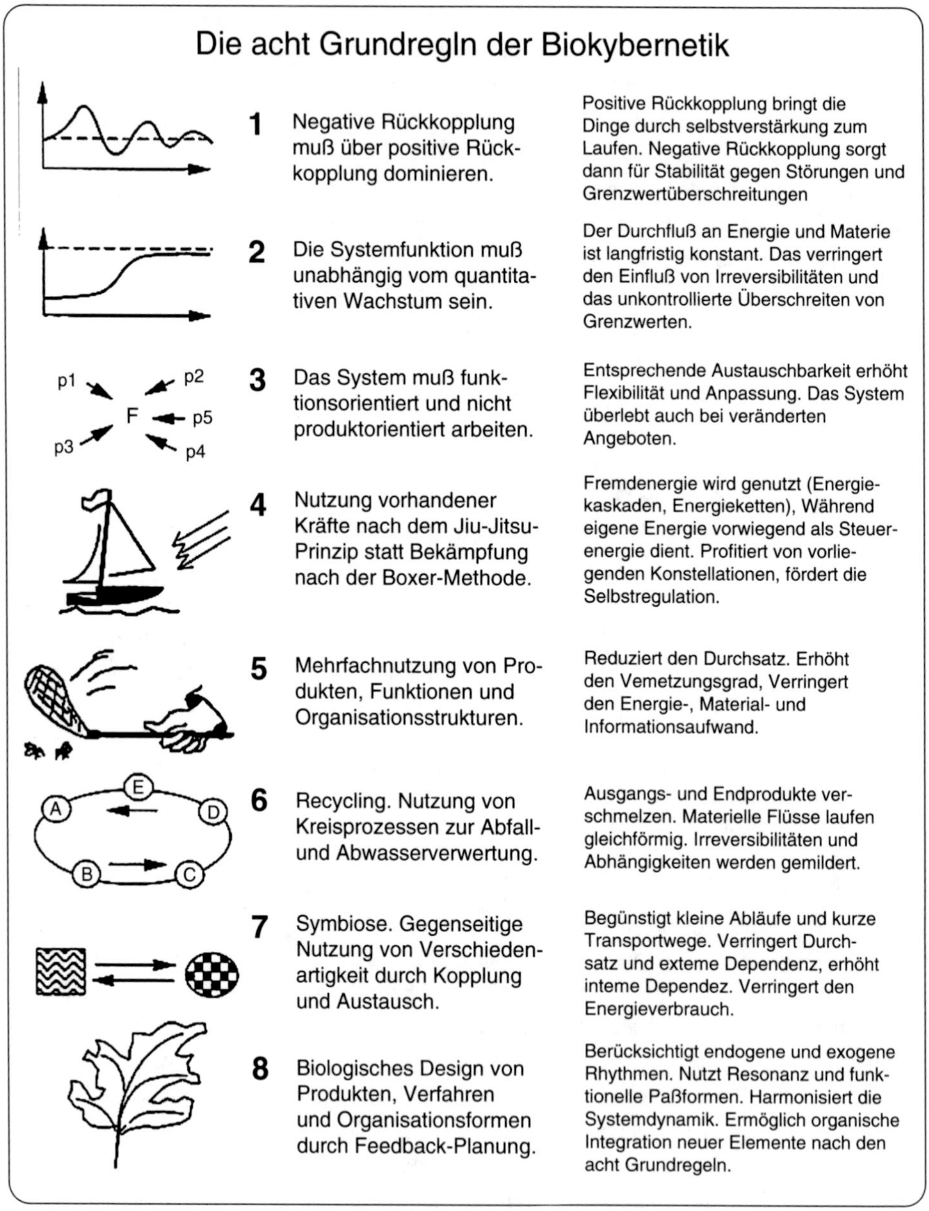

Die acht Grundregln der Biokybernetik

1 Negative Rückkopplung muß über positive Rückkopplung dominieren.

Positive Rückkopplung bringt die Dinge durch selbstverstärkung zum Laufen. Negative Rückkopplung sorgt dann für Stabilität gegen Störungen und Grenzwertüberschreitungen

2 Die Systemfunktion muß unabhängig vom quantitativen Wachstum sein.

Der Durchfluß an Energie und Materie ist langfristig konstant. Das verringert den Einfluß von Irreversibilitäten und das unkontrollierte Überschreiten von Grenzwerten.

p1 ↘ ↗ p2
F ◄─ p5
p3 ↗ ↘ p4

3 Das System muß funktionsorientiert und nicht produktorientiert arbeiten.

Entsprechende Austauschbarkeit erhöht Flexibilität und Anpassung. Das System überlebt auch bei veränderten Angeboten.

4 Nutzung vorhandener Kräfte nach dem Jiu-Jitsu-Prinzip statt Bekämpfung nach der Boxer-Methode.

Fremdenergie wird genutzt (Energiekaskaden, Energieketten), Während eigene Energie vorwiegend als Steuerenergie dient. Profitiert von vorliegenden Konstellationen, fördert die Selbstregulation.

5 Mehrfachnutzung von Produkten, Funktionen und Organisationsstrukturen.

Reduziert den Durchsatz. Erhöht den Vernetzungsgrad, Verringert den Energie-, Material- und Informationsaufwand.

6 Recycling. Nutzung von Kreisprozessen zur Abfall- und Abwasserverwertung.

Ausgangs- und Endprodukte verschmelzen. Materielle Flüsse laufen gleichförmig. Irreversibilitäten und Abhängigkeiten werden gemildert.

7 Symbiose. Gegenseitige Nutzung von Verschiedenartigkeit durch Kopplung und Austausch.

Begünstigt kleine Abläufe und kurze Transportwege. Verringert Durchsatz und externe Dependenz, erhöht interne Dependenz. Verringert den Energieverbrauch.

8 Biologisches Design von Produkten, Verfahren und Organisationsformen durch Feedback-Planung.

Berücksichtigt endogene und exogene Rhythmen. Nutzt Resonanz und funktionelle Paßformen. Harmonisiert die Systemdynamik. Ermöglich organische Integration neuer Elemente nach den acht Grundregeln.

Abb. 4.24 Selbsterklärende „acht Grundregeln der Biokybernetik". (Quelle: nach Vester 1983a, S. 84; 1999b, S. 6)

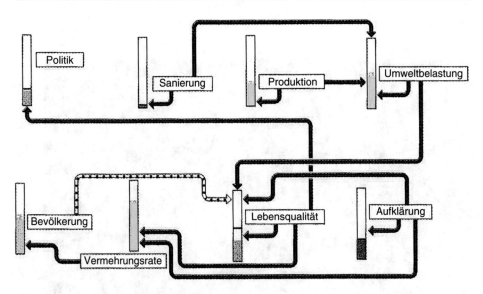

Abb. 4.25 „Ecopolicy". (Quelle: nach Vester 1997, S. 24)

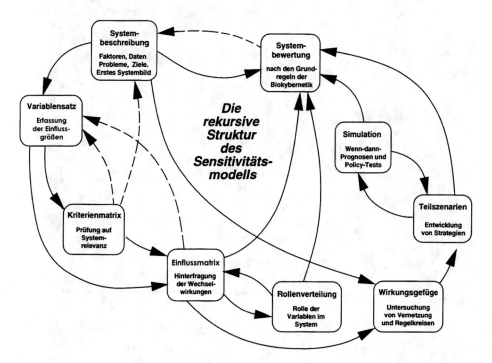

Abb. 4.26 Rekursive Struktur des „Sensitivitätsmodells Prof. Vester®". (Quelle: nach Vester 1999b, S. 11)

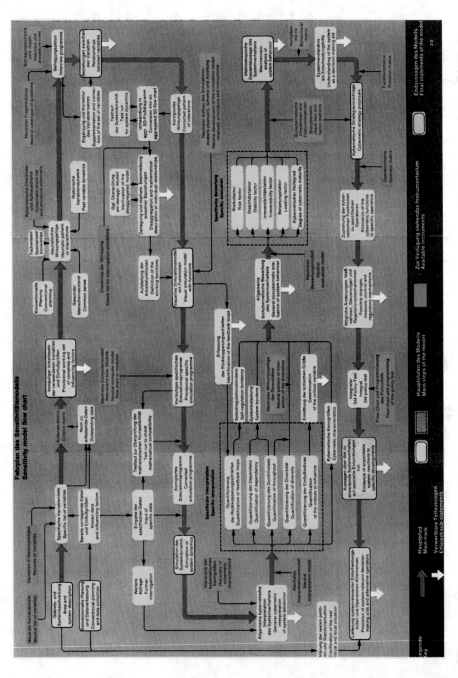

Abb. 4.27 Verfeinerte Struktur des „Sensitivitätsmodells nach Vester und Hesler". (Quelle: Vester und Hesler 1988, Umschlagabbildung)

4.15 Schlussbemerkung

Festzuhalten ist, dass außer Maturana alle genannten Repräsentanten der Kybernetik bereits verstorben sind und in jüngerer Zeit, in der sich das vernetzte Internet der Dinge, die Vernetzung von Maschinen oder die Vernetzung von Mensch-Maschine-Systemen – in einem Wort: die Kybernetik – rasend schnell ausbreiten, keine neuen, durchschlagenden Erkenntnisse zur Kybernetik entwickelt werden bzw. erkennbar sind oder sich bereits durch erfolgreiche Produkte und Verfahren auszeichnen.

Das Festhalten an Altbewährtem und der fehlende Mut zu kybernetischen Experimenten, wie er besonders in Organisationen und somit informationsverarbeitenden Systemen zu finden ist, tragen zur Lethargie kybernetischer Initiativen bei. Diese zu überwinden, ist ein Gebot – ein unbedingtes Muss (!) – für die Gegenwart und eine überlebensfähige Zukunft.

Nicht zuletzt soll daher dieses Lehrbuch zur Kybernetik auch Studierenden einschlägiger Fachbereiche und interessierte Bildungshungrige anregen, über den Tellerrand von eingeengten Disziplinen zu schauen. Denn diese bilden immer noch das Gros unserer Bildungslandschaft. Dinge aus unterschiedlichen Standpunkten bzw. Blickrichtungen wahrzunehmen, zu reflektieren und sich erst dann auf die Suche in richtung nachhaltiger Lösungen zu begeben, ist ein Gebot der Stunde. Es ist erst recht zwingend, weil die Dynamik und Komplexität des technischen Fortschrittes in Bereiche führt, wie z. B. die der Digitalisierung von industrieprozessen, der Humanoiden, des Internet der Dinge, die vor Jahren noch unbekannt waren und die in Zukunft noch manche Überraschungen bereithalten.

4.16 Kontrollfragen

K 4.1 Beschreiben Sie die besonderen Leistungen, die mit dem Repräsentanten der Kybernetik Norbert Wiener verbunden sind.

K 4.2 Beschreiben Sie die besonderen Leistungen, die mit dem Repräsentanten der Kybernetik Arturo Rosenblueth verbunden sind.

K 4.3 Beschreiben Sie die besonderen Leistungen, die mit dem Repräsentanten der Kybernetik John von Neumann verbunden sind.

K 4.4 Beschreiben Sie die besonderen Leistungen, die mit dem Repräsentanten der Kybernetik Warren Sturgis McCulloch verbunden sind.

K 4.5 Beschreiben Sie die besonderen Leistungen, die mit dem Repräsentanten der Kybernetik Walter Pitts verbunden sind.

K 4.6 Beschreiben Sie die besonderen Leistungen, die mit dem Repräsentanten der Kybernetik William Ross Ashby verbunden sind.

K 4.7 Beschreiben Sie die besonderen Leistungen, die mit dem Repräsentanten der Kybernetik Gregory Bateson verbunden sind.

K 4.8   Beschreiben Sie die besonderen Leistungen, die mit den Repräsentanten der Kybernetik Humberto Maturana und Francisco Varela verbunden sind.

K 4.9   Beschreiben Sie die besonderen Leistungen, die mit dem Repräsentanten der Kybernetik Stafford Beer verbunden sind.

K 4.10   Beschreiben Sie die besonderen Leistungen, die mit dem Repräsentanten der Kybernetik Karl Wolfgang Deutsch verbunden sind.

K 4.11   Beschreiben Sie die besonderen Leistungen, die mit dem Repräsentanten der Kybernetik Ludwig von Bertalanffy verbunden sind.

K 4.12   Beschreiben Sie die besonderen Leistungen, die mit dem Repräsentanten der Kybernetik Heinz von Foerster verbunden sind.

K 4.13   Beschreiben Sie die besonderen Leistungen, die mit dem Repräsentanten der Kybernetik Jay Wright Forrester verbunden sind.

K 4.14   Beschreiben Sie die besonderen Leistungen, die mit dem Repräsentanten der Kybernetik Frederic Vester verbunden sind.

Literatur

Ashby WR (1954) Design for a brain, 2. Aufl. Wiley, New York

Baecker D (1998) „Meine Lehre ist, dass man keine Lehre akzeptieren soll": Der Anfang von Himmel und Erde hat keinen Namen – eine Buchbesprechung. Die Tageszeitung, 16. Juni

Beer S (1995) Diagnosing the system for organizations. Wiley, New York

Beer S (1994a) Cybernetics of national development (evolved from work in Chile). In: Harnden R, Leonard A (Hrsg) How many grapes went into the wine – Stafford Beer on the art and science of holistic management. Wiley, Chichester

Beer S (1994b) Decision and control: the meaning of operational research and management cybernetics. Wiley, Chichester

Beer S (1981) Brain of the firm – the managerial cybernetics of organization. Wiley, Chichester

Beer S (1970) Kybernetik und Management. Fischer, Frankfurt am Main

BMAS (2017) Lebenslagen in Deutschland. Armuts- und Reichtumsberichterstattung der Bundesregierung. Bundesministerium für Arbeit und Soziales, Bonn

Deutsch KW (1986) The nerves of government: models of political communication and control. In: Current contents, This week's Citation Classics, Number 19, May 12, 1986

Deutsch KW (1969) Politische Kybernetik. Modelle und Perspektiven. Rombach, Freiburg im Breisgau

Forrester JW (2003) Economic theory for the new millennium. Plenary address at the International system dynamics conference, New York, July 21, 2003, see also Syst Dyn Rev 29(1):26–41 (January–March 2013)

Forrester JW (1998) Designing the future. Presented at Universidad de Sevilla Sevilla, Spain December 15, 1998. www.clexchenage.org

Forrester JW (1972) Grundzüge einer Systemtheorie. Gabler, Wiesbaden

Forrester JW, Heck HD, Pestel E (Hrsg) (1972) Der teuflische Regelkreis – das Globalmodell der Menschheitskrise. DVA, Stuttgart

Forrester JW (1971a) World dynamics. Wright Allen Press, Cambridge

Forrester JW (1971b) Counterintuitive behavior of social systems. Theory and decision 2(2):109–140

Forrester JW (1969) Urban dynamics. MIT Press, Cambridge, MA

Forrester JW (1961) Industrial dynamics. MIT Press, Cambridge, MA

Lovelock J (1991) GAIA: Die Erde ist ein Lebewesen. Anatomie und Physiologie des Organismus Erde. Heyne, München

Ludewig K, Maturana HR (2006 Original: 1992) Gespräche mit Humberto Maturana. Fragen zur Biologie, Psychotherapie und den „Baum der Erkenntnis". © by Kurt Ludewig Cornejo and Humberto Maturana-Romesín, http://www.systemagazin.de/bibliothek/texte/ludewig-maturana. pdf. Zugegriffen am 26.01.2018

Maturana HR, Varela FJ (1987) Der Baum der Erkenntnis. Die biologischen Wurzeln menschlichen Erkennens. Scherz, Bern/München

McCulloch W (1955) Information in the head. Synthese 9(1):233–247

McCulloch W, Pitts W (1943) A logical calculus of ideas immanent in nervous activity. Bull Math Biophys 5(4):115–133

Meadows DH, Meadows DL, Randers J, Behrens WW III (1972) The limits to growth. Universe Books, New York

Müller A (2001) Kurzbiographie Heinz von Förster 90. Edition echoraum, Wien

Randers J (2012) 2052. Eine globale Prognose für die nächsten 40 Jahre. Der neue Bericht an den Club of Rome. oekom, München

Rid T (2016) Maschinendämmerung. Eine kurze Geschichte der Kybernetik. Propyläen/Ullstein, Berlin

Rosenblueth A, Wiener N (1943) Behavior, purpose and teleology. Philos Sci 10(1):18–24

Rosenblueth A, Wiener N, Bigelow J (1950) Purpose and non-purpose behavior. Philos Sci 17(4):318–326

Rüegg-Stürm J, Grand S (2015) Das St. Galler Management-Modell. Haupt, Bern

Varela FJ, Maturana HR, Uribe R (1974) Autopoiesis: the organization of living systems, its characterization and a model. Biosystems 5:187–196

Vester F (2007) The art of interconnected thinking. MCB, Munich

Vester F (1999a) Die Kunst ‚vernetzt zu denken. Ideen und Werkzeuge für einen neuen Umgang mit Komplexität. DVA, Stuttgart

Vester F (1999b) Sensitivitätsmodell Prof. Vester®. Ergänzende Information. Studiengruppe für Biologie und Umwelt GmbH, München

Vester F (1997) Ecopolicy. Das Handbuch. Studiengruppe für Biologie und Umwelt GmbH, München

Vester F (1990) Ausfahrt Zukunft. Strategien für den Verkehr von morgen. In: Eine systemuntersuchung. Heyne, München

Vester F (1989) Leitmotiv vernetztes Denken. Heyne, München

Vester F, von Hesler A (1988) Sensitivitätsmodell. (2. Aufl aus 1980). Umlandverband Frankfurt, Frankfurt am Main

Vester F (1984) Neuland des Denkens. dtv, Stuttgart

Vester F (1983a) Ballungsgebiete in der Krise. dtv, München

Vester, F. (1983b) Neuland des Planens und Wirtschaften. In: Die Krise als Chance, 13. Int. Management-Gespräch an der Hochschule St. Gallen. St. Gallen, Schweiz

Vester F (1978) Unsere Welt – Ein vernetztes System. Klett-Cotta, Stuttgart

Vester F (1975) Denken Lernen Vergessen. Was geht in unserem Kopf vor, wie lernt das Gehirn, und wann lässt es uns im Stich? DVA, Stuttgart

Vester F (1974) Das kybernetische Zeitalter. S. Fischer, Frankfurt am Main

Vester F (1972) Das Überlebensprogramm. Kindler, München

von Bertalanffy L, Laue R, Beier W (1977) Biophysik des Fließgleichgewichts, 2. Aufl. Akademie, Berlin von Bertalanffy L (1969) General system theory. Foundations, development and applications. George Braziller, New York

von Bertalanffy L (1950) The theory of open systems in physics and biology. Science 111:23–29

von Foerster H (2003) Understanding understanding: essays on cybernetics and cognition. Springer, New York

Wiener N (1963) Kybernetik. Regelung und Nachrichtenübertragung in Lebewesen und in der Maschine. Econ, Düsseldorf/Wien (Original 1963: Cybernetics or control and communication in the animal and the machine, 2., erw. Aufl. MIT Press, Cambridge, MA)

Kybernetische Modelle und Ordnungen

5

Zusammenfassung

Natürliche, soziale und technisch-wirtschaftliche Systeme sind durchsetzt von kybernetischen Prinzipien bzw. Merkmalen, wie sie in Kap. „Grundbegriffe und Sprache der Kybernetik" im Detail besprochen wurden.

Es sind – bei natürlichen Systemen per se – offene Systeme zur Umwelt, mit der die drei grundlegenden Flüsse unseres Lebensprozesses Energie, Materie und Information ausgetauscht werden.

Die nachfolgenden drei kybernetischen Systeme Abschn. „Kybernetik mechanischer Systeme", „Kybernetik natürlicher Systeme" und „Kybernetik natürlicher Systeme" sollen eine überschaubare Einführung in deren Organisation mit zugehörigen Prinzipien geben, wobei die Inhalte sich weitgehend an Probst (1987, S. 46–52 Selbstorganisation. Ordnungsprozesse in sozialen Systemen aus ganzheitlicher Sicht. Parey, Berlin/Hamburg) orientieren und auf aktuelle Ergänzungen zu Themenkomplexen zurückgreifen, die im Rahmen einer Konferenz „Exploring Cybernetics – Kybernetik im interdisziplinären Diskurs" in 2015 stattfand (Jeschke et al. 2015 Exploring Cybernetics. Kybernetik im interdisziplinären Diskurs. Springer, Wiesbaden).

Die abschließenden Abschn. „Kybernetik 1. Ordnung" und „Kybernetik 2. Ordnung" beschreiben schließlich zwei miteinander verbundene bekannte Ordnungscharakteristika kybernetischer Systeme.

Die vorgestellten kybernetischen Modelle interpretieren durch ihren Systemcharakter zugleich drei zentrale Pfeiler einer nachhaltig orientierten Entwicklung: Ökologie, Soziales und Ökonomie (Technik/Wirtschaft), wie sie durch die Brundtland-Kommission 1987 erarbeitet wurden und aufgrund dessen die Konferenz der Vereinten Nationen über Umwelt und Entwicklung in Rio de Janeiro im Juni 1992 stattfand.

© Springer Fachmedien Wiesbaden GmbH, ein Teil von Springer Nature 2019   103
E. W. U. Küppers, *Eine transdisziplinäre Einführung in die Welt der Kybernetik*,
https://doi.org/10.1007/978-3-658-23725-7_5

5.1   Kybernetik mechanischer Systeme

Probst führt mit einem Ausschnitt aus Kap. 4 seines Buches „Selbstorganisation – Ordnungsprozess in sozialen Systemen aus ganzheitlicher Sicht" (1987, S. 46–47) in die Thematik ein:

> In Analogiemodellen zu mechanischen Systemen werden die Untersuchungsobjekte als regelmäßig arbeitende Maschinen [Systemelemente, d. A.] aufgefasst, deren Verhalten durch die interne Struktur im Sinne einer einfachen Kausalbeziehung determiniert ist. Das hat weitgehend zu sogenannten Kontrolltheorien geführt. Das dem Analogieobjekt zugrunde liegende Verständnis ist die Kontrollierbarkeit und Voraussagbarkeit. Den Teilen ist spezialisiertes Verhalten fest vorgegeben, und es wird höchstens durch Eingriffe eines außenstehenden „Ingenieurs" verändert. Kennt man die Einzelteile und die Art ihrer Interaktion, dann ist damit das ganze System bestimmt. Das System kann letztlich in vollem Umfang verstanden und analysiert werden. Diese Modelle [einer Kybernetik mechanischer Systeme, d. A.] orientieren sich also weitgehend an einem analytischen, zergliedernden Rückführen-auf-letzte-Ursachen und exakten Denken der Physik oder Mechanik. Störungen können durch einfaches Auswechseln fehlerhafter Teile leicht behoben und das ganze System kann bei vorliegendem Bauplan ohne weiteres nachgebaut werden.

Das beschriebene kybernetische Modell mechanischer Systeme, mit Kontrollfunktionen, die zwischen lenkenden und zu lenkenden Systemelementen unterscheiden (der Regelungsprozess des thermischen Kreislaufs einer Heizung ist hier typisch), ist nicht zuletzt auch auf die Begründer und Repräsentanten der Kybernetik – Wiener, Ashby, Beer u. a. m. – und ihre Definitionen zu Kybernetik zurückzuführen. Ein Beispiel für mechanische kontrollierende Systeme im kybernetischen Sinn zeigt Abb. 5.1. Erkennbar ist eine Fertigungsmontagestraße mit Arbeitern, die PKW und LKW bearbeiten. Die Kontrolle durch eine externe Lenkungsinstanz, z. B. einen Techniker oder Ingenieur – mit Blick auf Abb. 5.1 könnte die Person in der Bildmitte diese Position einnehmen –, ist als negative Rückkopplung vorstellbar, wenn größere Probleme, die z. B. zum Stillstand des Gesamtsystems führen, ein derartiges korrigierendes und kontrollierendes Eingreifen erforderlich macht.

Ebenso kann eine Art negativer Rückkopplung dadurch gegeben sein, dass z. B. in einer Produktionsstraße Verschleißsensoren an Werkzeugen einen Wechsel anzeigen, wodurch die Qualitätstoleranz des bearbeiteten Werkstückes nicht überschritten wird.

Der Sprung von kontrollierten, technischen mechanischen Systemen zu kontrollierten organisatorischen Systemen liegt nahe, insbesondere mit Blick auf die Anfänge der Organisationsentwicklung. Probst nennt hier zu Recht Frederick Winslow Taylors Konzept der „Wissenschaftlichen Betriebsführung" (Taylor 1911). Ergänzt wird es durch Frank Bunker Gilbreths wissenschaftliche Bewegungsstudien (Gilbreth und Gilbreth 1920). Taylor und Gilbreth teilten Aufgaben im Unternehmen auf kleinste Einheiten von Arbeitsvorgängen, die umso leichter beobachtet, katalogisiert, gemessen und wieder zu

Abb. 5.1 Klassische Fertigungsmontagestraße bei Mercedes-Benz in Wörth 1966. (Quelle: http://media.daimler.com/marsMediaSite/de/instance/ko/50-Jahre-Lkw-Werk-Woerth-von-Mercedes-BenzMehr-als-36-Millionen-Lkw-in-einem-halben-Jahrhundert-Die-aussergewoehnliche Geschichte-des-groessten-Lkw-Werks-der-Welt.xhtml?oid=9917765 (Zugegriffen am 01.02.2018))

einer größeren Einheit addiert wurden. Das Gerüst dieser Arbeitsteilung wurde normiert und streng kontrolliert. Eine übergeordnete Führungsperson wachte über den organisatorischen Ablauf und griff – falls erforderlich – in den Prozess ein und korrigierte ihn. Der mechanische Ablauf bei Maschinen griff auf die im Unternehmen tätigen Arbeiter über und wurde letztlich ein Lenkungswerkzeug des Unternehmers, der es für seine Zwecke zu nutzen wusste.

▶   **Merksatz** Der Zustand kybernetischer mechanischer Systeme wird extern vorgegeben. Sie reagieren auf Umwelteinflüsse, wodurch Störungen auf das System einwirken. Durch feste Reaktionsmuster wird versucht, diesen Störungen entgegenzuwirken (negative Rückkopplung). Jede Veränderung außerhalb einer Norm wird durch eine Gegenreaktion kompensiert, bis sich wieder ein stabiler, statisch bestimmter Zustand einstellt.

    Die zunehmende Digitalisierung und Vernetzung von Objekten untereinander, die auch als „Internet der Dinge (IdD)" oder „Internet of Thinks (IoT)" bekannt sind, bekommen eine neue – nicht immer akzeptierte – Wendung im Umgang mit mechanischen Systemen. Dabei wird zunehmend daran gearbeitet, Maschinen mit Maschinen mit Maschinen kommunizieren zu lassen, wodurch nicht zuletzt auch Arbeitspersonal eingespart wird. Zu diesem und weiteren Konsequenzen in digitalisierender Arbeitsumwelt siehe Küppers 2018.

Die heutigen Produktions- und Arbeitsprozesse, zumindest in Industrienationen, besitzen eine völlig andersgeartete Produktions- und Arbeitsstruktur, wenn man z. B. an aufkommende Arbeitsprozesse mit kollaborierenden Robotern in Werkhallen oder – wie Abb. 5.2 zeigt – an digital vernetzte Roboter-Montageinseln denkt. Gleichzeitig

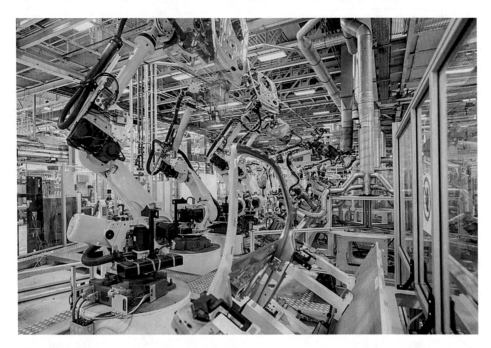

Abb. 5.2 Digital vernetzte Roboter-Montageinseln. (Quelle: http://www.staufen.ag/de/news-events/news/article/2017/04/ende-des-fliessbandskomplexitaetszuwachs-stellt-automobil-zulieferer-vor-grosse-herausforderungen/ (Zugegriffen am 01.02.2018))

delegieren aber Unternehmen in Industrieländern Arbeiten in sogenannte Entwicklungsländer, in denen Produktions- und Arbeitszustände denen der Wende zum 20. Jahrhundert ähneln.

Exkurs

Kybernetische negative Rückkopplungen von zunehmend vernetzten und selbstorganisierten Maschinen werden in Industrienationen wie Deutschland, Japan, USA etc. in naher Zukunft wie selbstverständlich Teil einer neuen industriellen Produktionstechnik. Noch ist nicht absehbar, ob dieser Trend in Richtung „Industrie 4.0" zu Produktivitätserhöhungen mit „Freisetzung" von Arbeitspersonen führt oder die kollaborierende Mensch-Maschine-Produktivität stärkt oder ob eine Reihe unerwarteter Ereignisse den Weg des angestrebten Fortschritts kreuzen.

Gleichzeitig mangelt es jedoch in den verketteten Zulieferproduktionen aus Ländern mit niedrigindustriellem Standard und Niedriglohn an einem Minimum negativer Rückkopplungen, die sich u. a. durch katastrophale Arbeitsbedingungen, Krankheiten und Todesfälle von Arbeitern äußern. Das Korrektiv einer negativen Rückkopplung im Arbeits- und Produktionsprozess würde in diesen Entwicklungsländern wertvolle Arbeit leisten können, die das Gesamtsystem Industrie- und Zulieferproduktion und Arbeitskräfte nachhaltig stärkt.

In Abb. 5.2 könnten die vernetzten Handhabungseinrichtungen als stationäre Roboter einen selbstregelnden Prozessablauf in der Fertigungsstraße charakterisieren, der nur bei größeren Problemen – Störgrößeneinfluss, der z. B. zum Produktionsstillstand führt – eine Korrektur durch den Menschen erfordert.

Brecher und Mitautoren beschreiben kybernetische mechanische Systeme bzw. „Kybernetische Ansätze in der Produktionstechnik" (Brecher et al. 2015) aus heutiger Sicht folgendermaßen:

> Kybernetische Ansätze sind seit langem ein wichtiger Teil der Produktionstechnik. Die Regelungstechnik – als Teil der Kybernetik – ist die Voraussetzung dafür, dass Zustandsgrößen in Produktionsmaschinen geführt oder konstant gehalten werden, während Störgrößen ohne menschlichen Eingriff kompensiert werden. Klassische regelungstechnische Ansätze gehen davon aus, dass sich Regelstrecken mit einer festgelegten Struktur von Übertragungsfunktionen beschreiben lassen. Im Hinblick auf Automatisierungslösungen für kundenindividuelle Produkte ist diese Voraussetzung jedoch nicht mehr gegeben. In diesem Zusammenhang wird der Begriff der Selbstoptimierung für Systeme verwendet, „die in der Lage sind, auf Grund geänderter Eingangsbedingungen oder Störungen eigenständige („endogene") Veränderungen ihres inneren Zustands oder ihrer Struktur vorzunehmen" (Schmitt et al. 2011, S. 750). Der Schritt von der klassischen Regelungstechnik zur Selbstoptimierung besteht somit darin, das Zielsystem mithilfe von modellbasierten oder kognitiven Methoden anzupassen. […] Es […] wird erforscht, wie selbstoptimierende Produktionssysteme auf unterschiedlichen Ebenen konzipiert werden […] und dass die IT-gestützte Kybernetik auch zukünftig ein wichtiges Hilfsmittel in der Produktionstechnik darstellen wird.

Abb. 5.3 veranschaulicht die Entwicklung der Produktionstechnik von der klassischen Regelungstechnik – RT – zu Cyberphysischen Systemen[1] – CPS –, aus der die Kybernetik vernetzter interagierender Systemkomponenten erkennbar ist.

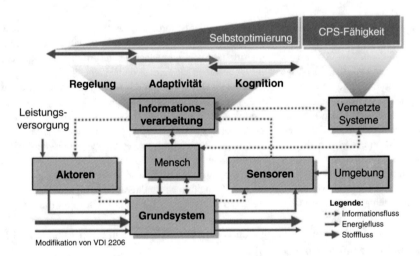

Abb. 5.3 Entwicklung von der klassischen kontrollierten kybernetischen Regelungstechnik bis zu kybernetischen Systemen moderner Prägung. (Quelle: Brecher et al. 2015, S. 87)

---

[1] Cyberphysische Systeme sind in Geräten (Hardware) eingebundene bzw. eingebettete Elektronik samt Software. Sie nehmen aus der Umwelt durch Sensoren Signale wahr und leiten sie an sogenannte Stellglieder (Aktoren) weiter. Als Beispiel kann eine akustische-optische Warnanlage dienen,

5.2   Kybernetik natürlicher Systeme

Miteinander vernetzte, natürliche biotische und abiotische Systeme, wie wir sie heute als Vielfalt von Pflanzen, Tieren, Menschen und geologischen Formationen kennen, sind – ohne Wenn und Aber – evolutionäre bzw. geophysikalische Produkte einer über Jahrmilliarden andauernden Entwicklungsgeschichte.

Die Evolution, die Entwicklungsgeschichte der Lebewesen, hat ihre unglaubliche Artenvielfalt und Verbreitung auf der Erde auch den kybernetischen Gesetzmäßigkeiten, insbesondere dem Prinzip der *negativen Rückkopplung* zu verdanken. Insofern kann behauptet werden, dass die Natur die „Mutter" aller kybernetischen Systeme ist. Einige Beispiele sollen dies verdeutlichen.

Kybernetik bei Pflanzen – Beispiel 1: Pflanzen schützen sich und warnen Artgenossen Pflanzen sind stationäre und somit ortsgebundene Lebewesen. Sie besitzen nicht die Möglichkeit von Tieren, vor drohenden Gefahren wegzulaufen, zumindest aber den Versuch zu machen, wegzulaufen. Ihre Schutzmechanismen zur Erhaltung der Art sind Duftstoffe, flüchtige Substanzen, die einerseits Insekten für die Bestäubung anlocken, andererseits auch Fressfeinde abzuwehren versuchen und letztlich sogar durch ihre Art der chemischen Kommunikation Nachbarpflanzen derselben Art vor herannahenden Feinden warnen. Zu biokybernetischer Kommunikation unter Bäumen siehe u. a. Wohlleben (2015, S. 14–20), aus dem ein Beispiel kybernetischer Pflanzenkommunikation erläutert wird:

> Oft muss es aber nicht einmal unbedingt ein spezieller Hilferuf sein, der für eine Insektenabwehr erforderlich ist. Die Tierwelt registriert grundsätzlich die chemischen Botschaften der Bäume und weiß dann, dass dort irgendein Angriff stattfindet und attackierende Arten zu Gange sein müssen. Wer Appetit auf derartige kleine Organismen hat, führt sich unwiderstehlich angezogen.
>
> Doch die Bäume können sich auch selbst wehren. Eichen etwa leiten bittere und giftige Gerbstoffe [wie Tannine, d. A.] in Rinde und Blätter. Sie bringen nagende Insekten entweder um oder verändern den Geschmack zumindest so weit, dass er sich von leckerem Salat in beißende Galle verwandelt. Weiden bilden zur Abwehr Salicin, das ähnlich wirkt. [...]
>
> Neben der chemischen Signalübertragung in den vielfach vernetzten kybernetischen Regelungskreisen helfen sich die Bäume untereinander parallel auch durch die sicherere elektrische Signalübertragung über die Wurzeln, die Organismen weitgehend wetterunabhängig verbinden. Wurden die Alarmsignale ausgebreitet, dann pumpen rundherum alle Eichenbäume – für andere Arten gilt dasselbe – Gerbstoffe durch ihre Transportkanäle in Rinden und Blätter.

Einen Einblick in den multifunktionalen, vielfältigen Eigenschutz von Pflanzen gibt die Redaktion Pflanzenforschung.de (2011):

> Aus ihren Wurzeln, Blüten, Blättern und Früchten verflüchtigen sich Naturstoffe, die wissenschaftlich unter dem Begriff „Volatile Organic Compounds" (engl. VOCs) zusammengefasst werden. Zu ihnen gehören überwiegend Substanzen aus der Stoffklasse der Terpene, deren

---

die durch sensorisches Erkennen von Bewegung und Geräuschen einen aktorischen Alarmton mit Lichtsignalen aussendet. Oft wird auch ein sogenannter „stummer Alarm" an zuständige Wachstationen oder Behörden weitergeleitet. CPS sind z. B. auch in Waschmaschinen, Kühlschränken und anderen Haushaltsgeräten eingebaut.

Gerüche uns als Menthol, Harz oder auch als das aus Zitronenöl gewonnene Limonen bekannt sind. [...] Die VOCs spielen bei der sogenannten indirekten Pflanzenabwehr eine wichtige Rolle. Bei dieser Verteidigungsstrategie locken Pflanzen durch komplexe Duftstoffgemische die Fressfeinde ihrer Schädlinge an. So beobachtete man, dass ein Angriff von Raupen des Nachtschmetterlings *Spodoptera littoralis* in den Blättern von Maispflanzen zur Bildung von Duftstoffen führt, die die parasitische Brackwespe *Cotesia kariyai* anlockt. Diese legt ihre Eier in die Schmetterlingsraupen, die durch das Heranwachsen der Wespenlarven absterben.

Je stärker der Angriff von Feinden, desto stärker der Versuch einer pflanzlichen Gegenwehr desto geringer der pflanzliche Schaden. Letztere Kausalität entspricht der negativen Rückkopplung in diesem komplexen Evolutionsspiel des Überlebens des Tüchtigsten (s. Abb. 5.4).

Dass Pflanzen – sozusagen im vorauseilenden Artenschutz – auch ihren Artgenossen einen Angriff von Pflanzenschädlingen signalisieren, um Schutzmaßnahmen zu aktivieren, ist von vielen Arten, so auch von Tabakpflanzen bekannt. Quellen zum Thema sind u. a. Muroi, A. (2011) und Degenhardt, Jörg (2007).

Kybernetik bei Pflanzen – Beispiel 2: Dornenschutz Der Habitus einer Kapokbaumborke ist übersät mit Dornen. Sie sorgen vor allem dafür, dass der Organismus sein Überleben dadurch stärkt, dass er sich mit diesem stationären Abwehrmechanismus gegen allerlei Feinde zur Wehr setzt. Abb. 5.5 zeigt einen Baum dieser Art. Wie die Funktion dieser speziellen Abwehr im komplexen Wald-Baum-Netzwerk eingepasst sein könnte, zeigt der überlagerte Regelkreis.

Kybernetik zwischen Pflanzen und Tieren – Beispiel 3: Dynamik zwischen Pflanze und Tieren Charakteristisch für dynamische kybernetische Prozesse in der Natur sind die sogenannten Räuber-Beute-Beziehungen. Über einen gewissen Zeitraum verändern

Abb. 5.4 Wenn Pflanzenschädlinge zubeißen, holt sich die Pflanze Hilfe – mit flüchtigen Duftstoffen lockt sie die Fressfeinde des Schädlings an und warnt gleichzeitig ihre Nachbarn. (Quelle: http://www.pflanzenforschung.de/de/journal/journalbeitrage/wie-pflanzen-ihre-nachbarn-warnen-1540 (Zugegriffen am 01.02.2018))

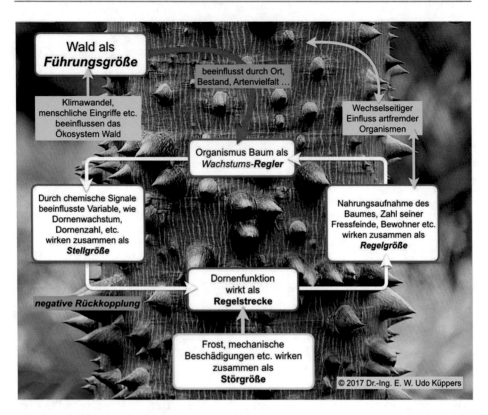

Abb. 5.5 Habitus des Kapokbaums (Ceiba pentandra) mit überlagerter kybernetischer Funktion. Details eines biologischen (biokybernetischen) Regelkreises abgebildet an einem Baum, der sich gegen Nahrung suchende Tiere mit einem besonderen Abwehrmechanismus durch Dornen hilft. Erkenntnisse aus regelungstechnischer Forschung werden hier mit biologischen Einsichten in Form von Modellvorstellungen zusammengeführt. Die Momentaufnahme des biologischen Regelkreises soll jedoch nicht über die stofflichen, energetischen und kommunikativen Abläufe des Organismus in der Natur täuschen, die sich dahingehend verbergen und in Wirklichkeit unvorstellbar vielschichtig ablaufen

die beteiligten vernetzten Populationen zyklisch ihre Zahl der Individuen. Dadurch wird unter *normalen evolutionären Habitat-Bedingungen* (hierunter werden diejenigen Funktionalitäten in einem lokalen Lebensraum verstanden, die zu natürlichem angepasstem Wachstum von Organismen führen, ohne gezielten Eingriff durch Menschen) gewährleistet, dass sich keine Population über eine bestimmte Wachstumsgrenze ausdehnen kann, was sonst unweigerlich zu einem *Aufschaukeln* des Systems mit anschließender Zerstörung führen würde. Mit dem einfachen Beispiel von drei Organismen, die in einem lokalen Netzwerk miteinander ums Überleben kämpfen, zeigt die Natur bereits, wie elegant sie mit negativen Rückkopplungen nachhaltiges dynamisches Wachstum in kybernetischen Systemen einsetzt. Hochskaliert auf die Gesamtheit von Organismen und deren Kybernetik kann nur auf sehr bescheidene Weise die überragende Leistung der Natur gewürdigt werden, weil wir noch weit davon entfernt sind, die Mechanismen des evolutionären Fortschritts auch nur annähernd zu verstehen.

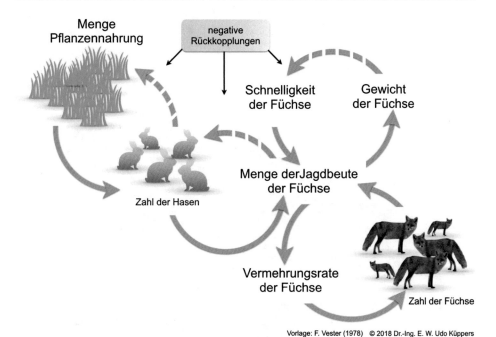

Vorlage: F. Vester (1978)   © 2018 Dr.-Ing. E. W. Udo Küppers

Abb. 5.6 Kybernetische Räuber-Beute-Beziehungen zwischen zwei Tierarten und einer Pflanzenart. (Quelle: Vorlage der Skizze: Vester 1978, S. 81)

Abb. 5.6 zeigt vier herausgestellte Regelkreise von weitaus komplexeren Verknüpfungen zwischen drei Organismen in der Natur, als sie hier dargestellt werden können. Auffällig ist der Einfluss von negativen Rückkopplungen in diesem Beziehungsgeflecht, die dazu beitragen, das skizzierte System dynamisch stabil zu halten. Das heißt nichts anderes, als dass allen beteiligten Organismen die Chance zur Weiterentwicklung erhalten bleibt. Das von dem österreichischen/US-amerikanischen Chemiker und Mathematiker Alfred Lotka (1880–1949) und dem italienischen Physiker Vito Volterra (1860–1940) erarbeitete Räuber-Beute-Modell zeigt in einem Wachstums-Zeit-Diagramm die dynamische Wechselbeziehung zwischen Räuber und Beute, wie es in Abb. 5.7 bei zwei Organismen zu sehen ist.

Zur Kybernetik natürlicher Systeme schreibt Probst (1987, S. 48):

In organischen Modellen wird davon ausgegangen, dass die erfassten Systeme einen eigenen Zweck verfolgen, im Gegensatz zu mechanischen Systemen [s. Abschn. 5.1, d. A.], die ihren Zweck von außen vorgegeben erhalten. Das Ziel natürlicher Systeme ist das Überleben, wofür Wachstum und Erhalt als entscheidend angesehen werden. Ein Schrumpfen wird mit Verfall und Verschlechterung angesehen. Das System wird als offen gegenüber seiner Umwelt gesehen, von wo es lebenswichtige Ressourcen bezieht und an die es sich anpassen muss. Es ist mithin fähig, ein Fließgleichgewicht [s. Abb. 5.7, d. A.] aufrecht zu erhalten, indem es das Verhalten von Teilen ändert, um das Ganze innerhalb annehmbarer Grenzen zu erhalten.

Dies kontrastiert mit mechanischen Systemen, denen es nicht um die Erhaltung eines dynamischen, sondern um die Erhaltung eines statischen Gleichgewichts geht. Das [natürliche, d. A.] System macht über seine Lebensspanne eine Entwicklung durch, weshalb man von einem Lebenszyklus und von unterschiedlicher Reife sprechen kann.

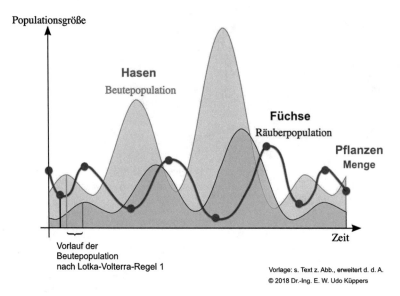

Abb. 5.7 Räuber-Beute-Beziehungen über die Zeit. Gekoppeltes dynamisches Wachstum der beiden Populationen. (Quelle: https://de.wikipedia.org/wiki/Räuber-Beute-Beziehung#Das_Lotka-Volterra-Modell (Zugegriffen am 02.02.2018))

Typisch für einen gekoppelten Lebenszyklus ist die Entwicklung eines Waldes, von ersten Pionierpflanzen über mehrere Zwischenvegetationen bis zum ökologischen Reifestadium, der Klimax-Gesellschaft des Waldes.

Der Zustand kybernetischer natürlicher Systeme wird nicht vorgegeben. Er entwickelt sich durch evolutionär wirkende Prinzipien bzw. Mechanismen über dynamische Gleichgewichte – Fließgleichgewichte – und adaptives Wachstum. Organismische Wirkungsnetze sind ein Kennzeichen kybernetischer natürlicher Systeme. In ihnen wirken neben positiven vor allem negative Rückkopplungen. Letztere stärken die Stabilität des Systems.

▶ **Merksatz** Eigentlich unnötig darauf hinzuweisen, aber immer wieder notwendig ist das unbedingte Vorbild der Natur, deren Organismen in ausgeklügelten, artübergreifenden Kommunikationsnetzen Informationen austauschen, die ihrem eigenen Schutz, bzw. ihrer eigenen Fortentwicklung dienlich sind. Dass diese informationsverarbeitenden Systeme alle zur Verfügung stehenden natürlichen Kommunikationskanäle nutzen, ist bei Pflanzen und Tieren – weniger bei Menschen (!) – selbstverständlich.

Störungen, selbst trivialster Natur, bei Kommunikation zwischen Menschen sind oft Auslöser folgenreicher, zerstörerischer Konflikte. Auch in diesem Metier einer vorausschauenden Konfliktvermeidung ist die evolutionäre Natur Meister und Vorbild für uns Menschen.

5.3   Kybernetik humaner sozialer Systeme

In Modellen humaner sozialer Systeme wird das Untersuchungsobjekt als zweckorientiert aufgefasst und damit von den zustandserhaltenden mechanischen Systemen sowie den zielorientierten natürlichen Systemen abgegrenzt. Was ist damit gemeint? Mechanische Systeme reagieren wie im Fall eines Heizungsthermostats auf Veränderungen, um den ihnen vorgegebenen Zustand auch unter verschiedenen Umweltbedingungen erhalten zu können. Dabei ist ihnen der zu erhaltende Zustand von außen vorgegeben [Führungsgröße, d. A.] und ein festes Reaktionsmuster [Regler-Stellgröße-Regelstrecke-Regelgröße, d. A.] wird durch Abweichungen [z. B. Störgrößen, d. A.] ausgelöst.

Anders bei den zielorientierten natürlichen Systemen, die auf Veränderungen mit unterschiedlichen Verhaltensvarianten reagieren können. Nur das anzustrebende Ziel – das Überleben – ist [systeminhärent, d. A.] vorgegeben, aber in der Auswahl des konkreten Verhaltens besteht im Rahmen des Verhaltensrepertoires Freiheit. Darin kommt zum Ausdruck, dass sich ein natürliches System an unterschiedliche Umwelten anpassen kann, also Lebensfähigkeit aufweist. (Probst 1987, S. 50).

Die Freiheit des Verhaltens in „zielorientierten" natürlichen Systemen, wie Probst es nennt, konkretisiert sich bei Darwins Evolutionstheorie auf den grundlegenden Mechanismus von Mutation (Veränderung) und Selektion (Auswahl des/der Tauglichsten), während der Molekularbiologe und Nobelpreisträgers Jacques Monod (1979) von Zufall und Notwendigkeit spricht (s. Monod 1979, Kap. VII, Evolution, S. 110–123) . Weiter heißt es bei Probst 1987, S. 50:

Ein zweckorientiertes soziales System kann nun nicht nur aus einem bestimmten Verhaltensrepertoire sein konkretes Verhalten auswählen, es kann darüber hinaus sein Verhaltenspotenzial vergrößern und, bedeutend wichtiger noch, es kann die zu verfolgenden Ziele nach eigenen Zwecken festlegen. Der Zweck sozialer Systeme kann in der Entwicklung der eigenen Möglichkeiten gesehen werden. Darin kommt der freie Wille zum Ausdruck, der – wenn auch durch Hirnforscher wie Roth und Singer [Bauer 2015; Roth 2001, d. A.] angezweifelt – für menschliche Systeme typisch ist. […]

Um ein soziales System verstehen zu können, muss man folglich nicht nur wissen, welches die Ziele des Systems, sondern auch welches die seiner Teile und die seines umfassenden Systems sind und welchen Einfluss deren Interaktionen [Kausalitäten, Rückkopplungen, d. A.] ausüben. […] Das System passt sich zudem nicht nur passiv an Umweltveränderungen an, es greift auch selbst aktiv gestaltend in diese Umwelt ein.

Vordringlich geht es demnach bei humanen sozialen Systemen um „Handlungen, Entscheidungen (und) Wahlmöglichkeiten." (Probst 1987, S. 51) Als Beispiel für einen kybernetischen Ablauf innerhalb eines humanen sozialen Systems zeigt Abb. 5.8 eine typische unternehmerische Situation, die alle drei vorab genannten Kriterien des Handelns, Entscheidens und Wählens beinhaltet.

Kybernetik im sozialen unternehmerischen Umfeld – Beispiel 4: Regelungsablauf einer sozial-ökonomischen unternehmerischen Entscheidung Der drohende Verlust von Absatzmärkten und somit ein Gewinneinbruch veranlassen die Unternehmensführung zu Sparmaßnahmen – Handeln –, die an ein bestimmtes Ziel – Entscheidung – gekoppelt

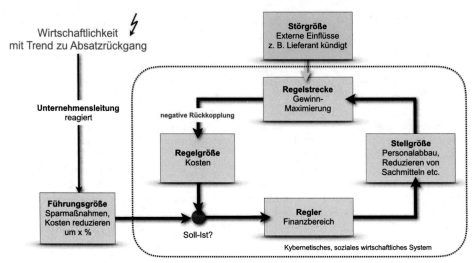

Abb. 5.8   Kybernetik im sozialen unternehmerischen Umfeld – selbsterklärend

sind, wobei verschiedene Möglichkeiten der Durchführung – Wählen – zur Verfügung stehen. Abb. 5.8 zeigt dieses typische Vorgehen als regelungsorientierten Kreislauf, bei dem die negative Rückkopplung wie erkennbar an die Stellgröße gekoppelt ist.

Kybernetische, humane soziale Systeme sind zweckorientiert. Sie orientieren sich am bzw. nutzen nicht nur das zur Verfügung stehende(n) Verhaltensrepertoire; sie können es auch erweitern und für eigene Zwecke nutzen. Das Verstehen eines kybernetischen, humanen sozialen Systems wird durch ein angemessenes wissenschaftliches Vorgehen gefördert. Hierfür steht die Komplementärstrategie aus Analyse und Synthese zur Verfügung. Beide sind erforderlich, um das System zu verstehen.

Mit den Beispielen aus Abschn. 5.1, 5.2 und 5.3 wurden bereits drei grundlegende kybernetische Systeme angesprochen, die in Kap. 6 noch erweitert werden.

5.4   Kybernetik 1. Ordnung

Kybernetische Systeme, wie sie bislang in verschiedenen Variationen und Anwendungen beschrieben wurden, erhielten zur Unterscheidung – nachdem Heinz von Förster im Jahr 1974 den Begriff einer Kybernetik zweiter Ordnung kreierte (Scott 2004) – den Zusatz „erster Ordnung".

Kybernetische Systeme erster Ordnung sind Systeme, die wir als Beobachter analysieren. Wir erkennen die typischen Eigenschaften derartiger Systeme wie z. B. ihr dynamisches Verhalten, ihre Fähigkeit, Nachrichten zu verarbeiten, sowie die wohl herausragende kreislaufbezogene Eigenschaft einer negativen Rückkopplung. Hierzu bedarf es keiner weiteren Ausführung, denn kybernetische Systeme erster Ordnung begleiten uns alle im Alltag, oft ohne dass wir davon wissen: Thermostate regulieren Heizungssysteme, Kaffeemaschinen oder Bügeleisen, jede

Art von Autopilot, von denen eine Vielzahl in den neuen „fahrerlosen Kraftfahrzeugen" enthalten sind, unser eigenes, multikybernetisches Stoffwechselsystem im Körper etc.

Heinz von Foerster beschrieb 1990 auf einer Konferenz in Paris (von Foerster 1993), wie es in den Anfängen der Kybernetik (1940er/1950er-Jahre) um den Begriff bestellt war und wie es schließlich zum Übergang von einer Kybernetik erster Ordnung zu einer Kybernetik zweiter Ordnung gekommen ist (ebd., S. 60–65):

> Wie im Allgemeinen bekannt ist, spricht man von Kybernetik, wenn Effektoren, wie z. B. ein Motor, eine Maschine, unsere Muskeln usw. mit einem sensorischen Organ verbunden sind, das mit seinen Signalen auf die Effektoren zurückwirkt. Es ist diese zirkuläre Organisation, die diese kybernetischen Systeme von anderen organisierten Systemen unterscheidet. Erst Norbert Wiener hat den Begriff „Kybernetik" in den wissenschaftlichen Diskurs wieder eingeführt. Er stellte fest: „Das Verhalten derartiger Systeme könnte als eine Anweisung zur Erreichung eines Ziels interpretiert werden." Man könnte annehmen, diese Systeme verfolgen einen Zweck.

Anschließend zitiert von Foerster weitere Paraphrasen zu Kybernetik, wobei er das „Gedankengut der Frauen und Männer" zitiert, „die man rechtmäßig als Mütter und Väter kybernetischen Denkens und Handelns bezeichnet." (ebd.)

- *Margaret Mead (Anthropologin):*

Als Anthropologin haben mich die Auswirkungen der Theorien der Kybernetik auf unsere Gesellschaft interessiert. Ich beziehe mich dabei nicht auf Computer oder die elektronische Revolution [...]. Insbesondere möchte ich auf die Bedeutung der interdisziplinären Begriffe hinweisen, die wir anfangs als „feed-back", dann als „teleologische Mechanismen" und dann als „Kybernetik" bezeichnet haben, wonach:

▶ **Merksatz (Mead)** „(Kybernetik) eine Form interdisziplinären Denkens (ist), die es den Mitgliedern vieler Disziplinen ermöglicht hat, miteinander in einer Sprache zu kommunizieren, die alle verstehen konnten." (ebd.)

- *Gregory Bateson (Epistemologe, Anthropologe, Kybernetiker und wie manche sagen, den Vater der Familientherapie):*

▶ **Merksatz (Bateson)** „Kybernetik ist ein Zweig der Mathematik, der sich mit den Problemen der Kontrolle der Rekursivität und der Information beschäftigt." (ebd.)

- *Stafford Beer (den Philosophen des Organisatorischen und Hexenmeister des Managments, wie ihn von Foerster nennt)*

▶ **Merksatz (Beer)** „Kybernetik ist die Wissenschaft von der effektiven Organisation." (ebd.)

Und schließlich die poetische Reflexion des „Mister Kybernetik"; wie wir ihn liebevoll nennen, den Kybernetiker der Kybernetiker,

- *Gordon Pask (englischer Autor, Erfinder, Erziehungstheoretiker, Kybernetiker und Psychologe)*

▶ **Merksatz (Pask)** „Kybernetik ist die Wissenschaft von vertretbaren Metaphern." (ebd.)

Diese kleine Aufzählung ergänzt durch die Worte von Heinz von Foerster die entsprechenden Definitionen aus Abschn. 2.1. Als die Sichtweise des zirkulären Denkens, die heute selbstverständlich ist, Mitte des 20. Jahrhunderts aufkam, verstieß sie gegen „grundsätzliche Prinzipien des wissenschaftlichen Diskurses [...], der die Trennung von Beobachter und Beobachtetem gebietet. Das ist das Prinzip der Objektivität. Die Eigenschaften des Beobachters dürfen nicht in die Beschreibung des Beobachteten eingehen." (ebd., S. 64). Heinz von Foerster schlug demzufolge die Definition vor:

▶ **Merksatz (von Foerster)** „Kybernetik erster Ordnung ist die Kybernetik von beobachteten Systemen." (ebd.)

Rekapitulieren wir kurz die Bemerkungen von von Foerster im vorherigen Absatz über „die Sichtweise des zirkulären Denkens, die heute selbstverständlich ist" (wiedergegeben in einem Beitrag aus 1990, s. von Foerster 1993, S. 60–65). Mit „heute" meint v. Förster die 1990er-Jahre.

Aus heutiger Sicht betrachtet ist zirkuläres Denken bei Entscheidungsträgern in vielen Bereichen unserer Gesellschaft alles andere, nur nicht angekommen! Es herrscht – in der weit überwiegenden Mehrzahl der Fälle –, mit einseitigem Blick auf die Verwirklichung ökonomischer Ziele, monokausales Denken und Handeln vor. Die sich daraus ergebende Anhäufung von lokalen und globalen Konflikten, die auch katastrophenähnliche Ausmaße annehmen können, ist für jeden erkennbar.

Von Foersters „Selbstverständlichkeit" eines zirkulären Denkens verflüchtigt sich bei systemischem Blick auf die anthropozänen Auswirkungen, die durch uns Menschen selbst verursacht wurden und werden, im Nebel der Ungewissheit.

Daher kann nur mit Nachdruck auf die folgenden Merksätze hingewiesen werden:

▶ **Merksatz** Monokausales fehlgeleitetes Denken und Handeln fördert *konfliktträchtiges Kommunizieren* und setzt kurzfristige isolierte Impulse der Blockierung gegen eine nachhaltige Stärkung der Lebens- und Fortschrittsfähigkeit in der Gesellschaft.

▶ **Merksatz** Zirkuläres, kybernetisches weitblickendes Denken und Handeln fördert *kooperatives Kommunizieren* und setzt geschickte systemische Impulse für eine nachhaltige Stärkung der Lebens- und Fortschrittsfähigkeit in der Gesellschaft.

Als praktisches Beispiel, abgeleitet aus Abb. 5.9, könnte der Beobachter eine technische Führungsperson in einem soziotechnischen Unternehmen sein, der die Organisation

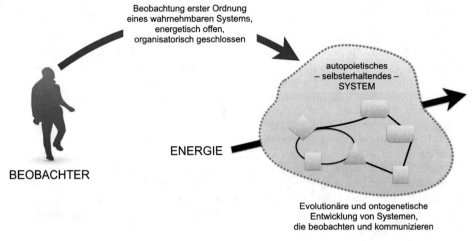

Abb. 5.9 Veranschaulichung und Erklärung eines kybernetischen Systems erster Ordnung nach dem traditionellen, kausalen, deterministischen und objektiven Vorgehen

steuert oder annimmt, sie durch sein Wissen und seine Erfahrung zu steuern. Vorherrschend ist dabei ein funktionsorientiertes kausales oft monokausales Denken und Handeln. Auftretende Probleme werden in der Regel mit Hilfe deterministischer, planungsgesteuerter Lösungsansätze operational bearbeitet und gelöst.

Nebenbei verrät das Adjektiv *soziotechnisch*, dass in der Organisation Menschen und Maschinen miteinander agieren, was somit eine *probabilistische* und weniger eine dirigistische Vorgehensweise bzw. Steuerung der Organisation erforderlich macht, die dem klassischen Kausalansatz seine Grenzen aufzeigt. Dem Beobachter der Organisation reicht daher das organisatorische Steuern (von Maschinen) alleine nicht, um erfolgreich zu sein. Er muss auch mit Wahrscheinlichkeiten menschlichen Denkens und Handelns in der Organisation rechnen und – als menschlicher Beobachter unterliegt er selbst auch diesen Wahrscheinlichkeiten im Denken und Handeln.

5.5   Kybernetik 2. Ordnung

Von Foerster beschreibt auf seine Weise, wie der Einstieg von Kybernetikern in die Zirkulation von Beobachten und Konversieren, was bis dato verbotenes Terrain jenseits des Prinzips der Objektivität war, von deren Vertretern empfunden wurde (1993, S. 64):

- Im allgemeinen Fall des zirkulären Schlusses bedeutet A impliziert B; B impliziert C; und zum allgemeinen Entsetzen – C impliziert A.
- Oder, im reflexiven Fall: A impliziert B; und – Oh Grauen! – B impliziert A!
- Und nun des Teufels Spaltfuss in seiner reinsten Form, in der Form der Selbstreferenz: A impliziert A! – ein Greuel!

Von Foerster beschreibt weiterhin, dass der

> [...] Wechsel von der Beobachtung dessen, was außerhalb liegt, zur Beobachtung des Beob-
> achters [...] im Zuge bedeutender Fortschritte auf dem Gebiet der Neurophysiologie und
> Neuropsychologie [...] stattfand. [...] Neu an all dem ist die tiefgründige Einsicht, dass es
> eines Gehirns bedarf, um eine Theorie über das Gehirn zu schreiben. Daraus folgt, dass eine
> Theorie über das Gehirn, die Anspruch auf Vollständigkeit erhebt, dem Schreiben dieser The-
> orie gerecht werden muss. Und was noch faszinierender ist, der Schreiber dieser Theorie
> muss über sich selbst Rechenschaft ablegen.
>
> Auf das Gebiet der Kybernetik übertragen, heißt das: Indem der Kybernetiker sein eigenes
> Terrain betritt, muss er seinen eigenen Aktivitäten gerecht werden: Die Kybernetik wird zur
> Kybernetik der Kybernetik, oder zur Kybernetik zweiter Ordnung. [...] [D]iese Erkenntnis
> beinhaltet nicht nur eine grundlegende Änderung auf dem Gebiet wissenschaftlichen Arbei-
> tens, sondern auch, wie wir das Lehren, das Lernen, den therapeutischen Prozess, das organi-
> satorische Management usw. wahrnehmen; und – wie ich meine – wie wir Beziehungen in
> unserem täglichen Leben wahrnehmen.

Nicht zuletzt aus dem letzten Argument sozialer Beziehungen untereinander, die in weiten
Teilen unsere Entwicklung bestimmen, sollte klar sein, das soziale Kybernetik eine Kybernetik zweiter Ordnung ist, eine Kybernetik der Kybernetik, wobei der Beobachter, der Teil
des beobachteten Systems ist, seine eigenen Ziele bestimmt. Von Foersters Vorschlag für
die Definition der Kybernetik zweiter Ordnung dazu ist konsequent, wobei er sich in Übereinstimmung mit Gordon Pasks' (1969) Unterscheidung von zwei Ordnungen der Analyse
sieht. Diese besagen im ersten Fall: Ein Beobachter dringt in ein System ein, um den
Zweck des Systems festzusetzen. Im zweiten Fall hat das Eindringen des Beobachters in
ein System zur Folge, seine eigenen Ziele festzusetzen.

▶   **Merksatz** Kybernetik zweiter Ordnung ist die Kybernetik von beobachtenden
    Systemen.

Die Fortsetzung des praktischen Beispiels aus Abb. 5.9 ist in Abb. 5.10 erkennbar. Der
Beobachter als technische Führungsperson könnte sich veranlasst fühlen, zu fragen, ob
seine eigenen Gedanken, Pläne und Handlungen nicht ein integraler unlösbarer Teil der
von ihm gesteuerten Organisationsdynamik ist. In einer Art Selbstreflexion könnte er zu
der Überzeugung kommen, dass er bevor er direkt und steuernd in die unternehmerische
Organisation eingreift, möglicherweise seine eigenen Vorstellungen und Pläne ändern
sollte, um gegebenenfalls dadurch neue organisatorische Perspektiven zu realisieren, noch
bevor aktiv in die Dynamik der Organisation eingegriffen wird. Zu dieser Art Selbstreflexion trägt auch der Umstand bei, die räumliche Position des Beobachters zu wechseln,
einen neuen Standpunkt auf das zu beobachtende System einzunehmen, um somit neue
Perspektiven zu entwickeln, die nach dem Vorgehen durch die Kybernetik erster Ordnung
(Abb. 5.9) sehr unwahrscheinlich scheinen.

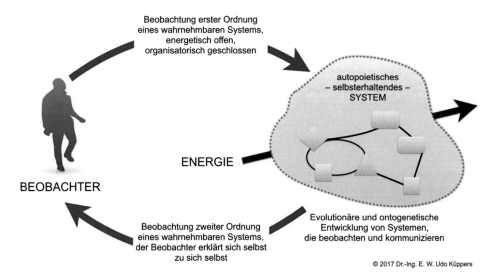

Abb. 5.10 Erkenntnistheoretische Erklärung der Beobachter-Zirkularität in einem kybernetischen System zweiter Ordnung; s. a. Scott 2004, S. 1374

Mit dem Schritt, sich selbst zu hinterfragen und als Teil der Organisation zu verstehen, verlässt der Beobachter natürlich eine scheinbar sichere Position und macht sich auch angreifbarer. Zugleich begibt er sich aber auf einen Weg besseren Verständnisses für reale dynamische Zusammenhänge, die uns seit Jahrmilliarden durch die Evolution umgeben und die auch vor Fabriktoren und Konzernmauern nicht Halt machen.

▶ **Merksatz** Fehlertolerante und nachhaltige Organisationen sind kybernetische Systeme zweiter Ordnung.

5.6 Kontrollfragen

K 5.1 Wie kann der Zustand kybernetischer mechanischer Systeme beschrieben werden?

K 5.2 Welche Art von Signalübertragung nutzen Bäume untereinander bei Gefahr?

K 5.3 Welche Mittel zur Abwehr von Feinden nutzt der Kapokbaum?

K 5.4 Welcher kybernetische Regelungsprozess stärkt den Schutz des Kapokbaums gegen Feinde? Skizzieren und beschreiben Sie den Prozess.

K 5.5 Skizzieren und beschreiben Sie die kybernetische Räuber-Beute-Beziehungen zwischen Füchsen, Hasen und Pflanzen und stellen Sie die Besonderheit der zirkulären Verbindungen heraus.

K 5.6 Was besagt das Räuber-Beute-Modell nach Lotka-Volterra?

K 5.7   Skizzieren Sie den Verlauf des Räuber-Beute-Modells nach K 5.5 in einem Lotka-Volterra-Diagramm.

K 5.8   Skizzieren und beschreiben Sie den kybernetischen Verlauf im sozialen unternehmerischen Umfeld nach Abb. 5.8.

K 5.9   Erklären Sie kurz den Begriff „Kybernetik 1. Ordnung" und zeigen Sie an Hand einer Skizze den Vorgang.

K 5.10   Erklären Sie kurz den Begriff „Kybernetik 2. Ordnung" und zeigen Sie an Hand einer Skizze den Vorgang.

Literatur

Bauer J (2015) Selbststeuerung. Die Wiederentdeckung des freien Willens. Blessing, München

Brecher C et al (2015) Kybernetische Ansätze in der Produktionstechnik. In: Jeschke S, Schmitt R, Dröge A (Hrsg) Exploring cybernetics. Springer, Wiesbaden, S 85–108

Degenhardt J (2007) Die Funktion flüchtiger Stoffe bei der Verteidigung von Pflanzen gegen Schädlinge. Forschungsbericht des Max-Planck-Instituts für chemische Ökologie, Jena

von Foerster H (1993) KybernEthik. Merve, Berlin

Gilbreth FB, Gilbreth LM (1920) Angewandte Bewegungsstudien. Neun Vorträge aus der Praxis der wissenschaftlichen Betriebsführung. VDI, Berlin

Jeschke S, Schmitt R, Dröge A (2015) Exploring Cybernetics. Kybernetik im interdisziplinären Diskurs. Springer, Wiesbaden

Küppers EWU (2018) Die humanoide Herausforderung. Springer, Wiesbaden

Monod J (1979) Zufall und Notwendigkeit. Philosophische Fragen der modernen Biologie, 4. Aufl. dtv, München

Muroi A (2011) The composite effect of transgenic plant volatiles for acquired immunity to herbivory caused by inter-plant communication. PLoS ONE 6(10). http://journals.plos.org/plosone/article?id=10.1371/journal.pone.0024594. Zugegriffen am 05.02.2018

Pask G (1969) The meaning of cybernetics in the behavioral sciences (the cybernetics of behavior and cognition: extending the meaning of „goal"). In: Rose J (Hrsg) Progress in cybernetics, Bd 1. Gordon an Breach, New York, S 15–44

Pflanzenforschung.de (2011) Wie Pflanzen ihre Nachbarn warnen. Redaktion Pflanzenforschung.de, 27.10.2011. http://www.pflanzenforschung.de/de/journal/journalbeitrage/wie-pflanzen-ihre-nachbarn-warnen-1540. Zugegriffen am 05.02.2018

Probst GJB (1987) Selbstorganisation. Ordnungsprozesse in sozialen Systemen aus ganzheitlicher Sicht. Parey, Berlin/Hamburg

Roth G (2001) Fühlen, Denken, Handeln. Wie das Gehirn unser Verhalten steuert. Suhrkamp, Frankfurt am Main

Schmitt R et al (2011) Selbstoptimierende Produktionssysteme. In: Brecher C (Hrsg) Integrative Produktionstechnik für Hochlohnländer. Springer, Wiesbaden, S 747–1057

Scott B (2004) Second-order cybernetics: an historical introduction. Kybernetes 33(9/10):1365–1378

Taylor FW (1911) The principles of scientific management. Harper & Row, New York

Vester F (1978) Unsere Welt – Ein vernetztes System. Klett-Cotta, Stuttgart

Wohlleben P (2015) Das Geheimnis der Bäume. Was sie fühlen, wie sie kommunizieren – die Entdeckung einer verborgenen Welt. Ludwig, München

Teil III

Kybernetische Theorien und Praxisbeispiele

Kybernetik und Theorien

6

Zusammenfassung

Mit diesem Kap. „Kybernetik und Theorien" treten wir in einen Raum voll von Theorien ein, deren gemeinsamer Bezug die Kybernetik ist. Es ist jedoch nicht Ziel und Zweck, alle aufgelisteten und noch weitere Theorien ausgiebig zu beschreiben, was Bücher füllen würde, die bereit zu den jeweiligen Themen der Unterkapitel geschrieben wurden. Daher werden wir prägnante Aussagen zu den einzelnen Theorien in den Vordergrund dieses Kapitels stellen und beginnen mit der Systemtheorie.

6.1 Systemtheorie

Kybernetische Systeme sind Teil eines großen Verbundes des Denkens in Systemen oder des systemischen ganzheitlichen Denkens. Jay Wright Forrester besitzt mit seinen Arbeiten zu kybernetischen Systemen, auf die in Abschn. 4.13 bereits eingegangen wurde, eine herausragende Stellung.

Den Begriff der Systemtheorie selbst als *Theorie generale* aufzufassen, wäre verfehlt. Vielmehr weist der Begriff „Allgemeine Systemtheorie" darauf hin, dass keine bestimmte Disziplin, sondern eine fachübergreifende Thematik damit verbunden ist. Das zeigt auch der Weg der Systemtheorie, der – ausgehend von Ludwig von Bertalanffys methodischem Holismusansatz Abschn. (4.11) – in verschiedenen gesellschaftlichen Feldern fruchtet und interdisziplinär angewendet wird. Zwei Beispiele sollen dies verdeutlichen.

© Springer Fachmedien Wiesbaden GmbH, ein Teil von Springer Nature 2019
E. W. U. Küppers, *Eine transdisziplinäre Einführung in die Welt der Kybernetik*,
https://doi.org/10.1007/978-3-658-23725-7_6

6.1.1 Günther Ropohl und seine Systemtheorie der Technik

Der studierte Maschinenbauer und Philosoph Günther Ropohl (2012) hat sich neben Themen wie „soziotechnische Systeme", „Arbeitslehre", „Technikfolgeabschätzung" und „Technikdidaktik" auch mit der „Systemtheorie" und der „Kybernetik" befasst.

Die Allgemeine Systemtheorie, die auf Ganzheit und Vielfalt basiert, führt Ropohl bis Aristoteles (384–322 v. Chr.) zurück (Ropohl 2009, S. 71), wobei er der „modernen Systemtheorie" vier Wurzeln zuspricht, deren *erste Wurzel* er auf Ludwig von Bertalanffy bezieht (ebd., S. 72). Ropohl betont ausdrücklich, dass Bertalanffy, erkennt, dass der rational-holistische Ansatz:

> [...] nicht nur auf die Gegenstände einzelner wissenschaftlicher Disziplinen, sondern auch auf das Zusammenwirken der Wissenschaften anzuwenden ist, wenn man der Atomisierung wissenschaftlicher Erkenntnis entgegenwirken und mit einer „Mathesis universalis" eine neue Einheit der Wissenschaften herstellen will. (ebd., S. 72).

Ropohls *zweite Wurzel* ist die der Kybernetik Norbert Wieners Abschn. (4.1), demnach das komplette Gebiet der Steuerungs- und Regelungstechnik und der Informationstheorie.

Zur *dritten Wurzel* moderner Systemtheorie schreibt Ropohl (ebd., S. 73):

> *Eine dritte Wurzel gegenwärtigen Systemdenkens* sehe ich in verschiedenen Ansätzen zur Verwissenschaftlichung praktischen Problemlösens. Dabei blieb es nicht aus, dass die notorischen Beziehungskonflikte zwischen Theorie und Praxis reflektiert werden mussten. Auf Grund ihres Konstitutionsprinzips betreffen einzelwissenschaftliche Theorien, wie gesagt, immer nur Teilaspekte eines komplexen Problems.
>
> Da sich solche Probleme in der Praxis aber nicht nach der Fächereinteilung der Universität richten, lassen sie sich nur dann befriedigend lösen, wenn man alle wichtigen Teilaspekte und die Zusammenhänge zwischen diesen Teilaspekten berücksichtigt.
>
> Praktische Problemlösungen haben es also stets mit Ganzheiten zu tun; sie erfordern mithin jene problemorientierte Integration einzelwissenschaftlicher Erkenntnisse, die ich [...] bereits als Interdisziplin gekennzeichnet hatte. Anders ausgedrückt, erheischen sie eine Systembildung auf der Ebene wissenschaftlicher Aussagen, die der Komplexität des praktischen Problems entspricht.

Die Bildungsstrukturen heutiger Lehranstalten, bis zu den Universitäten, sind nach wie vor geprägt durch eine Vielfältigkeit monodisziplinärer Fächer, mit wenigen Ausnahmen von interdisziplinärer Zusammenarbeit, wie es z. B. mechatronische Prozesse oder Robotertechnik erfordern und voraussetzen.

Und schließlich beschreibt Ropohl die *vierte Wurzel* der modernen Systemtheorie, neben sicher noch weiteren Ansätzen, als das „strukturale Denken der modernen Mathematik". Er schreibt (ebd., S. 74):

> Wenn sich die Mathematik heute als Wissenschaft von den allgemeinen Strukturen und Relationen, ja als Strukturwissenschaft schlechthin versteht, bietet sie sich nicht nur als Werkzeug

der Systemtheorie an, sondern erweist sich gewissermassen als die Systemtheorie überhaupt. Auf der Grundlage der Mengenalgebra ist das Konzept des Relationengebildes entstanden, das durch eine Menge von Elementen und eine Menge von Relationen definiert ist und damit genau jenen Unterschied zwischen der Menge und der Ganzheit präzisiert, den schon Aristoteles gesehen hat. So werde ich diesen mathematischen Systembegriff für die grundlegenden Definitionen der Allgemeinen Systemtheorie heranziehen.

Als Grundlage für seine Systemtheorie der Technik beschreibt Ropohl, dass ein System das Modell einer Ganzheit ist, mit drei Systemkonzepten (Abb. 6.1), die oft getrennt behandelt werden, aber durchaus miteinander verknüpfbar sind. Es sind dies:

- *Systemmodell 1*: Funktionales Konzept, Beziehungen zwischen Eingängen, Ausgängen, Zuständen etc.
- *Systemmodell 2*: Strukturales Konzept, miteinander verknüpfte Elemente und Subsysteme
- *Systemmodell 3*: Hierarchisches Konzept, abgrenzbar von ihrer Umgebung bzw. einem Supersystem.

Abb. 6.1 Konzepte der Systemtheorie. (Quelle: nach Ropohl 2009, S. 76)

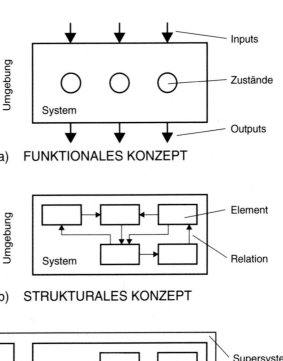

(a) FUNKTIONALES KONZEPT

(b) STRUKTURALES KONZEPT

(c) HIERARCHISCHES KONZEPT

Darauf aufbauend und um das formale Systemmodell im Sinne der Technik mit Inhalt zu füllen, wählt Ropohl als Orientierung den Begriff des *Handlungssystems*.

Er orientiert sich dabei an dem *Konzept des Handels* in den Human- und Sozialwissenschaften, an dem der philosophischen Anthropologie, insbesondere an Arnold Gehlens (1904–1976) Auffassung des Menschen als ein vorrangig handelndes Wesen. Bereits Max Weber (1864–1920) verknüpfte soziales Handeln als fundamental in der Soziologie und Jürgen Habermas (*1929) formulierte zugespitzt die auch Ropohl bekannte Unklarheit der Unterscheidung zwischen „technischem" und „sozialen" Handeln als *Dualismus von Arbeit und Interaktion* (vgl. ebd., S. 89–91). Ropohl formuliert mit seinen Worten das *abendländische „Dilemma"* wie folgt:

> Es ist die Unterscheidung zwischen „poiesis" und „praxis", zwischen Herstellen und Handeln, die seit Aristoteles im abendländischen Denken fest verwurzelt ist.

Demgegenüber steht die morgenländische buddhistische Philosophie eines eher ganzheitlichen Denkens, die das Trennende versucht durch einen *Weg der Mitte* zu vereinen. „Poiesis und Praxis" wären demnach als ein untrennbares Handlungskonzept zu betrachten.

Ropohl stützt seine Systemtheorie der Technik als Handlungssystem schließlich auf den allgemeinen Handlungsbegriff des Philosophen Jürgen von Kempski: „Handeln ist die Transformation einer Situation in eine andere" (ebd., S. 93). Nach Ropohl ist der Begriff *Handlungssystem* dualistisch zu sehen; einerseits als ein „System von Handlungen" und andererseits als ein „System, das handelt".

Ropohl selbst beschreibt die Struktur in Abb. 6.2 lediglich als theoretisches Modell der Funktionszerlegung in Zielsetzung, Information und Ausführung mit den Transportflüssen, Masse, Information und Energie. Abb. 6.3 zeigt beispielhaft den detaillierteren Hierarchieaufbau der Sachsysteme, wobei ergänzend aus heutiger umweltorientierter Sicht das System durch die unterste Hierarchiestufe „Rohstoffe" ergänzt werden sollte, weil sie für nachhaltige Prozesse außerordentlich große Bedeutung besitzt.

Zusammenfassend beschreibt Ropohl seine Systemtheorie mit folgenden Worten (ebd., S. 305–306):

> Die Technik besitzt eine naturale, eine humane und eine soziale Dimension; jede dieser Dimensionen kann in verschiedenen Erkenntnisperspektiven betrachtet werden, die freilich bislang in höchst unterschiedlichem Ausmass verfolgt worden sind. Keine dieser Perspektiven, die analog zu den wissenschaftlichen Einzeldisziplinen bestimmt werden, kann den Anspruch erheben, für sich allein den Problemen der Technik gerecht zu werden. Die Komplexität der Technik lässt sich nur mit einem interdisziplinären Ansatz einfangen, der die heterogenen Beschreibungs- und Erklärungsstränge zu einem kohärenten Geflecht zusammenfügt. Ein solches Unternehmen bedarf eines theoretischen Integrationspotenzials, ohne das eine interdisziplinäre Arbeit eine bloße Anhäufung disparater Wissenselemente bliebe. […]
> In Abgrenzung zu gewissen sozialphilosophischen Systemspekulationen betrachte ich die Allgemeine Systemtheorie mathematisch-kybernetischer Provenienz als eine exakte Modelltheorie, die in mehreren Stufen zunehmender Konkretisierung mit empirischem Gehalt zu füllen ist. Systeme sind grundsätzlich Modelle der Wirklichkeit, die es erlauben, die Erkenntnis

komplexer Gegenstandsbereiche ganzheitlich zu organisieren, ohne dabei irgendeine Totalitätsmystik heraufzubeschwören. Die besondere Stärke der Systemtheorie liegt darin, umfassende fachübergreifende Beschreibungsmodelle vielschichtiger Problemzusammenhänge zu formulieren und damit einen zumindest heuristischen Beitrag zur Konstruktion erklärender Hypothesen zu leisten. Das Programm der Systemtheorie ist darauf angelegt, die Einheit in der Vielfalt zu erfassen; so ist sie dazu prädestiniert, einer Allgemeinen Technologie das formale und terminologische Gerüst bereitzustellen.

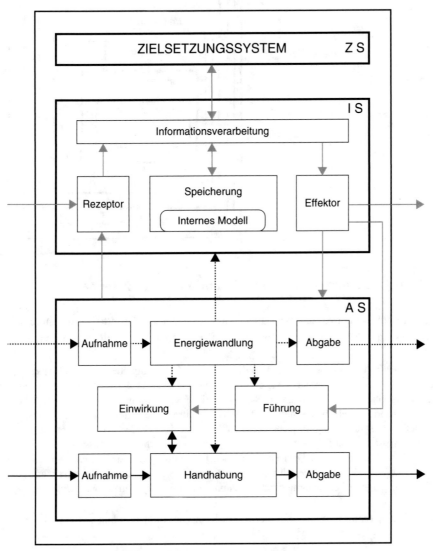

Abb. 6.2 Feinstruktur des Handlungssystems als Systemtheorie der Technik. (Quelle: nach Ropohl 2009, S. 104)

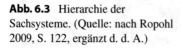

Abb. 6.3 Hierarchie der
Sachsysteme. (Quelle: nach Ropohl
2009, S. 122, ergänzt d. d. A.)

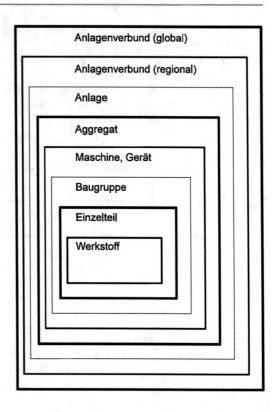

6.1.2   Niklas Luhmann und seine Theorie sozialer Systeme

An den Beginn seiner Abhandlung über „Soziale Systeme – Grundriss einer allgemeinen
Theorie" setzt Niklas Luhmann (1991, S. 30, Erstausgabe 1984) folgende Aussage:

> Die folgenden Überlegungen gehen davon aus, dass es Systeme gibt. Sie beginnen also nicht mit
> einem erkenntnistheoretischen Zweifel. Sie beziehen auch nicht die Rückzugsposition einer
> „lediglich analytischen Relevanz" der Systemtheorie. Erst recht soll die Engstinterpretation der
> Systemtheorie als eine bloße Methode der Wirklichkeitsanalyse vermieden werden. Selbstver-
> ständlich darf man Aussagen nicht mit ihren eigenen Gegenständen verwechseln; man muss
> sich bewusst sein, dass Aussagen nur Aussagen und wissenschaftliche Aussagen nur wissen-
> schaftliche Aussagen sind. Aber sie beziehen sich, jedenfalls im Falle der Systemtheorie, auf die
> wirkliche Welt. Der Systembegriff bezeichnet also etwas, was wirklich ein System ist, und lässt
> sich damit auf eine Verantwortung für Bewährung seiner Aussagen an der Wirklichkeit ein.

Nach einer Aufzählung verschiedener Anforderungen, die Luhmann mit der Theorie verbindet, schreibt er (ebd., S. 31):

> Diese Anforderungen kulminieren in der Notwendigkeit, die Systemtheorie als Theorie
> selbstreferenzieller Systeme anzulegen. Schon das soeben skizzierte Vorgehen impliziert
> Selbstreferenz in dem Sinne, dass die Systemtheorie immer auch den Verweis auf sich selbst
> als einen ihrer Gegenstände im Auge behalten muss; […].

Hier zeigt sich deutlich der Bezug zu Maturanas und Varelas Autopoises-Theorie der biologischen Erkenntnis (s. Abschn. 4.8). Luhmann sieht Soziale Systeme als selbstreferenzielle Systeme, was bedeutet, eine Fähigkeit zu entwickeln, eine Beziehung zu sich selbst herzustellen und diese in Bezug auf die Umwelt zu unterscheiden. Durch diese Differenzierung erhalten sich Systeme. Für Luhmann ist Umwelt eine „Verlängerung der Handlungssequenz nach außen" und „alles andere" und sehr viel komplexer als das System selbst (Dieckmann 2004, S. 21).

Ohne auf die umfangreichen Details der Theorie *Sozialer Systeme* einzugehen, wollen wir ein dominierendes Kriterium von Luhmanns Theorie herausgreifen, nämlich das der Kommunikation. Kommunikation ist für Luhmann die kleinste Einheit in sozialen Systemen. Die Entstehung sozialer Systeme, der Aufbau ihrer Strukturen, ihre autopoietischen und operational geschlossenen Prozesse werden durch Kommunikationen bestimmt. Sie prägen eine innere Geschlossenheit, halten Systeme lebensfähig und grenzen sich von der Umwelt ab.

▶ **Merksatz (Luhmann_1)** Kommunikation ist die kleinste Einheit in sozialen Systemen.

▶ **Merksatz (Luhmann_2)** Kommunikation ist nicht die Leistung eines handelnden Subjektes, sondern ein Selbstorganisationsphänomen: Sie passiert (Simon 2009, S. 94).

Luhmann selbst beschreibt seinen Blick auf Kommunikation in sozialen Systemen wie folgt (Luhmann 1997, S. 81 in Simon (1997)):

> Die allgemeine Theorie autopoietischer Systeme verlangt eine genaue Angabe derjenigen Operationen, die die Autopoiesis des Systems durchführen und damit ein System gegen seine Umwelt abgrenzt. Im Fall sozialer Systeme geschieht dies durch Kommunikation. Kommunikation hat alle dafür notwendigen Eigenschaften: Sie ist eine genuin soziale (und die einzig genuin soziale) Operation. Sie ist genuin sozial insofern, als sie zwar eine Mehrheit von mitwirkenden Bewusstseinssystemen voraussetzt, aber (eben deshalb) als Einheit keinem Einzelbewusstsein zugerechnet werden kann.

Kommunikation ist daher nicht als das Handeln einzelner Akteure oder als Ausdruck ihrer individuellen Fähigkeit zu verstehen. Kommunikation kann nur zwischen mehreren Akteuren stattfinden, wohingegen das Handeln einzelnen Akteuren zugeordnet werden kann (vgl. Simon 2009, S. 88).

In seinem Beitrag: „Was ist Kommunikation?" formuliert Luhmann (1988, S. 19–31):

> Ein Kommunikationssystem ist deshalb ein vollständig geschlossenes System, das die Komponenten, aus denen es besteht, durch die Kommunikation selbst erzeugt. In diesem Sinne ist ein Kommunikationssystem ein autopoietisches System, das alles, was für das System als Einheit fungiert, durch das System produziert und reproduziert. Dass dies nur in einer Umwelt und unter Abhängigkeit von Beschränkungen durch die Umwelt geschehen kann, versteht sich von selbst.

Etwas konkreter ausformuliert, bedeutet dies, dass das Kommunikationssystem nicht nur seine Elemente – das, was jeweils eine nicht weiter auflösbare Einheit der Kommunikation ist –, sondern auch seine Strukturen selbst spezifiziert. Was nicht kommuniziert wird, kann dazu nichts beitragen. Nur Kommunikation kann Kommunikation beeinflussen; nur Kommunikation kann Einheiten der Kommunikation dekomponieren (zum Beispiel den Selektionshorizont einer Information analysieren oder nach den Gründen für eine Mitteilung fragen) und nur Kommunikation kann Kommunikation kontrollieren und reparieren.

Um als Individuum Kommunikation zu praktizieren (realisieren), muss gelernt werden, (Simon 2009, S. 93)

[...] dass einem Verhalten Sinn zugeschrieben werden kann (oder muss). Das ist gewissermaßen das Zugangskriterium, um Teilnehmer in einem sozialen System werden zu können.

Es spielt dabei keine Rolle, wie sich ein Teilnehmer bei Kommunikation verhält; seinem Verhalten wird in jedem Fall einen Sinn zugeschrieben, der sich in Form einer „Mitteilung von Information" ergibt. Mit dieser Erwartung muss gerechnet werden, „und diese Erwartung der wechselseitigen Erwartung strukturiert das gegenseitige Verstehen." (ebd.)

▶   **Merksatz (Luhmann_3)** Um Kommunikation zu realisieren, sind drei Bestandteile notwendig: Information, Mitteilung und Verstehen. Sie kommen zustande durch ihre jeweiligen Selektionen, wobei kein Bestandteil für sich alleine vorkommen kann.

Die System-Umwelt-Beziehung von sozialen Systemen lässt sich auch auf weitere autopoietische Systems übertragen, zum Beispiel auf biologische Systeme und psychische Systeme. Dabei werden alle drei Systeme als operational geschlossen und gegeneinander abgegrenzt betrachtet. Für soziale Systeme sind die beiden anderen Systeme spezifische Umwelten, die als gegeben betrachtet werden, wodurch sie die Entfaltung sozialer Systeme beeinflussen.
    Während psychische Systeme durch „Gedanken und Gefühle" operieren und biologische Systeme durch „biochemische Reaktionen" aktiv werden, ist bei sozialen Systemen Kommunikation der Modus Operandi (vgl. Simon 2009, S. 90). Soziale Systeme sind daher für Luhmann Kommunikationssysteme. Aus der Kommunikation unter Beteiligung mindestens zweier Teilnehmer und eines psychischen Systems entwickelt sich *Kontingenz* bzw. *doppelte Kontingenz*.
    Simon schreibt zu dem in der soziologischen Theorie genutzten Begriff der Kontingenz Folgendes (ebd., S. 94):

Es muss also eine dreifache Selektion [Merksatz Luhmann_3, d. A.] stattfinden, damit Kommunikation zustande kommt. Das macht Kommunikation zu einem unwahrscheinlichen Phänomen. Denn jeder der Kommunikationsteilnehmer könnte die wahrgenommenen Signale, das Verhalten der anderen, das Sprechen der anderen usw. auch anders interpretieren, ihm einen anderen oder gar keinen Sinn zuschreiben.

Dafür nutzt die soziologische Theorie den Begriff der *Kontingenz*, eben „durch Ausschließung von Notwendigkeit und Unmöglichkeit" (ebd.). Sobald aber ein psychisches System beteiligt ist, ist das Problem der *doppelten Kontingenz* virtuell immer vorhanden. Dabei begleitet es ohne spezielle Fokussierung „[…] alles Erleben, bis es auf eine andere Person oder ein soziales System trifft, dem freie Wahl zugeschrieben wird." (ebd., S. 95)

▶ **Merksatz (Luhmann_4)** Soziale Systeme sind Kommunikationssysteme.

Mit diesem kleinen Ausflug in die Welt Luhmannscher *Theorie über Sozialer Systeme* wollen wir es bewenden lassen. Die generelle Schwierigkeit, seine Theorie und Schriften zeitgemäß zu interpretieren und auf praktische Anwendungen zu übertragen, liegt auch an der besonderen Ausdrucksweise und Begriffswelt Luhmannscher Formulierungskunst. Jedenfalls ist dem Autor kein Unternehmer bekannt, der in seinem Unternehmen, das unstreitig ein soziales System ist, in dem probabilistisch gehandelt wird, ja gehandelt werden muss, seine strategischen und operativen Unternehmensziele auch nach Luhmannschen Theoriekriterien über soziale Systeme optimiert.

6.2 Informationstheorie

Der amerikanische Mathematiker und Elektrotechniker Claude Elwood Shannon (1916–2001) legte mit seinem 1948 erschienenen Werk „A Mathematical Theory of Communication" das Fundament für die Informationstheorie. Einleitend schreibt er (Shannon 1948, S. 379; s. a. Abb. 6.4):

> The recent development of various methods of modulation such as PCM [Pulse code Modulation, d. A.] and PPM [Pulse Position Modulation, d. A.] which exchange bandwidth for signal-to-noise ratio has intensified the interest in a general theory of communication. A basis for such a theory is contained in the important papers of Nyquist and Hartley on this subject. In the present paper we will extend the theory to include a number of new factors, in particular the effect of noise in the channel, and the savings possible due to the statistical structure of the original message and due to the nature of the final destination of the information.
>
>   The fundamental problem of communication is that of reproducing at one point either exactly or approximately a message selected at another point. Frequently the messages have meaning; that is they refer to or are correlated according to some system with certain physical or conceptual entities. These semantic aspects of communication are irrelevant to the engineering problem. The significant aspect is that the actual message is one selected from a set of possible messages. The system must be designed to operate for each possible selection, not just the one which will actually be chosen since this is unknown at the time of design.

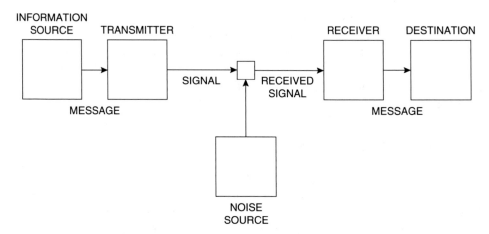

Abb. 6.4 Schema eines generellen Kommunikationssystems. (Quelle: Shannon 1948, S. 380, ergänzt und modifiziert d. d. A.)

Die Informationstheorie beinhaltet Begriffe wie Information, deren Übertragung und Daten-kompression und nicht zuletzt auch den aus der Thermodynamik entlehnten Begriff der *En-tropie*. Mit der informationsspezifischen Entropie soll der *Informationsgehalt* bzw. die *Infor-mationsdichte* einer Nachricht bestimmt werden. Das heißt: Je gleichförmiger eine Nachricht strukturiert ist, umso kleiner sind die spezifische Entropie und somit der Informationsverlust.

Technische, informationsverarbeitende Systeme sind die großen Profiteure von Shan-nons Überlegung, die physikalische Größe *Information* fassbar bzw. zählbar gemacht zu haben, dadurch, dass er sie mit der kleinsten digitalen Einheit, dem *bit* – *bi*nary dig*it* – ver-band. Sie ist die Maßeinheit für digital gespeicherte und verarbeitende reele Daten, die mit gleicher Wahrscheinlichkeit zwei Werte besitzen kann, üblicherweise null und eins.

Unter dem Suchbegriff „Informationstheorie" heißt es dazu (https://de.wikipedia.org/wiki/Informationstheorie . Zugegriffen am 10.02.2018):

> […] Das erlaubte quantitativ exakt, den Aufwand für die technische Übertragung von Infor-mationen in verschiedener Gestalt (Töne, Zeichen, Bilder) zu vergleichen, die Effizienz von Codes sowie die Kapazität von Informationsspeichern und -übertragungskanälen zu bestim-men. […] Eine Folge von elektrischen Impulsen […] [wird] durch einen Binärcode ausge-drückt […]. In der Praxis wurde jedoch der digitale Umbruch der Informationstechnik erst später möglich – verbunden mit der stürmischen Entwicklung der Mikroelektronik in der zweiten Hälfte des 20. Jahrhunderts.

Bis in die heutige Zeit zunehmender Transformation von digitalisierter Technik, Wirt-schaft und Gesellschaft, die sich in unserer Arbeits- und Lebensumwelt durch Schlagworte wie „Industrie 4.0" und „Internet der Dinge" offenbart, hat sich die von Shannon vor mehr als 60 Jahren eingeführte Binärlogik für technische, informationsverarbeitende Maschinen nicht geändert. Auch moderne „Mobile Phones" nutzen immer noch die grundlegende Binärlogik, Shannons geniale Erfindung.

6.3 Algorithmentheorie

Als Algorithmentheorie wird eine (http://universal_lexikon.deacademic.com/204271/Algorithmentheorie. Zugegriffen am 10.02.2018)

> aus der formalen Logik hervorgegangene mathematische Theorie [verstanden], die sich mit der Konstruktion, der Darstellung und der maschinellen Realisierung von Algorithmen befasst und die Grundlagen der algorithmischen Sprachen (Algorithmus) liefert. Sie erlangte u. a. für die Anwendung von Rechenautomaten Bedeutung, indem sie Verfahren entwickelte, mit deren Hilfe sich zu vorgegebenen Algorithmen gleichwertige Algorithmen anderer Struktur (z. B. mit kürzerer Rechenzeit oder kleinerer Anzahl von Rechenschritten) finden lassen und gleichzeitig auch die prinzipielle Lösbarkeit von mathematischen Problemen untersucht werden kann.

Algorithmen sind aus wohldefinierten Einzelschritten zusammengesetzt, die eine eindeutige Handlungsvorschrift zur Lösung einer Aufgabe erzeugen, den Algorithmus. Grundsätzlich sind Algorithmen nicht computergebunden. Dort werden sie aber häufig mit mathematischen Mitteln in informationstechnischen Programme für ein breites Anwendungsfeld verarbeitet. Von einfachen mathematischen Rechenoperationen, für Textverarbeitungsprogramme, in der Finanzwelt für Aktientrends, über spezielle Steuerungsprogramme für Maschinenprozesse bis zu hochkomplexen Steuerungsabläufen in der Luft- und Raumfahrt oder für ferngesteuerte militärische Drohnenoperationen sind Algorithmen im Einsatz. Besonders herausgestellt werden kann der sogenannte *Rete-Algorithmus – Netzwerk-Algorithmus.* Er ist ein Expertensystem (https://de.wikipedia.org/wiki/Rete-Algorithmus. Zugegriffen am 10.02.2018)

> [...] zur Mustererkennung und zur Abbildung von Systemprozessen über Regeln. [...] Der Rete-Algorithmus wurde unter dem Gesichtspunkt entwickelt, eine sehr effiziente Regelverarbeitung zu gewährleisten. Zudem können auch große Regelsätze noch performant behandelt werden. Bei seiner Entwicklung war er den bestehenden Systemen um den Faktor 3000 überlegen.

Heute ist der Rete-Algorithmus (rete = lateinisch, steht für Netz oder Netzwerk) in vielen Regelungssystemen präsent. Der US-amerikanische Informatiker Charles Forgy (1982) entwickelt ihn unter Beteiligung des US-amerikanischen Verteidigungsministeriums.

Die Algorithmentheorie stellt heute einen reichhaltigen Fundus unterschiedlichster Klassen von Algorithmen zur Verfügung, von denen einzelne klassenzugehörige Algorithmen – A – stellvertretend für viele genannt werden sollen:

- Klasse Problemstellung: *Optimierungs-A.:*
  lineare und nicht lineare Optimierung, Suche von optimalen Parametern meist komplexer Systeme.

- Klasse Verfahren: a. *Evolutionäre A., b. Approximations-A.*
  a. Klasse von stochastischen, metaheuristischen Optimierungsverfahren, deren Funktionalität evolutionären Prinzipien natürlicher Lebewesen nachempfunden ist.
  b. Löst ein Optimierungsproblem näherungsweise.
- Klasse Geometrie + Grafik: a. *De Casteljau-A., b. Floodfill-A.*
  a. Ermöglicht die effiziente Berechnung einer beliebig genauen Näherungsdarstellung von Bézierkurven – parametrisch modellierte Kurven – durch einen Polygonzug – Vereinigung der Verbindungsstrecken einer Folge von Punkten.
  b. Sucht Flächen zusammenhängender Pixel einer Farbe in einem digitalen Bild zu erfassen und mit einer neuen Farbe zu füllen.
- Klasse Graphentheorie: a. *Dijkstrat-A., b. Nearest-Neighbor-Heuristik*
  a. Löst das Problem kürzester Pfade für einen gegebenen Startknoten.
  b. Heuristisches Eröffnungsverfahren, wird unter anderem zur Approximation einer Lösung des Problems des Handlungsreisenden verwendet.

Randomisierte Algorithmen, Verschlüsselungsalgorithmen, Warteschlangenalgorithmen bei Produktionsabläufen, dynamische Programmierungsalgorithmen und nicht zuletzt Big-Data-Algorithmen, die im Umfeld von Internet-Suchmaschinen und sozialen Netzen unsere potenziellen Kaufwünsche eher zu erkennen scheinen als wir selbst, sind weitere Algorithmen mit hohem Aufmerksamkeitswert.

Die Algorithmentheorie und ihre Produkte sind nicht nur funktional ausgerichtet, sondern einige von ihnen nach allen Erkenntnissen aktueller denn je mit ethischen Fragestellungen verknüpft. Der Bereich der Mensch-Maschine-Kooperation oder -Kollaboration sticht hier bei der Entwicklung von „Cobots" – kollaborierende Roboter – und „humanoiden Robotern" klar hervor (s. Küppers 2018, S. 305–370). Wie müssen z. B. im Zuge sich verbreitender digitaler Prozesse Algorithmen programmiert werden, die – verknüpft mit dem Internet der Dinge, mit Transportvorgängen, mit Roboterdienstleistungen für Menschen u. v. m. – ethische Gesichtspunkte berücksichtigen, auch unter dem Einfluss von unerwarteten Ereignissen?

Diese und andere Fragen zu speziellen vorhandenen und kommenden Algorithmen im Umfeld von Mensch-Maschine-Interaktionen bleiben spannend. Quellen zu Algorithmen sind u. a. Sedgewick und Wayne (2014), Ottmann und Widmayer (2012), Kruse et al. (2011).

6.4 Automatentheorie

In der Enzyklopädie der Wirtschaftsinformatik beschreibt Autor Stefan Eicker die Automatentheorie wie folgt (http://www.enzyklopaedie-der-wirtschaftsinformatik.de/lexikon/technologien-methoden/Informatik%2D%2DGrundlagen/Automatentheorie. Zugegriffen am 10.02.2018):

> Die Automatentheorie ist ein wichtiges Themengebiet der theoretischen Informatik; ihre Erkenntnisse zu abstrakten Rechengeräten – Automaten genannt – finden Anwendung in der Berechenbarkeits- und der Komplexitätstheorie, aber auch in der praktischen Informatik (z. B. Compilerbau, Suchmaschinen, Protokollspezifikation, Software Engineering).

Und zum Begriff des Automaten erklärt Eicker (ebd.):

Ausgangspunkt der Automatentheorie waren Überlegungen von Turing in den 30er-Jahren zu der theoretischen Leistung einer Rechenmaschine. Er untersuchte dazu bestimmte abstrakte Rechengeräte, die sog. Turing-Maschinen; da diese Maschinen die Fähigkeiten der heutigen Computersysteme besitzen, gelten die Ergebnisse seiner Überlegungen auch für diese Systeme. Weitere Wissenschaftler entwickelten und untersuchten andere Arten von Automaten, u. a. endliche Automaten, Moore-Automaten, Mealy-Automaten, nichtdeterministische endliche Automaten, Pushdown/Kellerautomaten.

Exkurs
Eine *Turing-Maschine* ist ein Rechenmodell der theoretischen Informatik, das die Arbeitsweise eines Computers auf besonders einfache, mathematisch gut zu analysierende Art modelliert.
Ein *Moore-Automat* ist ein endlicher Automat, dessen Ausgaben ausschließlich von seinem Zustand abhängen.
Ein *Mealy-Automat* ist ein endlicher Automat, dessen Ausgaben ausschließlich von seinem Zustand und seiner Eingabe abhängen.
Ein *Kellerautomat* ist ein endlicher Automat und ein rein theoretisches Konstrukt, der um einen Kellerspeicher erweitert wurde. Mit zwei Kellerspeichern besitzt der Automat die gleiche Mächtigkeit wie eine Turing-Maschine.

Automaten verarbeiten eingegebene Zeichenketten/Wörter; verschiedene Automaten wie die Moore-Automaten und die Mealy-Automaten können auch Zeichen ausgeben. Der Ansatz der Automaten kann am Beispiel der endlichen (deterministischen) Automaten veranschaulicht werden; er besteht aus:

- einer endlichen Menge von Eingabesymbolen/-zeichen,
- einer endlichen Menge von Zuständen,
- einer Menge von Endzuständen als Teilmenge der Zustandsmenge,
- einer Zustandsüberführungsfunktion, die zu einem Argument bestehend aus Zustand und Eingabesymbol einen (neuen) Zustand als Ergebnis zurückgibt, und
- einem Startzustand als Element der Menge der Zustände.

Die von dem Automaten erkannte Sprache umfasst alle Wörter/Zeichenketten, die als Eingabe den Automaten vom Startzustand durch sukzessive Anwendung der Überführungsfunktion auf den jeweils aktuellen Zustand und das nächste zu verarbeitende Zeichen nach der Verarbeitung des letzten Zeichens in einen Endzustand überführt. Beispielsweise kann mit einem solchen Automaten die Arbeitsweise eines Geldautomaten beschrieben werden: Durch Eingabe des Symbols „Auszahlung" gelangt der Automat in den Zustand PIN-Eingabe, über die Zustände Erste PIN-Ziffer bis Vierte PIN-Ziffer in den Zustand PIN-Eingabe Erfolgt (jeweils durch Verarbeitung des Eingabesymbols Ziffer; wird ein anderes Symbol gelesen, wechselt der Automat in den Zustand Falsches PIN-Symbol) etc. (ebd.)

Das Wörterbuch der Kybernetik beschreibt einen Automaten

im Sinne der Kybernetik [als ein] dynamisches System, das Informationen aus der Umwelt aufnimmt, speichert, verarbeitet und Informationen an die Umwelt abgibt. (Klaus und Liebscher 1976, S. 66).

Zu den mit den Automaten verbundenen Grammatiken schreibt wiederum Eicker (http://
www.enzyklopaedie-der-wirtschaftsinformatik.de/lexikon/technologien-methoden/Infor-
matik%2D%2DGrundlagen/Automatentheorie. Zugegriffen am 10.02.2018):

> Chomsky [Noam Chomsky, *1928, US-amerikanischer Linguist, d. A.] entwickelte eine
> Hierarchie formaler Grammatiken, die sog. Chomsky-Hierarchie [Chomsky 1956; Chomsky
> und Miller 1963]. Grammatiken sind zwar eigentlich keine Maschinen, besitzen aber eine
> enge Verwandtschaft zu Automaten, indem über eine Grammatik eine Sprache definiert/er-
> zeugt wird, und ein geeigneter Automat für Wörter feststellen kann, ob sie zu der Sprache
> gehören. Beispielsweise erkennen endliche Automaten reguläre Sprachen, Kellerautomaten
> kontextfreie Sprachen. Aus der Tatsache, dass formale Sprachen auch als „Probleme" auf-
> gefasst werden können, indem den Wörtern einer Sprache eine Semantik zugeordnet wird
> (z. B. Zahlen, logische Ausdrücke oder Graphen), ergibt sich der Zusammenhang zur Bere-
> chenbarkeit.
>
> Bei den Sprachen, die durch Grammatiken definiert werden, handelt es sich insbesondere
> um die Programmiersprachen. Eine Grammatik umfasst
>
> *   ein Ausgangssymbol,
> *   eine endliche Menge von Variablen, die nicht in den abgeleiteten Wörtern der Sprache
>   enthalten sein dürfen,
> *   ein Alphabet, d. h. eine Menge von Terminals als Symbole der Wörter der Sprache,
> *   eine Menge von Ableitungsregeln, über die jeweils eine bestimmte Kombination aus Ter-
>   minals und Variablen (in einer bestimmten Reihenfolge) in eine andere Kombination aus
>   Terminals und Variablen umgeformt wird, in der die Variablen der Ausgangskombination
>   jeweils durch eine Folge bestehend aus Variablen und Terminals ersetzt werden, und
> *   einem Startsymbol als Element der Menge der Variablen.

Hinweise zu einem detaillierteren Einstieg in die Automatentheorie liefern unter anderem folgende Quellen: Hoffmann und Lange (2011); Hopcroft et al. (2011) sowie umfangreiche Literatur über Theoretische Informatik, u. a. Asteroth und Baier (2003); Erk
und Priese (2008).

6.5   Entscheidungstheorie

> Die Entscheidungstheorie ist in der angewandten Wahrscheinlichkeitstheorie ein Zweig zur
> Evaluation der Konsequenzen von Entscheidungen. Die Entscheidungstheorie wird vielfach
> als betriebswirtschaftliches Instrument benutzt (Gäfgen 1974). Zwei bekannte Methoden sind
> die einfache Nutzwertanalyse (NWA) und die präzisere Analytic Hierarchy Process (AHP)
> [des Mathematikers Thomas Saaty, d. A.]. In diesen Methoden werden Kriterien und Alter-
> nativen dargestellt, verglichen und bewertet, um die optimale Lösung einer Entscheidung
> oder Problemstellung finden zu können. (https://de.wikipedia.org/wiki/Entscheidungstheorie.
> Zugegriffen am 10.02.2018)

Drei Teilgebiete werden in der Entscheidungstheorie unterschieden (vgl. ebd.):

1. Die *normative* Entscheidung:
   Grundlage dafür sind rationale Entscheidungen des Menschen, die er aufgrund von Axiomen – beweislos vorausgesetzte Argumente – trifft. Es stellt sich die Frage, wie entschieden werden soll.
2. Die *präskriptive* Entscheidung:
   Es werden normative Modelle verwendet, die Strategien und methodische Ansätze beinhalten, die es Menschen ermöglichen, bessere Entscheidungen zu treffen, wobei die begrenzten kognitiven Fähigkeiten des Menschen berücksichtigt werden.
3. Die *deskriptive* Entscheidung:
   Sie bezieht sich auf tatsächlich getroffene Entscheidungen in der realen Umwelt aufgrund empirischer Fragestellungen. Hier gilt: Wie wird entschieden?

Das Grundmodell der (normativen) Entscheidungstheorie kann man in einer Ergebnismatrix darstellen. Hierin enthalten sind das Entscheidungsfeld und das Zielsystem. Das Entscheidungsfeld umfasst:

• *Aktionsraum*:	Menge möglicher Handlungsalternativen
• *Zustandsraum*:	Menge möglicher Umweltzustände
• *Ergebnisfunktion*:	Zuordnung eines Wertes für die Kombination von Aktion und Zustand (ebd.; s. a. Anfang Abschn. 6.5).

In ihrem Beitrag „Entscheidungstheorie" in der Enzyklopädie der Wirtschaftsinformatik beschreibt Jutta Geldermann deren Grundlagen, wenn auch stark wirtschaftsbezogen, wie folgt (http://www.enzyklopaedie-der-wirtschaftsinformatik.de/lexikon/technologien-methoden/Operations-Research/Entscheidungstheorie. Zugegriffen am 10.02.2018):

Komplexe Entscheidungen überfordern oftmals den sogenannten „gesunden Menschenverstand" der Entscheidungsträger, da zu viele Aspekte und Informationen simultan zu beachten sind. Ein Entscheidungsproblem ist durch das Vorhandensein von wenigstens zwei Alternativen (Handlungsalternativen, Entscheidungsmöglichkeiten, Aktionen, Strategien) gekennzeichnet, zwischen denen wenigstens ein Entscheidungsträger (z. B. Individuum, Unternehmen, Staat) eine Entscheidung (Wahl, Auswahl) treffen kann oder muss […]. Der Entscheidungsfindungsprozess ist entsprechend die logische und zeitliche Abfolge der Analyse eines Entscheidungsproblems, in dem durch entscheidungslogisches Verknüpfen von faktischen (objektiven) und wertenden (subjektiven) Entscheidungsprämissen eine Bewertung der verfügbaren Alternativen und damit eine Lösung des Entscheidungsproblems erreicht wird. Weil Entscheidungen notwendigerweise auf subjektiven Erwartungen, die nur in bestimmten Grenzen überprüfbar sind, und auf subjektiven Zielen und Präferenzen des Entscheidungsträgers beruhen, gibt es oftmals keine objektiv richtigen Entscheidungen. Vielmehr gilt es, die subjektiven Erwartungen und Präferenzen des Entscheidungsträgers bei der Entscheidungsunterstützung angemessen zu berücksichtigen.

Kriterium	Ausprägungen					
(Un)sicherheit	Sicherheit			Ungewiss-heit	Unsicherheit	
					Risiko	Un-schärfe
Alternativen	diskreter Lösungsraum					stetiger Lösungsraum
	Einzelentscheidung					
	absolute Vorteil-haf-tigkeit	relative Vorteil-haf-tigkeit	Nutzungs-dauer	Programm-entschei-dung		
Ziele	ein Ziel			mehrere Ziele		
Zeit	statisch			dynamisch		
				einstufig	mehrstufig	
					starr	flexibel

Abb. 6.5 Merkmale von Entscheidungsmodellen. (Quelle: nach http://www.enzyklopaedie-der-wirtschaftsinformatik.de/lexikon/technologien-methoden/Operations-Research/Entscheidungs-theorie. Zugegriffen am 10.02.2018)

Neben der reinen Logik der Entscheidung werden die deskriptive und die präskriptive Entscheidungstheorie unterschieden.

Und zu Modellen der Entscheidungstheorie erklärt Geldermann (ebd.):

Die Entscheidungstheorie bildet Modelle zur Beschreibung von Situationen, in denen ein oder mehrere Entscheidungträger durch Anwendung einer rationalen Entscheidungsma-xime und eines Wertesystems sich zu einer bestimmten Handlung entschließen, die eine neue Situation erzeugt [...]. Als Modell wird dabei die zweckorientierte vereinfachte Ab-bildung der Realität bezeichnet [...], wobei Beschreibungs-, Erklärungs- (bzw. Prognose-) sowie Entscheidungs- (bzw. Planungs-)Modelle unterschieden werden. Entscheidungsmo-delle umfassen im wesentlichen Ziele, Alternativen (Handlungsweisen, Aktionen) und Um-weltzustände (Informationen und Bewertungen), um einerseits die Folgen der Entschei-dung analytisch herzuleiten und sie andererseits subjektiv zu bewerten [...]. Dazu muss ein geeignetes Modell widerspruchsfrei sein, Realitätsbezug haben, Informationen enthalten und prüfbar sein. [Abb. 6.5, d. A.] [...] zeigt mögliche Ausprägungen von Entscheidungs-situationen [...].

6.6   Spieltheorie

In seinem Buch über „Spieltheorie. Dynamische Behandlung von Spielen" leitet Krabs (2005, S. XI) wie folgt in die Spieltheorie ein:

> Die Spieltheorie begann im Jahre 1928 mit einer Arbeit von John v. Neumann mit dem Titel „Zur Theorie der Gesellschaftsspiele" im Band 100 der Mathematischen Annalen. In dieser Arbeit geht er von folgender Fragestellung aus: „n Spieler, Sl, S2, … , Sn spielen ein gegebenes Gesellschaftsspiel G. Wie muss einer dieser Spieler, Sm, spielen, um dabei ein möglichst günstiges Resultat zu erzielen?" Diese Fragestellung muss natürlich präzisiert werden. In einem ersten Schritt beschreibt John v. Neumann ein Gesellschaftsspiel folgendermaßen:
>
> Ein Gesellschaftsspiel besteht aus einer bestimmten Reihe von Ereignissen, deren jedes auf endlich viele verschiedene Arten ausfallen kann. Bei gewissen unter diesen Ereignissen hängt der Ausfall vom Zufall ab, d. h.: Es ist bekannt, mit welchen Wahrscheinlichkeiten die einzelnen Resultate eintreten werden: Aber niemand vermag sie zu beeinflussen. Die übrigen Ereignisse aber hängen vom Willen der einzelnen Spieler Sl, S2, … , Sn ab. Das heißt.: Es ist bei jedem dieser Ereignisse bekannt, welcher Spieler Sm seinen Ausfall bestimmt, und von den Resultaten welcher anderer („früherer") Ereignisse er im Moment seiner Entscheidung bereits Kenntnis hat. Nachdem der Ausfall aller Ereignisse bereits bekannt ist, kann nach einer festen Regel berechnet werden, welche Zahlungen die Spieler Sl, S2, … , Sn aneinander zu leisten haben.

Bartholomae und Wiens (2016, S. V) beginnen ihre Einführung in die Spieltheorie folgendermaßen:

> Als Wissenschaftsdisziplin befasst sich die Spieltheorie mit der mathematischen Analyse und Bewertung strategischer Entscheidungen. Spieltheoretische Anwendungsfelder sind in unserem Alltag omnipräsent, denn letztlich lässt sich jede gesellschaftliche Fragestellung, bei der mindestens zwei Parteien in Interaktion treten und dabei strategische Überlegungen anstellen, mit dem Instrumentarium der Spieltheorie untersuchen. Aus dem Bereich der Wirtschaft zählen hierzu Maßnahmen der Finanz- und Sozialpolitik, unternehmerische Entscheidungen wie die Abschätzung der Effekte eines Markteintritts, einer Fusion oder einer Tarifstruktur, die Verhandlungen von Tarifparteien bis hin zu extremen Verhaltensrisiken wie Wirtschaftsspionage oder Terrorismus. Die hohe Relevanz spieltheoretischer Fragestellungen und die gleichzeitig zunehmende Kompatibilität mit anderen Disziplinen, wie etwa der Psychologie oder Operations Research, machen die Spieltheorie zu einem mittlerweile unverzichtbaren Bestandteil wirtschaftswissenschaftlicher Grundausbildung.

Spieltheorien unterscheiden sich von Entscheidungstheorien (Abschn. 6.5) dadurch, dass Erfolge einzelner Spieler immer von Aktivitäten anderer Spieler abhängig sind bzw. beeinflusst werden. Entscheidungen sind daher immer interdependente Entscheidungen.

Die Spieltheorie kann unterteilt werden in *kooperative* und *nicht kooperative* Spieltheorie, die wie folgt erklärt werden (nach: https://de.wikipedia.org/wiki/Spieltheorie. Zugegriffen am 10.02.2018):

- Können die Spieler bindende Verträge abschließen, so spricht man von kooperativer Spieltheorie. Sind hingegen alle Verhaltensweisen (also auch eine mögliche Kooperation zwischen Spielern) self-enforcing, d. h., sie ergeben sich aus dem Eigeninteresse der Spieler, ohne dass bindende Verträge abgeschlossen werden können, so spricht man von nichtkooperativer Spieltheorie.
- *Kooperative Spieltheorie* ist als axiomatische Theorie von Koalitionsfunktionen (charakteristischen Funktionen) aufzufassen und ist auszahlungsorientiert.
- *Nichtkooperative Spieltheorie* ist dagegen aktions- bzw. strategieorientiert, sie ist eng Verbunden mit dem „Nash-Gleichgewicht" (Nash, 1950a). Die nichtkooperative Spieltheorie ist ein Teilgebiet der Mikroökonomik, während die kooperative Spieltheorie einen Theoriezweig eigener Art darstellt. Bekannte Konzepte der kooperativen Spieltheorie sind der Kern, die Shapley-Lösung und die Nash-Verhandlungslösung (Nash, 1950b). Siehe auch Holler und Illing 2016.

Als bekannte Beispiele der Spieltheorie gelten unter anderem:

- Das *Gefangenendilemma* (nach: https://de.wikipedia.org/wiki/Gefangenendilemma. Zugegriffen am 10.02.2018)
  Zwei Gefangene werden beschuldigt, gemeinsam ein Verbrechen begangen zu haben. Beide werden einzeln verhört, ohne miteinander sprechen zu können. Verneinen beide Gefangene das Verbrechen, folgt für beide eine geringe Strafe, denn ihnen kann nur eine weniger streng bestrafte Tat nachgewiesen werden. Gestehen beide die Tat, bekommen sie dafür eine hohe Strafe, aber nicht die Höchststrafe. Gesteht jedoch nur einer der beiden Gefangenen die Tat, bleibt dieser als Kronzeuge straffrei. Der andere Gefangene gilt als überführt, ohne die Tat gestanden zu haben, und bekommt die Höchststrafe. Wie entscheiden sich die Gefangenen?
- Die *Hirschjagd* (nach: https://de.wikipedia.org/wiki/Hirschjagd. Zugegriffen am 10.02.2018)
  Die Hirschjagd ist eine Parabel, die auf Jean-Jacques Rousseau zurückgeht und auch als Jagdpartie bekannt ist. Zudem stellt die Hirschjagd (engl. stag hunt bzw. assurance game), auch Versicherungsspiel genannt, eine grundlegende spieltheoretische Konstellation dar. Rousseau behandelte diese im Sinne seiner Untersuchungen zur Bildung kollektiver Regeln unter den Widersprüchen sozialen Handelns, dass also paradoxe Effekte zur Institutionalisierung des Zwanges (zur Kooperation) führen, damit es nicht zum Vertragsbruch kommt. Die Situation beschreibt er wie folgt:
  Zwei Jäger gehen auf die Jagd, bei der bislang jeder alleine nur einen Hasen erlegen konnte. Nun versuchen sie sich abzusprechen, das heißt, eine Vereinbarung zu treffen, um zusammen einen Hirsch erlegen zu können, welcher beiden mehr einbringt als ein einziger Hase.

Auf der Pirsch entwickelt sich das Dilemma analog zum Gefangenendilemma: Läuft nämlich während der Jagd einem der beiden Jäger ein Hase über den Weg, muss er sich entscheiden, ob er jetzt den Hasen erlegt oder nicht. Fängt er den Hasen, so vergibt er die Gelegenheit auf das gemeinsame Erlegen eines Hirschs. Zugleich muss er darüber sinnen, wie der andere handeln würde. Befindet sich jener nämlich in gleicher Lage, dann besteht die Gefahr, dass der andere den Hasen erlegt und er letztendlich einen Verlust erleidet: weder einen Hasen noch anteilig einen Hirsch zu bekommen.

- Das *Braess-Paradoxon* (nach: https://de.wikipedia.org/wiki/Braess-Paradoxon. Zugegriffen am 10.02.2018)

Das Braess-Paradoxon ist eine Veranschaulichung der Tatsache, dass eine zusätzliche Handlungsoption unter der Annahme rationaler Einzelentscheidungen zu einer Verschlechterung der Situation für alle führen kann. Das Paradoxon wurde 1968 vom deutschen Mathematiker Dietrich Braess veröffentlicht.

Braess' originale Arbeit zeigt eine paradoxe Situation, in der der Bau einer zusätzlichen Straße (also einer Kapazitätserhöhung) dazu führt, dass sich bei gleich bleibendem Verkehrsaufkommen die Fahrtdauer für alle Autofahrer erhöht (d. h. die Kapazität des Netzes reduziert wird). Dabei wird von der Annahme ausgegangen, dass jeder Verkehrsteilnehmer seine Route so wählt, dass es für ihn keine andere Möglichkeit mit kürzerer Fahrtzeit gibt.

Es gibt Beispiele, dass das Braess-Paradoxon nicht nur ein theoretisches Konstrukt ist. 1969 führte in Stuttgart die Eröffnung einer neuen Straße dazu, dass sich in der Umgebung des Schlossplatzes der Verkehrsfluss verschlechterte. Auch in New York konnte das umgekehrte Phänomen 1990 beobachtet werden. Eine Sperrung der 42. Straße sorgte für weniger Staus in der Umgebung. Weitere empirische Berichte über das Auftreten des Paradoxons gibt es von den Straßen Winnipegs. In Neckarsulm verbesserte sich der Verkehrsfluss, nachdem ein oft geschlossener Bahnübergang ganz aufgehoben wurde. Die Sinnhaftigkeit zeigte sich, als er wegen einer Baustelle vorübergehend gesperrt werden musste. Theoretische Überlegungen lassen darüber hinaus erwarten, dass das Braess-Paradoxon in Zufallsnetzen häufig auftritt. Viele Netze der realen Welt sind Zufallsnetze.

- Die *Tragik der Allmende* (nach: https://de.wikipedia.org/wiki/Tragik_der_Allmende. Zugegriffen am 10.02.2018)

Tragik der Allmende (engl. tragedy of the commons), Tragödie des Allgemeinguts, bezeichnet ein sozialwissenschaftliches und evolutionstheoretisches Modell, nach dem frei verfügbare, aber begrenzte Ressourcen nicht effizient genutzt werden und durch Übernutzung bedroht sind, was auch die Nutzer selbst bedroht.

Untersucht wird dieses Verhaltensmuster auch von der Spieltheorie. Dabei wird unter anderem der Frage nachgegangen, warum Individuen in vielen Fällen trotz hoher individueller Kosten soziale Normen durch altruistische Sanktionen stabilisieren.

Zu Tragik der Allmende siehe auch Hardin (1968), der von einem unvermeidlichen Schicksal der Menschheit sprach, und Radkau (2002), der einen breiteren gesellschaftlichen Blick zu diesem Begriff beschreibt.

Im Rahmen der *Systemtheorie* wird die Tragik der Allmende insbesondere auf verhaltensorientierte, positive Rückkopplungen zurückgeführt, die sich zu selbstverstärkenden Teufelskreisen auswirken. Das bedeutet – wie vorab analog zitiert – nichts anders, als dass die Stärke der Nutzung von Allgemeingütern umgekehrt proportional mit der Knappheit der Ressourcen und dem damit verbundenen Konkurrenzkampf korreliert (Küppers 2013; Diamond 2005; Senge et al. 1994).

6.7　Lerntheorie

Im Lexikon der Psychologie lautet die Definition der Lerntheorie wie folgt (http://www.spektrum.de/lexikon/psychologie/lerntheorie/8813. Zugegriffen am 12.02.2018):

> […] [Lerntheorie ist die] Systematik der Kenntnisse über Lernen. Lerntheorien beschreiben die Bedingungen, unter denen Lernen stattfindet, und ermöglichen überprüfbare Voraussagen. Mittlerweile existiert eine Vielzahl von Lerntheorien, die als einander ergänzend betrachtet werden müssen. Unterschieden werden grob zwei Richtungen des Lernens: Stimulus-Response-Theorien, die sich mit der Untersuchung des Verhaltens befassen, und kognitivistische Theorien, die sich mit Prozessen der Wahrnehmung, des Problemlösens, des Entscheidens, der Begriffsbildung und der Informationsverarbeitung befassen.

Das Springer Gabler Wirtschaftslexikon beschreibt Lerntheorie wie folgt (http://wirtschaftslexikon.gabler.de/Definition/lerntheorien.html. Zugegriffen am 12.02.2018):

> Lerntheorien sind Modelle und Hypothesen, die versuchen paradigmatisch Lernen psychologisch zu beschreiben und zu erklären. Der augenscheinlich komplexe Vorgang des Lernens, also der relativ stabilen Verhaltensänderung, wird dabei mit möglichst einfachen Prinzipien und Regeln erklärt
>
> 1. *Behavioristische Lerntheorien:* Geht von einem Zusammenhang zwischen beobachteten Reizen und den sich daraus ergebenden Reaktionen aus (Wiederholen von belohntem Verhalten, Unterlassen von bestraftem Verhalten)
> 2. *Kognitive Lerntheorien:* Lernen als höherer geistiger Prozess; Wissenserwerb als bewusst gestalteter und komplexer Vorgang
> 3. *Theorie des sozialen Lernens:* Wissenserwerb unbewusst durch Beobachtung und Nachahmung.

Unter dem Stichwort Lerntheorie werden verschiedene lerntheoretische Ansätze aufgezählt, die sich auf einzelne Formen des Lernens beziehen (nach: https://de.wikipedia.org/wiki/Lerntheorie. Zugegriffen am 12.02.2018):

- *Behavioristisches Lernen*
  Es ist ein wissenschaftliches Konzept, um das Verhalten von Menschen und Tieren mit naturwissenschaftlichen Methoden zu untersuchen und zu erklären. Der US-amerikanische Psychologe Burrhus Frederic Skinner (1904–1990) (1969, 1999) und und der russische Mediziner Iwan Petrowitsch Pawlow (1849–1936) (s. Mette 1958) sind zwei frühe Vertreter dieser Schule.

- *Instruktionalistisches Lernen* (nach: https://de.wikipedia.org/wiki/Instruktionalismus. Zugegriffen am 12.02.2018)
  Lernende werden zu einer Lerntätigkeit instruiert, ihnen wird Wissen vermittelt, das passiv aufgenommen und anschließend durch Übungen vertieft wird.

  Vorteilhaft an diesem Lernmodell ist, dass der Lernprozess sehr einfach ist, der Lernende wenig Eigenverantwortung für seinen Lernprozess haben muss, da dieser vorgegeben ist, und weiter der Lernerfolg gut kontrollierbar ist, da den Lernenden die Lernziele vordefiniert werden. Das vermittelte Wissen ist somit kollaborativ.

  Nachteilig ist hier, dass der Lernende als Individuum unberücksichtigt bleibt. Es wird kaum auf sein Vorwissen, seine Erfahrungen und Stärken eingegangen. Daraus folgt, dass auch das erlernte Wissen wenig individuell ist. Hieraus folgt, dass dieses erlernte Wissen schlecht beim Lernenden gespeichert wird.
- *Kognitives Lernen – Lernen durch Einsicht* (nach: https://de.wikipedia.org/wiki/Lernen_durch_Einsicht. Zugegriffen am 12.02.2018)
  Unter Lernen durch Einsicht oder auch kognitives Lernen versteht man die Aneignung oder Umstrukturierung von Wissen, das auf Nutzung der kognitiven Fähigkeiten beruht (wahrnehmen, vorstellen usw.). Einsicht bedeutet hierbei das Erkennen und Verstehen eines Sachverhaltes, das Erfassen der Ursache-Wirkung-Zusammenhänge, des Sinns und der Bedeutung einer Situation. Dieses ermöglicht zielgerechtes Verhalten und ist meistens erkennbar an einer Änderung desselben.

  Das Lernen durch Einsicht ist der sprunghafte, komplette Übergang in den Lösungszustand (Alles-oder-nichts-Prinzip) nach anfänglichem Trial-and-error-Verhalten. Das aus einsichtigem Lernen resultierende Verhalten ist nahezu fehlerfrei.
- *Situatives Lernen – Konstruktivismus* (nach: https://de.wikipedia.org/wiki/Konstruktivismus_(Lernpsychologie). Zugegriffen am 12.02.2018)
  Der Konstruktivismus in lernpsychologischer Hinsicht postuliert, dass menschliches Erleben und Lernen Konstruktionsprozessen unterworfen ist, die durch sinnesphysiologische, neuronale, kognitive und soziale Prozesse beeinflusst werden. Seine Kernthese besagt, dass Lernende im Lernprozess eine individuelle Repräsentation der Welt schaffen. Was jemand unter bestimmten Bedingungen lernt, hängt somit stark, jedoch nicht ausschließlich, von dem Lernenden selbst und seinen Erfahrungen ab.
- *Biokybernetisch-neuronales Lernen* (nach: https://de.wikipedia.org/wiki/Lerntheorie. Zugegriffen am 12.02.2018)
  Biokybernetisch-neuronale Ansätze sind Lernmethoden, die aus dem Umfeld der Neurobiologie hervorgehen und welche in erster Linie die Funktionsweise des menschlichen Gehirns und des Nervensystems beschreiben. Einen Gegenstand innerhalb der biokybernetisch-neuronalen Lerntheorien bilden die Spiegelneurone, die neben Einfühlungsvermögen (Empathie) und Rapportfähigkeit auch an neuronalen Grundfunktionen für das Lernen am Modell beteiligt sein könnten. Siehe auch Rizzolatti und Fabbri Destro (2008).

Ein früher Vertreter dieser Lernmethoden war Frederic Vester (1975), der mit seiner eingehenden Beschreibung von biologischen neuronalen Lernprozessen – Denken, Lernen, Vergessen – eine Grundlage für biokybernetische Kommunikation gelegt hat, die noch durch seine zahlreichen Bücher über *vernetztes Denken und Handeln* gestärkt wird. In jüngerer Vergangenheit hat sich Manfred Spitzer (1996) in seinem Buch „Geist im Netz" mit Modellen für *Lernen, Denken und Handeln* befasst. Besonders bekannt geworden ist der Autor in jüngster Zeit mit einem kontrovers diskutierten und zunehmend Einfluss nehmenden Lernmodell, das die digitale Bildung betrifft (Spitzer 2012). Der provokante Titel seines Buches lautet: „Digitale Demenz. Wie wir uns und unsere Kinder um den Verstand bringen."

- *Maschinelles Lernen* (nach: https://de.wikipedia.org/wiki/Maschinelles_Lernen. Zugegriffen am 12.02.2018)

Maschinelles Lernen ist ein Oberbegriff für die „künstliche" Generierung von Wissen aus Erfahrung: Ein künstliches System lernt aus Beispielen und kann diese nach Beendigung der Lernphase verallgemeinern. Das heißt, es werden nicht einfach die Beispiele auswendig gelernt, sondern es „erkennt" Muster und Gesetzmäßigkeiten in den Lerndaten. So kann das System auch unbekannte Daten beurteilen (Lerntransfer) oder aber am Lernen unbekannter Daten scheitern.

Automatische Diagnoseverfahren gehören genauso dazu, wie das Erkennen von Marktanalysetrends, Sprach- und Texterkennung oder das zunehmend eingesetzte Analyseverfahren von Internetbetreibern von Verhaltensvorhersagen für z. B. Kaufabsichten von Netzbenutzern mittels *Big-Data-* und *Deep-Mining-Verfahren*.

Die dafür eingesetzten algorithmischen Ansätze gliedern sich grob in:

- *Überwachtes Lernen – supervised learning*

Der Algorithmus lernt eine Funktion aus gegebenen Paaren von Ein- und Ausgaben. Dabei stellt während des Lernens ein „Lehrer" den korrekten Funktionswert zu einer Eingabe bereit. Ziel beim überwachten Lernen ist, dass dem Netz nach mehreren Rechengängen mit unterschiedlichen Ein- und Ausgaben die Fähigkeit antrainiert wird, Assoziationen herzustellen. Ein Teilgebiet des überwachten Lernens ist die automatische Klassifizierung. Ein Anwendungsbeispiel wäre die Handschrifterkennung.

- *Teilüberwachtes Lernen – semi-supervised learning*

Entspricht dem überwachten Lernen mit eingeschränkten Ein- und Ausgaben.

- *Unüberwachtes Lernen – unsupervised learning*

Der Algorithmus erzeugt für eine gegebene Menge von Eingaben ein Modell, das die Eingaben beschreibt und Vorhersagen ermöglicht. Dabei gibt es Clustering-Verfahren, die die Daten in mehrere Kategorien einteilen, die sich durch charakteristische Muster voneinander unterscheiden. Das Netz erstellt somit selbstständig Klassifikatoren, nach denen es die Eingabemuster einteilt. Ein wichtiger Algorithmus in diesem

Zusammenhang ist der EM-Algorithmus (Expectation-Maximization-Algorithmus der mathematischen Statistik), der iterativ die Parameter eines Modells so festlegt, dass es die gesehenen Daten optimal erklärt. Er legt dabei das Vorhandensein nicht beobachtbarer Kategorien zugrunde und schätzt abwechselnd die Zugehörigkeit der Daten zu einer der Kategorien und die Parameter, die die Kategorien ausmachen. Eine Anwendung des EM-Algorithmus findet sich beispielsweise in den Hidden Markov Models (HMMs) (stochastisches Modell).

- *Bestärkendes Lernen – reinforcement learning*
  Der Algorithmus lernt durch Belohnung und Bestrafung eine Taktik, wie in potenziell auftretenden Situationen zu handeln ist, um den Nutzen des Agenten (d. h. des Systems, zu dem die Lernkomponente gehört) zu maximieren. Dies ist die häufigste Lernform eines Menschen.

- *Aktives Lernen – active learning*
  Der Algorithmus hat die Möglichkeit, für einen Teil der Eingaben die korrekten Ausgaben zu erfragen. Dabei muss der Algorithmus die Fragen bestimmen, welche einen hohen Informationsgewinn versprechen, um die Anzahl der Fragen möglichst klein zu halten.

Siehe zum Thema maschinelles Lernen insbesondere auch Hofstetter (2014).

In Zusammenhang mit der aktuellen kontroversen Diskussion um geeignete praktizierte *digitale Lernmodelle* in Bildungseinrichtungen aller Art, blicken wir noch einmal zurück in die nahe Vergangenheit und stellen Lerntheorien mit Blick auf den didaktischen Hintergrund vor, die Susanne Meir zusammen mit dem österreichischen Soziologen und Erziehungswissenschaftler Peter Baumgartner und Sabine Payr (Mediendidaktik) erstellte (Meir o. J.; s. a. Baumgartner (2012).

Zu Beginn werden drei Fragen aufgeworfen (Meir o. J., S. 9):

Was geht beim Lernen vor sich?
Wie kann Lernen erklärt werden?
Welche Rolle fällt dabei den Lehrenden und Lernenden zu?
Bei der Erklärung von Lernprozessen im Bereich E-Learning stehen drei Lerntheorien im Vordergrund, die einen wesentlichen Einfluss auf die Gestaltung und Umsetzung von E-Learning haben. Alle drei Theorien haben ihre Bedeutung, was Konstruktion und Design virtueller Lernumgebungen betrifft, und werden aus diesem Grund hier kurz skizziert. Es handelt sich bei diesen Theorien um

- den Behaviorismus – Lernen durch Verstärkung,
- den Kognitivismus – Lernen durch Einsicht und Erkenntnis,
- den Konstruktivismus – Lernen durch persönliches Erfahren, Erleben und Interpretieren.

Jede dieser Theorien liefert einen praktikablen Ansatz zur Umsetzung von Lernprozessen, wobei sie bei ihren Erklärungsversuchen erhebliche Unterschiede und Gegensätze aufweisen.

Diese Erklärungsversuche der drei Lerntheorien werden kurz gegenübergestellt:

1. Behaviourismus (ebd., S. 10–11)

Wie wird das Lernen nach dieser Theorie erklärt?
Nach der Lehre des Behaviorismus wird das Lernen durch eine Reiz-Reaktions-Kette ausgelöst. Auf bestimmte Reize folgen bestimmte Reaktionen. Sobald sich eine Reiz-Reaktions-Kette aufgebaut hat, ist ein Lernprozess zu Ende und der Lernende hat etwas Neues gelernt. Als Folge bestimmter Reize können positive und negative Reaktionen auftreten. Während die erwünschten positiven Reaktionen durch Belohnungen gestärkt werden können, werden unerwünschte beziehungsweise negative Reaktionen dadurch dezimiert, dass sie unbelohnt bleiben. Belohnung und Bestrafung werden also zu zentralen Faktoren des Lernerfolgs. Erweitert wird diese Erklärung durch das „operante Konditionieren" oder das instrumentelle Lernen. Hierbei hängt das Verhalten sehr stark von den Konsequenzen ab, die ihm folgen. Diese Konsequenzen sind der Ausgangspunkt für das kommende Verhalten.

Welche Rolle fällt dem Lernenden zu?
Der Lernende ist von innen heraus passiv, wobei er auf äußere Reize hin aktiv wird und in Reaktion tritt. […]

Welche Rolle nimmt der oder die Lehrende ein?
Der Lehrende erhält eine ganz zentrale Rolle. Er setzt geeignete Anreize und gibt die Rückmeldung auf die Reaktionen der Schüler. Auf diese Weise greift er mit seiner positiven oder negativen Wertung oder Rückmeldung zentral in den Lernprozess des Lernenden ein. Was zwischen den Bereichen „Anreize schaffen" und den Reaktionen der Lernenden passiert, braucht den Lehrer nicht weiter zu interessieren, denn diese Bereiche gehören sozusagen zu der „black box".

2. Kognitivismus (ebd., S. 12–13)

Wie wird der Lernprozess nach dieser Theorie erklärt?
Lernen bezieht sich nach der Theorie des Kognitivismus auf die Informationsaufnahme, -verarbeitung und -speicherung. Im Vordergrund steht der Verarbeitungsprozess, gebunden an die richtigen Methoden und Problemstellungen, die diesen Prozess unterstützen. Eine entscheidende Rolle fallen auf diese Weise dem Lernangebot selbst bzw. der Informationsaufbereitung und der Problemstellung und der Methodik zu, denn sie beeinflussen in sehr großem Maße den Lernprozess. Im Mittelpunkt stehen folglich Probleme, bei deren Lösung der Lernende Erkenntnisse gewinnt und damit sein Wissen vergrößert. […]

Welche Rolle fällt dem Lernenden zu?
Der Lernende bekommt eine aktive Rolle, die über die reine Reaktion auf Reize hinausgeht. Er lernt, indem er eigenständig Informationen aufnimmt, verarbeitet und anhand vorgegebener Problemstellungen Lösungswege entwickelt. Aufgrund der Fähigkeit, Probleme zu lösen, kommt seiner Stellung im Lernprozess eine größere Bedeutung zu.

Welche Rolle nimmt der oder die Lehrende ein?
Dem Lehrer/der Lehrerin kommt eine zentrale Rolle bei der didaktischen Aufbereitung von Problemstellungen zu. Er wählt Informationen aus bzw. stellt sie zur Verfügung, gibt

Problemstellungen vor und unterstützt die Lernenden beim Bearbeiten der Informationen. Er hat das Primat der Wissensvermittlung.

3. Konstruktivismus (ebd., S. 14–15)

Wie wird der Lernprozess nach dieser Theorie erklärt?
Der Lernprozess ist an sich sehr offen. Er wird als Prozess der individuellen Konstruktion von Wissen gesehen. Da es nach dieser Theorie sozusagen kein richtiges oder falsches Wissen gibt, sondern nur unterschiedliche Sichtweisen, die ihren Ursprung in der persönlichen Erfahrungswelt des Einzelnen haben, liegt der Schwerpunkt nicht bei der gesteuerten und kontrollierten Vermittlung von Inhalten, sondern beim individuell ausgerichteten selbstorganisierten Bearbeiten von Themen. Das Ziel besteht nicht darin, dass die Lernenden richtige Antworten auf der Basis richtiger Methoden finden, sondern dass sie fähig sind, mit einer Situation umzugehen und aus ihr heraus Lösungen zu entwickeln.

Welche Rolle fällt dem Lernenden zu?
Der Lernende steht bei dieser Theorie ganz zentral im Mittelpunkt. Ihm werden Informationen angeboten mit dem Ziel, dass er aus den Informationen heraus selbst Probleme definiert und löst. Er erhält wenige Vorgaben und muss selbstorganisiert zu einer Lösung finden. Kompetenzen und Wissen bringt er bereits mit. Im Vordergrund stehen daher die Anerkennung und Wertschätzung der Lernenden sowie die Konzentration auf das individuelle Wissen, das jede/r Schüler/in mit sich bringt.

Welche Rolle nimmt der oder die Lehrende ein?
Die Rolle der Lehrenden geht über die Aufgaben der Informationspräsentation und Wissensvermittlung hinaus. Sie vermitteln nicht nur Wissen oder bereiten Problemstellungen vor, sondern übernehmen die Rolle des Coachs oder des Lernbegleiters, der eigenverantwortliche und soziale Lernprozesse unterstützt. Ihm obliegt es, eine Atmosphäre zu schaffen, in der Lernen möglich ist. In diesem Sinne gewinnt der Aufbau von authentischen Kontexten und wertschätzenden Beziehungen zu den Lernenden eine zentrale Bedeutung.

Der Umfang der Lerntheorie gegenüber den anderen beschriebenen Systemtheorien rechtfertigt die grundlegende Bedeutung, die das Lernen für Menschen besitzt – und zwar umso mehr, je tiefer digitale Techniken in den Lernkosmos der Menschen eindringen. Hierbei werden einerseits Menschen als Lehrende in Bildungseinrichtungen durch *digitale Maschinen und ihren Lehralgorithmen* unterstützt oder ersetzt. Andererseits kollaborieren, kooperieren und konkurieren lernende Menschen zunehmen mit *digitalen Maschinen und ihren Lernalgorithmen* im Beruf und in der Freizeit um Arbeit, Arbeitsplätze und Dienstleistungen.

Hochachtsamkeit (Küppers und Küppers 2016) ist hier eines der entscheidenden Gebote, dem in der Systemtheorie und speziell im Bildungssektor besondere Bedeutung zukommt. Abb. 6.6 rundet die Lerntheorie mit einem Vergleich der vorgestellten Lernmethoden ab.

Ropohl (2012) hat in seinem Buch „Allgemeine Systemtheorie", neben seinen eigenen Grundzügen der Allgemeinen Systemtheorie Kap. (2), auch einige spezielle Systemansätze Kap. (3–5) beschrieben, von denen auch hier einige thematisiert werden. Seine Aufstellung einer *Morphologischen Systemklassifikation* (ebd., S. 91) wird für den einen oder anderen, der sich in die Vielfalt von systemischen und kybernetischen Theorien

Kategorie	Behaviorismus	Kognitivismus	Konstruktivismus
Das Gehirn ist ein	passiver Behälter	Computer	informationell ge-schlossenes System
Wissen wird	Abgelagert	Verarbeitet	konstruiert
Wissen ist	eine korrekte In-put-/Output-Relation	ein adäquater inter-ner Verarbeitungs-prozess	mit einer Situation ope-rieren zu können
Lernziele	richtige Antwor-ten	richtige Methoden zur Antwortfindung	komplexe Situationen bewältigen
Paradigma	Stimulus-Response	Problemlösung	Konstruktion
Strategie	Lehren	beobachten und helfen	kooperieren
Die Lehrperson ist	Autorität	Tutor	Coach, Spieler, Trainer
Feedback wird	extern vorgegeben	extern modelliert	intern modelliert
Interaktion	starr vorgegeben	Dynamisch in Abhängigkeit des externen Lernmodells	Selbstreferentiell, zirkulär, strukturdeter-miniert (autonom)
Programmmerkmale	Starrer Ablauf, quantitative Zeit- und Ant-wortstatistik	Dynamisch gesteu-erter Ablauf, vorgegebene Prob-lemstellung, Antwortanalyse	Dynamisch, komplex vernetzte Systeme, keine vorgegebene Problemstellung

Abb. 6.6 Lernparadigmen im Vergleich. (Quelle: Baumgartner 1994, S. 110, S. 174)

und praktischen Ansätzen stürzt, durchaus eine Hilfe sein, um seinen speziellen Umgang mit Systemtheorien und systemischen/kybernetischen Anwendungen in diesem Ordnungs-schema unterzubringen bzw. einzuordnen (Abb. 6.7).

Merkmal		Merkmalsausprägung		
Umge-bung	Beziehungen	abgeschlossen	relativ isoliert	offen
Funktion	Zeitabhängigkeit	statisch	dynamisch	
	Funktionswerte	kontinuierlich	diskret	
	Funktionstyp	linear	nicht-linear	
	Funktions-bestimmtheit	deterministisch	stochastisch	
	Verhaltensform	instabil	stabil	ultrastabil
Struktur	Zeitabhängigkeit	starr	flexibel	selbst-organisierend
	Anzahl der Subsysteme	einfach	kompliziert	
	Anzahl der Relationen	einfach	komplex	äußerst komplex
	Strukturform	unspezifische Formen	spezifische Graphen	rückgekoppelt

Abb. 6.7 Morphologische Systemklassifikation. (Quelle: nach Ropohl 2012, S. 91)

6.8 Kontrollfragen

K 6.1 Skizzieren und beschreiben Sie die drei Systemkonzepte (Systemmodelle) der Systemtheorie der Technik nach Ropohl. Welche spezifischen Eigenschaften sind bei den drei Systemkonzepten erkennbar?

K 6.2 Nennen und beschreiben Sie die vier Wurzeln moderner Systemtheorie nach Ropohl.

K 6.3 Womit operieren nach Luhmann natürliche, psychische und biologische Systeme?

K 6.4 Luhmann gibt mehrere Erklärungen dazu, was er unter Kommunikation versteht. Nennen Sie vier davon.

K 6.5 Skizzieren und beschreiben Sie das Schema eines generellen Kommunikationssystems nach Shannon.

K 6.6 Warum sind technische, informationsverarbeitende Systeme die großen Profiteure von Shannons Erkenntnissen zur Informationstheorie?

K 6.7 Was wird unter Algorithmentheorie verstanden?

K 6.8 Beschreiben sie den Rete-Algorithmus.

K 6.9 Nennen Sie vier verschiedene Klassen von Algorithmen mit jeweils zwei konkreten algorithmischen Anwendungen bzw. Namen der jeweiligen Algorithmen.

K 6.10 Beschreiben bzw. definieren Sie, was unter Automatentheorie verstanden wird.

K 6.11 Nennen und beschreiben Sie vier verschiedene Automaten. Was können endliche (deterministische) Automaten verarbeiten? Nennen Sie fünf Merkmale.

K 6.12 Was verstehen Sie unter „Chomsky-Hierarchie"?

K 6.13 Sprachen, die durch Grammatiken definiert werden, werden Programmiersprachen genannt. Welche Merkmale umfasst die Grammatik? Nennen Sie fünf davon.

K 6.14 Die Entscheidungstheorie unterscheidet drei Teilbereiche. Welche sind das und wie unterscheiden sie sich?

K 6.15 Das Grundmodell der (normativen) Entscheidungstheorie kann in einer Ergebnismatrix darstellt werden. Hierin enthalten sind das Entscheidungsfeld und das Zielsystem. Wie ist das Entscheidungsfeld strukturiert?

K 6.16 Beschreiben Sie die Spieltheorie nach Bartholomae und Wiens.

K 6.17 Worin unterscheidet sich Spieltheorien von Entscheidungstheorien?

K 6.18 Worin unterscheiden sich die Nash-Verhandlungslösung und das Nash-Gleichgewicht?

K 6.19 Beschreiben Sie das Spieltheorie-Beispiel des Gefangenendilemmas.

K 6.20 Beschreiben Sie das Spieltheorie-Beispiel der Hirschjagd.

K 6.21 Beschreiben Sie das Spieltheorie-Beispiel des Braess-Paradoxons.

K 6.22 Beschreiben Sie das Spieltheorie-Beispiel der Tragik der Allmende.

K 6.23 Beschreiben Sie, was unter „Lerntheorie" verstanden wird.

K 6.24 Nennen und beschreiben Sie fünf verschiedene lerntheoretische Ansätze.

K 6.25 Im Rahmen von Big-Data- und Deep-Mining-Verfahren werden verschiedene algorithmische Ansätze verwendet. Nennen und erklären Sie fünf dieser Ansätze.

K 6.26 Bei der Erklärung von Lernprozessen im Bereich E-Learning stehen drei Lerntheorien im Vordergrund. Nennen und beschreiben Sie diese. Welche Rolle nimmt der Lernende und Lehrende in den jeweiligen Lerntheorien ein?

Literatur

Asteroth A, Baier C (2003) Theoretische Informatik. Pearson, München

Bartholomae F, Wiens M (2016) Spieltheorie. Ein anwendungsorientiertes Lehrbuch. Springer Gabler, Wiesbaden

Baumgartner P (1994) Lernen mit Software. Studien, Innsbruck

Baumgartner P (2012) Taxonomie von Unterrichtsmethoden. Waxmann, Münster

Chomsky N (1956) Three models for the description of language. IRE Trans Inf Theory 2:113–124

Chomsky N, Miller GA (1963) Introduction to the formal analysis of natural Languages. In: Handbook of mathematical psychology. New York, Wiley

Diamond J (2005) Collapse. How society choose to fall or succeed. Viking, Pinguin Group, New York

Dieckmann J (2004) Luhmann-Lehrbuch. UTB 2486. Fink, München

Erk K, Priese L (2008) Theoretische Informatik. Springer, Berlin

Forgy C (1982) RETE: A fast algorithm for the many pattern/many object match problem. Artif Intell 19(1):17–38

Gäfgen G (1974) Theorie der wirtschaftlichen Entscheidung. Untersuchung zur Logik und Bedeutung des rationalen Handelns. Mohr, Tübingen

Hardin G (1968) The tragedy of commons. Science, New Series, 162(3859):1243–1248

Hoffmann M, Lange M (2011) Automatentheorie und Logik. Springer, Berlin/Heidelberg

Hofstetter Y (2014) Sie wissen alles. Wie intelligente Maschinen in unser Leben eindringen und warum wir für unsere Freiheit kämpfen müssen. Bertelsmann, München

Holler MJ, Illing G (2016) Einführung in die Spieltheorie. 8. Aufl. Springer, Berlin

Hopcroft JE, Motwani R, Ullmann JD (2011) Einführung in Automatentheorie. Pearson, München

Klaus G, Liebscher H (1976) Wörterbuch der Kybernetik. Dietz, Berlin

Krabs W (2005) Spieltheorie. Dynamische Behandlung von Spielen. Teubner, Stuttgart/Leipzig/ Wiesbaden

Kruse R et al (2011) Computational intelligence. Vieweg Teubner, Wiesbaden

Küppers EWU (2013) Denken in Wirkungsnetzen. Nachhaltiges Problemlösen in Politik und Gesellschaft. Tectum, Marburg

Küppers EWU (2018) Die Humanoide Herausforderung. Leben und Existenz in einer anthropozänen Zukunft. Springer, Wiesbaden

Küppers J-P, Küppers EWU (2016) Hochachtsamkeit. Über die Grenzen des Ressortdenkens. Reihe Essentials. Springer, Wiesbaden

Luhmann (1988) Was ist Kommunikation? In: Simon FB (Hrsg) (1997) Lebende Systeme – Wirklichkeitskonstruktionen in der Systemischen Therapie. Suhrkamp TB, Berlin, S 19–31

Luhmann, N. (1991; Erstausgabe: 1984) Soziale Systeme – Grundriss einer allgemeinen Theorie. 4, Suhrkamp, Frankfurt am Main

Luhmann N (1997) Die Gesellschaft der Gesellschaft. Suhrkamp, Frankfurt am Main

Meir S (o. J.) Didaktischer Hintergrund. Lerntheorien. https://lehrerfortbildung-bw.de/st_digital/elearning/moodle/praxis/einfuehrung/material/2_meir_9-19.pdf. Zugegriffen am 12.02.2018

Mette A (1958) J. P. Pawlow. Sein Leben und Werk. Dobbeck, München

Nash JF (1950a) Non-Cooperative Games. Dissertation, Princeton University. https://rbsc.princeton.edu/sites/default/files/Non-Cooperative_Games_Nash.pdf. Zugegriffen am 05.01.2019

Nash JF (1950b) The Bargaining Problem. Econometrica 18(2): 150–162

Ottmann T, Widmayer P (2012) Algorithmen und Datenstrukturen, 5. Aufl. Spektrum Akademischer, Heidelberg

Radkau (2002) Natur und Macht. Eine Weltgeschichte der Umwelt. C. H. Beck, München

Rizzolatti G, Fabbri Destro M (2008) Mirror neurons. Scjolarpedia 3(1):2055

Ropohl G (2009) Allgemeine Technologie. Eine Systemtheorie der Technik, 3. Aufl. Universitätsverlag Karlsruhe, Karlsruhe

Ropohl G (2012) Allgemeine Systemtheorie. Einführung in transdisziplinäres Denken. Edition sigma, Berlin

Sedgewick R, Wayne K (2014) Algorithmen. Algorithmen und Datenstrukturen. Pearson, München

Senge et al (1994) The fifth discipline fieldbook. N. Brealey Publ., London (deutsch: Das Fieldbook zur Fünften Disziplin. Klett-Cotta, 1996)

Shannon CE (1948) A Mathematical Theory of Communikation. Bell Syst Tech J 27:379–423, 623–656 (Reprinted with corrections)

Simon FB (Hrsg) (1997) Lebende Systeme – Wirklichkeitskonstruktionen in der Systemischen Therapie. Suhrkamp TB, Berlin

Simon FB (2009) Einführung in Systemtheorie und Konstruktivismus. Carl Auer, Heidelberg

Skinner (1969; Erstausgabe: 1948) Walden Two. Utopische Erzählung. Verlag Macmillan, New York. Neuauflage 1969 mit aktuellem Essay des Autors: Walden Two Revisited

Skinner (1999) The behavior of organisms: an experimental analysis. Nachdruck durch die B. F. Skinner Foundation, erstveröffentlicht 1938, Appleton-Century-Crofts, New York

Spitzer M (1996) Geist im Netz. Modelle für Lernen, Denken und Handeln. Spektrum Akademischer Verlag, Heidelberg

Spitzer M (2012) Digitale Demenz. Wie wir uns und unsere Kinder um den Verstand bringen. Droemer, München

Vester F (1975) Denken Lernen Vergessen. Was geht in unserem Kopf vor, wie lernt das Gehirn, und wann lässt es uns im Stich? DVA, Stuttgart

Kybernetische Systeme in der Praxis 7

Zusammenfassung

Im abschließenden Kap. „Kybernetische Systeme in der Praxis" werden wir kybernetische Systeme aus unterschiedlichen Praxisbereichen kennenlernen. Wir konzentrieren uns dabei auf vier dominierende Umweltbereiche, die uns alle betreffen – die Natur, die Technik, die Wirtschaft und die Gesellschaft. Konkretisiert werden diese durch verschiedenste „Anwendungsszenarien", von Regelkreisen des menschlichen Organismus und des Ökosystems Wald über Regelungsmechanismen verschiedener technischer Apparaturen und Werkzeuge, Wirtschaftsmodelle und Managementinstrumente bis zu Modellen der Soziologie/Psychologie, des „kyberneischen Regierens" oder auch im Bereich des Militärs. Einführend wird ein kurzer Überblick zum kybernetischen „Status quo" dieser vier Umweltbereiche gegeben.

Die Natur: Sie ist zugleich das evolutionäre Vorbild aller kybernetischen Systeme. Ihre Funktionalität durch adaptive Fortschritte, ihr fehlertolerantes Verhalten, ihre wohldosierten Risikostrategie in hochkomplexen Räumen und ihre mustergültigen Strategien der Nachhaltigkeit für alle Organismen sind ganzheitlich herausragend gegenüber allem, was der Mensch in seiner Entwicklung jemals vollbracht hat. Die Anwendung von kybernetischen Systemen durch den Menschen in der Praxis muss sich daher – in gewissen Grenzen – an den technischen Leistungen der „Natur-Kybernetik" messen lassen.

Die Technik: Abgesehen von historischen technischen Leistungen der Menschheit, die Jahrtausende zurückreicht, nehmen wir hier den Beginn der Industrialisierung im späten 18. Jahrhundert bis in die Gegenwart als Zeitmaßstab für die Kreativität des Menschen, sich kybernetische Systeme zu Nutze zu machen. Als einer der ersten Pioniere der Technik gilt James Watt, der in seiner Dampfmaschine – Abb. 3.8 – den kybernetischen Regelungsmechanismus mit negativer Rückkopplung realisierte. Über eine Vielzahl weiterer

© Springer Fachmedien Wiesbaden GmbH, ein Teil von Springer Nature 2019
E. W. U. Küppers, *Eine transdisziplinäre Einführung in die Welt der Kybernetik*,
https://doi.org/10.1007/978-3-658-23725-7_7

Anwendungen, insbesondere ist hier Norbert Wieners kybernetische Regelung bei einem Flugsystem in den 1940er-Jahren herauszuheben, besitzen Maschinen, Automaten, Apparaturen oder Vorrichtungen – seien es Personenkraftwagen, Waschmaschinen, Kaffeeautomaten, alte stationäre und neue mobile Roboter oder die kommenden „vernetzten Dinge des Internets" (Küppers 2018), aus der Arbeits- und Freizeit-Umwelt – heutzutage kybernetische Regelungsmechanismen, die uns vieles erleichtern, ohne dass wir direkt erkennen, wie der kybernetische Mechanismus funktioniert.

Die Wirtschaft: Kybernetische Regelungssysteme wurden über lange Zeit und werden bis in die Gegenwart sträflich vernachlässigt – so wird es sicher auch noch morgen sein. Unternehmen sind beileibe keine Wirtschaftssysteme, die durch monokausale „unkybernetische" Strategien des ökonomischen Fortschritts – zu welchem Preis und für wen? – einer Wachstumsphilosophie folgen, von der viele Ökonomen glauben, ohne systemische Vernetzung bzw. kybernetische Strategien nachhaltige Erfolge erzielen zu können.

Die kybernetischen Realitäten in der Wirtschaft, die nicht verschwinden, nur weil sie nicht anerkannt und genutzt werden(!), sprechen eine vieltausendfach andere Sprache. Es sind erste tastende Ansätze aus forschender und unternehmerisch angewendeter Umgebung – u. a. das St. Galler Management Modell, SGMM –, die zeigen, dass sehr wohl kybernetische Regelungsstrategien in unternehmerischen Prozessen Erfolge – gegenüber den klassischen Steuerungsinstrumenten – hervorbringen, die es weiterzuentwickeln lohnt.

Die Gesellschaft: In ihr finden unvorstellbar viele Prozesse von Informations-, Energie- und Materialverarbeitung statt. Dem Menschen, als Subjekt des evolutionären Fortschrittes, ist es mitgegeben, kybernetisch zu denken und zu handeln. Erstaunlich ist aber, dass sich bei genauem Hinsehen auf menschliche Aktivitäten diese in der überwiegenden Mehrzahl aller Fälle in einem Gestrüpp aus kausalen und monokausalen Entwicklungspfaden bewegen, die nichts mit den eigentlichen Fähigkeiten zu tun haben, die uns Menschen mit auf den Entwicklungsweg gegeben werden. Das systemstabilisierend kybernetische Element der negativen Rückkopplung findet man in komplexen Gesellschaften und erst recht in der sie lenkenden Politik nur marginal. Eher ist das Gegenteil der Fall. Ob zwischen Politikern untereinander, Politikern und Bürgern, Politikern und weiteren Entscheidungsträgern der Gesellschaften: Fehlgeleitete kurzsichtige Kompromisse aller Art sind die Multiursachen für das, was der Autor heute das

„Zeitalter der radikalen menschlichen Unvernunft"

nennt und von dem niederländischen Klimaforscher J. P. Crutzen (*1933) und dem US-amerikanischen Biologen E. F. Stoermer (1934–2012) als „Anthropozän" bezeichnet wird (vgl. Küppers 2018; Crutzen und Stoermer 2000): das weitgehende Ignorieren seitens der gesellschaftlichen Entscheidungsträger von kybernetischen Gesetzmäßigkeiten im Klimawandel, in der Wasser-, Boden- und Luftveränderung eines Planeten Erde, der begrenzt und nicht nach Belieben erweiterbar ist, eine Politik durch Politiker, die sich von Bürgern wählen, aber ihnen gegenüber Respekt vermissen lassen. Konfrontation durch

Stärke folgt auf Konfrontation durch mehr Stärke, obwohl die Natur belegt, dass Kooperation und Selbstorganisation mehr nachhaltige Fortschritte bringen.

Die folgenden Beispiele zeigen allesamt die vorteilhafte systemstabilisierende Wirkung negativer Rückkopplung. Insbesondere in Gesellschaften bzw. in soziotechnischen Systemen, wo Menschen mit Menschen und Menschen mit Maschinen zusammenwirken, muss gelernt werden, wieder die grundlegenden Maßstäbe nachhaltigen Fortschritts anzulegen, zu denen kybernetische Systeme erkennbar mehr beitragen als die Fixierung auf einseitig ausgerichtete Zielstrategien, wie sie z. B. die Wirtschaft betreibt. Das kann und wird in einer Umwelt voll von komplexen dynamischen Zusammenhängen auf Dauer nie gut gehen.

Somit wird in Kap. 7 auf verschiedene Anwendungsfelder eingegangen, in denen kybernetische Vorgänge ihre funktionalen Abläufe vollziehen. Es wird sehr schnell klar, dass kybernetische Prozesse seit ihren „Kindertagen" in den 1940er-Jahren eine Vielzahl von spezifischen angewandten Problemlösungen erobert haben. In seinem Standardwerk zur Kybernetik schrieb Norbert Wiener 1948 (zitiert aus der 1. deutschen Auflage 1963, S. 26–27):

> Viele Jahre hatten Dr. Rosenblueth [ein mexikanischer Physiologe und enger wissenschaftlicher Gefährte von Norbert Wiener, siehe Abschn. 4.2, d. A.] und ich die Überzeugung geteilt, dass die für das Gedeihen der Wissenschaft fruchtbarsten Gebiete jene waren, die als Niemandsland zwischen den verschiedensten bestehenden Disziplinen vernachlässigt wurden. […] Es sind diese Grenzgebiete der Wissenschaft, die dem qualifizierten Forscher die reichsten Gelegenheiten bieten. Sie sind aber gleichzeitig die widerspenstigsten gegen die eingefahrenen Techniken der Breitenarbeit und der Arbeitsteilung.

Diese Weitsicht Wieners über den Mangel interdisziplinärer Zusammenarbeit in der Wissenschaft und somit einer Forschung und Entwicklung über die Disziplingrenzen hinweg, wurde inzwischen erhört – wenn auch nicht überall praktisch umgesetzt. Immer noch dominiert Spezialistentum unsere Technik, Wirtschaft, Gesellschaft und auch unsere Aktivitäten in Natur und Umwelt – nicht nur in deren fachsprachlichen Begriffen; selbst wenn Ausnahmen die Regel bestätigen.

Neben der Systemtheorie setzt die Kybernetik als Instrument praktischer Anwendung auf ihre eigene Stärke, der eines fachübergreifenden Charakters. Kybernetische Ansätze, wo immer sie mit Achtsamkeit praktisch eingesetzt werden, sind daher nicht auf spezielle Fachdisziplinen beschränkt. Gehen wir also auf Entdeckungstour zu kybernetischen Anwendungen, wie sie u. a. auch von Jäschke et al. (2015) in „Exploring Cybernetics. Kybernetik im interdisziplinären Diskurs" – wenn auch nicht in der Breite, wie hier gezeigt – präsentiert wurden.

Aus Gründen der Übersichtlichkeit werden verschiedene, disziplinähnliche oder -nahe Bereiche kybernetischer Anwendungen unter einer der vier generellen Themenüberschrift subsummiert:

- Kybernetische Systeme in der Natur,
- Kybernetische Systeme in der Technik,
- Kybernetische Systeme in der Wirtschaft,
- Kybernetische Systeme in der Gesellschaft.

Anwendungen bzw. Modelle, die sich z. B. mit Verknüpfungen verschiedener Disziplinen im Rahmen kybernetischer Prozesse befassen, verlassen das ursprünglich enge Korsett technisch fixierter Regelungsvorgänge mit Rückkopplungen und erweitern es auf viele gesellschaftliche Bereiche.

Daraus lässt sich ein „Grundprinzip kybernetischer operativer Prozesse" ableiten, das besagt:

▶ **Merksatz** In welcher vernetzten komplexen Umwelt kybernetische Prozesse – mit Blick auf spezielle oder kombinierte Disziplinlösungen – auch immer zum Einsatz kommen, sind deren Ergebnisse nur unter dem Einfluss negativer Rückkopplungen nachhaltig resilient. Diese Perspektive aktiv wahrzunehmen, stärkt nicht zuletzt auch die Achtsamkeit und Fehlerverträglichkeit.

Mit dem Begriff Achtsamkeit soll angesichts kybernetischer vernetzter Systeme insbesondere auf die Arbeiten der Sozial-Psychologin Ellen Langer (2014) hingewiesen werden, siehe auch Küppers und Küppers (2016).

7.1   Kybernetische Systeme in der Natur

Es kann nicht oft genug wiederholt werden, dass die Natur die „Mutter" aller Kybernetischen Systeme ist. Sich an ihren Entwicklungsprinzipien zu orientieren, ohne sie blindlings zu kopieren, und vorteilhafte Lösungen für Technik, Wirtschaft und Gesellschaft zu erarbeiten, ist nichts anderes, als Bionik zu betreiben (Küppers 2015).

Es ist der fundamentalen Strategie der Evolution geschuldet, dass sich im Verlauf von Jahrmilliarden biologische Systeme entwickelt haben, die durchsetzt sind mit kybernetischen Regelungsprozessen zur Erhaltung der Art. Der selbsttätige Pupillen-Regelungsprozess unseres Sehvorgangs, die Regelung des Blutkreislaufes durch die Herzaktivität, Regelung des Blutzuckers, unsere automatische Regelung der Atmung oder der Körpertemperatur sind dafür Beispiele (Röhler 1974; Hassenstein 1967).

Hinzu kommen vielfach differenzierte Regelungsprozesse zur Selbstreinigung von chemischen-physikalischen Prozessen in biotisch-abiotischer Umwelt, wie zum Beispiel Regelungsprozesse der Selbstreinigung bei Fließgewässern.

Der Zoologe, Philosoph und Mediziner Ernst Haeckel (1834–1919), dessen Definition der Ökologie – „die gesamte Wissenschaft von den Beziehungen des Organismus zur umgebenden Außenwelt" (Begon et al. 1998) – bereits Mitte des 19. Jahrhunderts kybernetisch bzw. systemtheoretisch geprägt war, wird in heutiger Zeit konsequent durch das eigenständige Fachgebiet der Systemökologie konkretisiert. Systemökologie erfasst Systeme und mathematische Modell in der Ökologie (Odum 1999, S. 318; siehe auch zu Ökologische Systemmodelle: Ropohl 2012, S. 165–180).

Einer der exponiertesten Vertreter biologischer Kybernetik oder Biokybernetik, der die Welt als vernetztes System sah und daher konsequent vernetztes Denken und Handeln zur Maxime erhob, war der Biochemiker und Kybernetiker Frederic Vester (s. Abschn. 4.14). In einer Reihe von Publikationen hat er auf die für viele Menschen unsichtbaren Verknüpfungen in unserer Umwelt hingewiesen, die – weil sie nicht erkannt oder ignoriert werden – Ursachen vieler Katastrophen sind.

Der zunehmende Einfluss digitaler Datenverarbeitung in der Welt von Robotern blickt auch konsequent auf die menschlichen neuronalen Prozesse und versucht, diese zu verstehen, mit dem Ziel, ihre Funktionen auf künstliche Maschinen zu übertragen. Die Optimierung von Mensch-Maschine-Kommunikation ist eines von vielen intensiv betriebenen Forschungs- und Entwicklungsgebieten im Rahmen der Kybernetik. Aus deutscher Sicht seien stellvertretend dafür das *Max-Planck-Institut für Biologische Kybernetik* in Tübingen und die Universität Bielefeld, deren Fakultät Biologie die *Abteilung für Biologische Kybernetik* betreibt, genannt. Eine internationale Publikation zum Thema Kybernetik ist die Zeitschrift *Biological Cybernetics – Advances in Computational Neuroscience* im Springer Verlag.

Die folgenden drei Beispiele wie auch viele andere im Kontext des Themas, wie z. B. das bereits in Kap. 5 gezeigte *Räuber-Beute-Modell*, können nur ein sehr kleines Spektrum von kybernetischen Prozessen der Natur und ihrer Umwelt abbilden. Es gilt:

▶ **Merksatz** Die dynamische Natur ist zu komplex, als dass wir sie jemals vollständig verstehen werden.

7.1.1 Blutzucker-Regelkreis

Die Konzentration der Glukose im Blut wird durch verschiedene Hormone (hauptsächlich Insulin, Wachstumshormone, Epinephrin, und Cortison) reguliert. Diese Hormone beeinflussen die verschiedenen Möglichkeiten des Organismus, Glukose aus Speicherstoffen zu bilden bzw. umgekehrt überschüssige Glukose abzubauen und in Form von Glykogen oder Fett zu speichern. Umgekehrt beeinflusst die Glukosekonzentration – aber nicht sie allein – die Konzentration dieser Hormone im Blut. Fasst man alle Hormone in ihrer Wirkung auf die Glukoseregulation zu einem fiktiven Hormon H zusammen, so kann man bei diesem System zwei Eingänge, nämlich die Zufuhrrate von Glukose und Hormon im Blut, und zwei Ausgangsgrößen, die Konzentrationen von Glukose und Hormon im Blut, unterscheiden. (Röhler 1974, S. 119)

In Abb. 7.1 ist der Zusammenhang zwischen Glukose und Hormonen stark vereinfacht dargestellt. Zu erkennen sind die beiden Hauptübertragungswege von Glukose und Hormon. Es bedeuten: X_g Zufuhrrate von Glukose, Y_g Konzentration der Glukose im Blut, X_h Zufuhrrate des fiktiven Hormons H, Y_h Konzentration des Hormons H im Blut. Das zugehörige Gleichungssystem lautet:

$$Y_g = H_{gg}X_g - H_{gg}K_{gh}Y_h \tag{7.1}$$

$$Y_h = H_{hh}K_{hg} + H_{hh}X_h \tag{7.2}$$

Hierbei sind H_{gg} und H_{hh} die Übertragungsfunktionen der Hauptübertragungsstrecken und K_{gh}, K_{hg} die Übertragungsfunktionen der Koppelstrecken.

Erkennbar in Abb. 7.1 ist, dass eine Erhöhung der Hormon-Blutkonzentration zu einer Hemmung der Glukosezufuhr bzw. zu einer Erhöhung der Abbaurate beiträgt. Dabei setzt das Glukose-Hormon-Modell die einfachste Reaktionskinetik voraus, nämlich dass eine

Abb. 7.1 Einfaches Blockschaltbild des Modells der Blutzuckerregulation mit Rückwärtskopplung. (Quelle: nach Röhler 1974, S. 119–123, ergänzt d. d. A.)

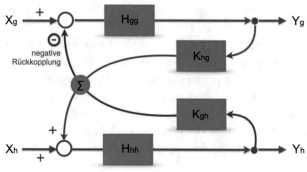

Vorlage: R. Röhler (1974) ergänzt d. d. A.
© 2018 Dr.-Ing. E. W. Udo Küppers

zeitliche Änderung der Glukosekonzentration auch proportional zur Konzentration des Hormons ist und umgekehrt (vgl. ebd., S. 119–121).

Die Realität einer Glukoseregelung im Blut ist aber weitaus komplexer. Wird der Mensch als offenes psychosomatisches Regelungssystem in seiner Ganzheit erfasst, so ergänzen weitere Regelkreise die in Abb. 7.1 gezeigte Basisregulation. Diese sind:

- Regelungsprozess durch genetische Disposition,
- Regelungsprozess durch Mobilität (Bewegung),
- Regelungsprozess durch Ernährung,
- Regelungsprozess durch Konstitution,
- Regelungsprozess durch Medikation,
- Regelungsprozess durch Umwelteinflüsse und weitere Regelungsfunktionen.

Erst die näherungsweise Erfassung der Gesamtheit aller kybernetischen Regelkreise eines Menschen, als biologisch offenes System zur Umwelt, erlaubt eine nachhaltig belastbare Aussage über den Stand der individuellen Glukosebehandlung im Blut.

7.1.2 Pupillen-Regelkreis

Die Pupille des (menschlichen) Auges verändert sich mit der Gesichtsfeldleuchtdichte, und zwar wird die Pupille kleiner, wenn die Leuchtdichte ansteigt, und umgekehrt (Pupillenreflex). Da diese Verkleinerung eine Abnahme der Netzhautbeleuchtungsstärke bewirkt, gleicht der Pupillenreflex Schwankungen der Netzhautbeleuchtungsstärke bis zu einem gewissen Grad aus, er bewirkt die Stabilisierung der Netzhautbeleuchtungsstärke auf einen Sollwert.[1] Die Photorezeptoren der Netzhaut bilden die Fühler des Systems, die beteiligten Nervenzentren besorgen die Signalverarbeitung, wirken also als Regler, und die Pupillenmuskulatur

---

[1] Einen echten Sollwert als lokalisierbare Struktur in biologischen Systemen anzugeben, ist schwierig bis unmöglich, weil in der Regel weitere, miteinander gekoppelte Regelkreise – vermaschte Regelungssysteme – ebenso Einfluss auf den einen oder anderen Sollwert von biologischen Systemen nehmen.

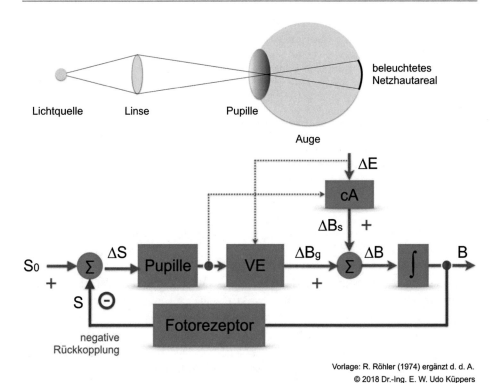

Abb. 7.2 Strahlengang des Lichts ins Auge – obere Grafik – mit einfachem Blockschaltbild des Pupillen-Regelkreises – untere Grafik. (Quelle: nach Röhler 1974, S. 37–40, 64, ergänzt d. d. A.)

entspricht dem Stellmotor oder allgemein dem Stellglied. Diese stark vereinfachten Vorstellungen liegen [...] [dem Blockschaltbild in Abb. 7.2] zugrunde. (Röhler 1974, S. 37)

Die mittlere Netzhautbeleuchtungsstärke B, also die stabilisierte Größe, wird von den Photorezeptoren gemessen und führt zur Entstehung eines elektrischen Potentials S, das mit einem hypothetischen Sollwert S_o verglichen wird. Unterschiede zwischen dem tatsächlichen Wert und dem Sollwert des Potentials werden als afferentes [zugeführtes Signal, d. A.] Fehlersignal ΔS an bestimmte Nervenzentren gemeldet, wodurch ein efferentes [ausgehendes Signal d. A.] Signal zur Betätigung der Pupillenmuskulatur ausgesandt wird. Daraufhin ändert die Pupillenfläche A um einen Betrag ΔA was zu einer [g wie geometrisch bedingten, d. A.] Änderung ΔBg der Netzhautbeleuchtungsstärke B führt.

$$\Delta B_g = V\, E\, \Delta A \qquad (7.3)$$

E ist hier die mittlere Hornhautbeleuchtungsstärke, die dem ungestörten Zustand entspricht, V ein Faktor, der die Geometrie der Beleuchtung und die Einheit bei der Umrechnung der Hornhautbeleuchtungsstärke in die Netzhautbeleuchtungsstärke berücksichtigt.

An dieser Stelle gelangt das Störsignal in den Regelkreis, indem es durch eine Änderung ΔE der Hornhautbeleuchtungsstärke eine Änderung

$$\Delta B_s = c\, A\, \Delta E \qquad (7.4)$$

der Netzhautbeleuchtungsstärke bewirkt. A bezeichnet hier die dem ungestörten Zustand entsprechende Pupillenfläche, c wiederum einen konstanter Faktor, der die Geometrie und die Einheit berücksichtigt.

Die gesamte Änderung der der Netzhautbeleuchtungsstärke

$$\Delta B = V \ E \ \Delta A + c \ A \ \Delta E \qquad (7.5)$$

wird über die Zeit integriert, wobei die mittlere wirksame Netzhautbeleuchtungsstärke B gebildet wird, die ihrerseits das Potential S bestimmt. […] Es bestehen Kopplungen zwischen Komponenten des Regelkreises und des Zweiges für das Störsignal, die durch gestrichelte Linien in […] [Abb. 7.2, d. A.] angedeutet sind. Eine Veränderung ΔA der Pupillenweite bewirkt auch eine Änderung von A im Block c A, so dass das Fehlersignal nicht ΔB_s, sondern

$$\Delta B_s{}^* = c \ A \ \Delta E + c \ \Delta A \ \Delta E \qquad (7.6)$$

ist [für sehr kleine ΔA gegenüber A ist $\Delta B_s{}^*$ vernachlässigbar, d. A.] (ebd., S. 37–38).

Analog zum klassischen Regelkreis bilden:

ΔS die „Regelabweichung", die Funktionen des Öffnens und Schließens der Pupille werden von zwei verschiedenen Muskeln bewirkt, einem Paar von Antagonisten. Der „Stellmotor" des Pupillenregelkreises plus zugehörige Regelung ist danach dem Pupillenblock zugeordnet. Dieser wirkt auf die Hornhautbeleuchtungsstärke E, woraus die „Stellgröße" ΔB_g der geometrisch bedingten Änderung der Netzhautbeleuchtungsstärke B resultiert, die wiederum mit der „Störgröße" ΔB_s verrechnet und als ΔB in der „Regelstrecke" (Integralblock) verarbeitet wird. Die „Regelgröße" B wird über den Fotosensor als „Istwert-Regelgröße" S mit der „Sollwertgröße" S_o verglichen (vgl. Röhler 1974, S. 39).

Mit den beiden biologischen Regelkreisen der Blutzuckerregulation und Pupillenveränderung sind zwei klassische kybernetische Subsysteme im Menschen beschrieben worden, die – wie bereits erwähnt – in einem umfangreichen Netz weiterer kybernetische Regelungen die lebenserhaltenden Funktionen im Menschen direkt, und über seine Umwelt auch indirekt bestimmen.

Demgegenüber greift das dritte Beispiel biologischer kybernetischer Regelung in die vernetzte Umwelt einer Pflanzen-Tier-Population, die – sich gegenseitig beeinflussend, um ihren Fortbestand zu sichern – im Überlebenswettbewerb steht.

7.1.3 Regelkreismodell im Ökosystem Wald

Der Zustand von Ökosystemen bestimmt sich durch die komplexe Verknüpfung zwischen ihren Komponenten, die sich im Laufe der evolutionären Entwicklung herausgebildet haben. Meist sind es vielseitige Abhängigkeitsbeziehungen zwischen Organismen über Nährstoffkreisläufe, Nahrungsketten und Nahrungsnetze: Räuber-Beute-Systeme [wie in Abb. 5.6 und 5.7, d. A.], Symbiosen, Bestäubung, Samenverteilung und viele andere Prozesse. Die interagierenden dynamischen Prozesse kontrollieren und regeln sich gegenseitig, so dass sich ein für das jeweilige Ökosystem typisches dynamisches Gleichgewicht herausbildet. Eingriffe, die einzelne Komponenten besonders beeinträchtigen oder fördern, können daher zum Umkippen des Systems in einen anderen Zustand führen. […]

Das Modell [in Abb. 7.3, d. A.] beschreibt […] die folgenden Zusammenhänge:
Eine Region mit einer maximalen Biomassekapazität K besteht zum Teil aus Wald x, zum Teil aus Graslandvegetation (K-x). Vögel brauchen den Wald für Nistplätze und ernähren sich von Insekten. Insekten benötigen den Wald als Futterquelle und das Grasland für das Aufwachsen der Larven. Wird der Wald zunehmend zerstört, so verschlechtern sich die Bedingungen für die Vögel und verbessern sich für die Insekten. Ab einem gewissen Stadium nehmen die Insekten überhand und zerstören den restlichen Wald. (Bossel 2004, S. 152)

Ohne im Einzelnen auf die Parameter, Anfangszustände und dynamischen Gleichungen einzugehen (ebd., S. 154–157) können durch diese Art der Simulation geschickt kybernetische Rückkopplungsprozesse positiver und negativer Auswirkungen so aufeinander abgestimmt werden, dass sich für alle Beteiligten Organismen ein Fließgleichgewicht einstellt, was letztlich zum Erhalt des Waldes und seiner Bewohner führt.

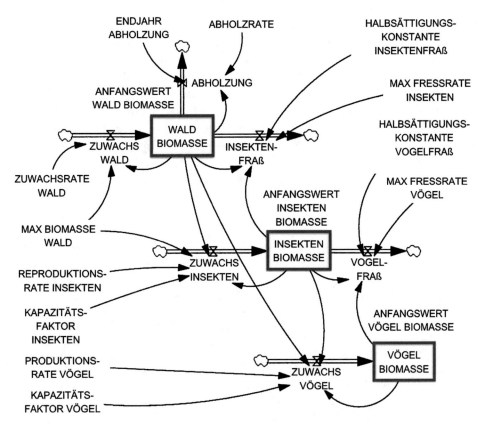

Vorlage: H. Bossel (2004) ergänzt d. d. A.
© 2018 Dr.-Ing. E. W. Udo Küppers

Abb. 7.3 System-Dynamic-(SD-)Simulationsmodell eines Pflanzen-Tiere-Ökosystems. (Quelle: nach Bossel 2004, S. 153, ergänzt d. d. A.)

Das SD-Modell basiert auf einem realen Vorgang und die Simulationsergebnisse bestätigten anfängliche Vermutungen der Forscher:

> Falls der Waldanteil groß genug ist, können sich Vögel und Insekten in klenen Populationen halten. Falls der Waldanteil sinkt, verbessern sich die Bedingungen für die Insekten sehr stark, und es kommt zu einer explosiven Massenvermehrung der Insekten, die den Wald entweder ganz zerstören oder nur vorübergehend und teilweise dezimieren. Die Waldverluste durch Abholzung bestimmen entscheidend die weitere Entwicklung und die Möglichkeit des Zusammenbruchs. (ebd., S. 156)

7.2   Kybernetische Systeme in der Technik

Zuerst kam die Natur, dann die Maschine. Ob Norbert Wiener danach den Untertitel „Regelung und Nachrichtenübertragung im Lebewesen und in der Maschine" seines maßgebenden Buches über „Kybernetik" (Wiener 1963) ausgewählt hat, ist nicht bekannt.

Die Technik der Steuerung, Regelung und Signalverarbeitung sowie deren Entwürfe und Realisierung beinhalten jedenfalls bis heute – seit der historischen Fliehkraft-Regelung mit Rückkopplung an Watts Dampfmaschine im 18. Jhd. (s. Abb. 3.8) – die verschiedensten Arten von *negativer Rückkopplung*, die das charakteristische Kernelement eines kybernetischen Systems ist und auf diese besondere Weise zur Systemstabilität beiträgt. Die folgenden vier Praxisbeispiele einer rückgekoppelten Regelung zeigen – stellvertretend für unzählige weitere Beispiele – verschiedene Anwendungen alltäglicher technischer Regelungsprozesse mit negativer Rückkopplung, die wir – oft ohne den Mechanismus im Detail zu kennen – als hilfreich empfinden (siehe Mann et al. 2009, S. 30–35)

7.2.1   Regelung der Bildschärfe einer Kamera

> Die Kamera in [Abb. 7.4, A, d. A.] [...] soll ein ausgewähltes Motiv automatisch scharf einstellen können. Aufgabengröße x_A ist somit die Bildschärfe, die mit technischen Mitteln nur sehr aufwändig zu erfassen ist. Einfacher ist die Erfassung des Abstands zum Objekt [...] und eine davon abhängige Einstellung der Linsenposition x_L. Damit erfolgt die gezielte Beeinflussung der Bildschärfe mittels Steuerung und Regelung: x_L steuert über den Block „Optik" [Abb. 7.4, B, d. A.] [...] die Aufgabengröße x_A (Bildschärfe). Die Linsenposition x_L ist Regelgröße im Regelkreis von [Abb. 7.4, C, d. A.] [...], der jeder Abweichung von der Sollposition $x_{L,S}$ entgegenwirkt. $x_{L,S}$ wird durch Umrechung aus dem Motivabstand d gewonnen. D wird mittels Messung der Laufzeit $\Delta t = t_{Senden} - t_{Empfangen}$ von reflektierenden Infrarot- oder Ultraschallimpulsen bestimmt. (ebd., S. 30)

U_R und U_M sind Spannungswerte des Reglers und für den Motor der Linse.

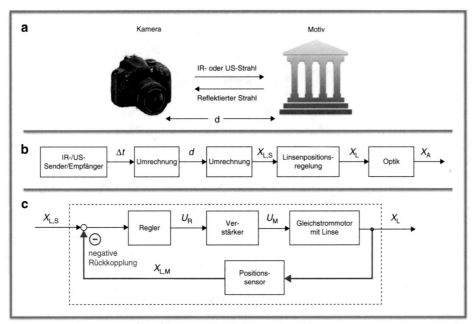

Vorlage: Mann, Schiffelgen, Froriep (2009) ergänzt d. d. A. © 2018 Dr.-Ing. E. W. Udo Küppers

Abb. 7.4 Automatische Bildschärfeeinstellung, A: Aufnahmesituation, B: Blockschaltbild Bildschärfesteuerung, C: Blockschaltbild Linsenpositionsregelung. (Quelle: Mann et al. 2009, S. 31, ergänzt d. d. A.)

7.2.2 Positionsregelung des Schreib-/Lese-Kopfes in einem Computer-Festplattenlaufwerk

Ein Schreib- und Lesekopf […][Abb. 7.5, A, d. A.] muss in weniger als 10 ms auf einer Datenspur […] von etwa 1 μm Breite positioniert sein, bevor Daten auf der rotierenden Festplatte gelesen oder geschrieben werden können. Die Positionierung (Kopfposition x als Aufgabengröße) erfolgt durch Schwenkung des Arms mit einem rotatorischen Voice-Coil-Motor (Motorspannung u_M als Stellgröße). Als Störgrößen z wirken z. B. aerodynamische Kräfte oder Vibrationen am Block „Voice-Coil-Motor und Arm" als Strecke [in Abb. 7.5, B, d. A.] […] auf die Kopfposition x.

Die aktuelle Position x (Istwert) ermittelt der Schreib-/Lese-Kopf durch Positionsdaten, die in die Datenspur eingestreut sind. Sie fallen als digitale Zahlenwerte x_k zu diskreten Zeitpunkten t_k, k = 1, 2, 3 … an. Diese Werte können in digital realisiertem Vergleicher und Regelglied (z. B. Mikrorechner) direkt weiterverarbeitet werden, wobei die Sollposition ebenfalls als digitaler Zahlenwert $x_{k,S}$ vorgegeben wird.

Die digitale Reglerausgangsgröße $y_{R,k}$ wird in die analoge elektrische Spannung u_R umgesetzt (DAU: Digital-Analog-Umsetzer), […], die geglättet und verstärkt als Stellgröße y = u_M den Voice-Coil-Motor ansteuert. (ebd., S. 31–33)

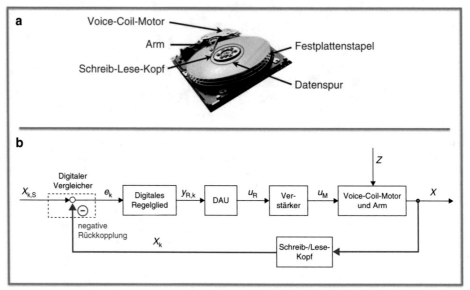

Vorlage: Mann, Schiffelgen, Froriep (2009) ergänzt d. d. A.   © 2018 Dr.-Ing. E. W. Udo Küppers

Abb. 7.5 Positionsregelung, A: Gerätestruktur, B: Blockschaltbild Positionsregelung. (Quelle: Mann et al. 2009, S. 32, modifiziert d. d. A.); Festplattenfoto: http://www.sammt.net/pr-informatik/magnetisch/festplatte_hard_disc.html. Zugegriffen am 08.02.2018

7.2.3 Regelung der Servolenkung bei einem Kraftfahrzeug

Eine Servolenkung soll den Kraftaufwand des Fahrers beim Lenken verringern. Die Aufgabengröße ist der Ausschlag x_R der Räder [Abb. 7.6, A, d. A.] […]. Störgrößen sind z. B. äußere Krafteinwirkungen auf die Räder. Der Lenkausschlag xR kommt durch Verschiebung der Spurstange (Sp) um xA über eine Hebelverbindung zustande [letzter Block in Abb. 7.6, B, d. A.] […].

Ohne Servolenkung muss der Fahrer mit dem Lenkrad (Lr) über ein Getriebe (Gt) direkt die Spurstange verschieben. Mit Servolenkung verschiebt er lediglich den Steuerkolben (Sk) eines hydraulischen Antriebs [vgl. Abb. 7.6, B, d. A.] […], der die Steuerkraft liefert, indem die Pumpe (P) eine Flüssigkeit unter Druck in den Arbeitszylinder (Az) treibt (Flüssigkeitsstrom q). Durch die feste Verbindung der Arbeitskolbenstange Ks mit dem Steuerzylinder Sz kommt eine Folgeregelung zu Stande. Werden nämlich die Steuerkolben Sk aus der gezeigten Position z. B. nach rechts bewegt, dann folgt der Arbeitskolben (und damit der Radausschlag x_R) in die gleiche Richtung. Dabei zieht der Arbeitskolben Ak mit Ks den Steuerzylinder Sz mit, so dass Ak genau dann zum Stillsand kommt, wenn die beiden flexiblen Leitungen V_1 und V_2 durch die beiden Steuerkolben Sk wieder abgedeckt werden und somit q = 0 [ist, d. A.]. Der Soll-/Istwert-Vergleich erfolgt zwischen den Wegen von Steuerkolben (Führungsgröße) und Steuerzylinder (Regelgröße)*. Zu den Versorgungsstörgrößen gehört vor allem die Versorgungsspannung der Pumpe. (ebd., S. 33–34)

*Führungs- und Regelgröße sind im Originaltext (Mann et al. 2009, S. 34) irrtümlich vertauscht.

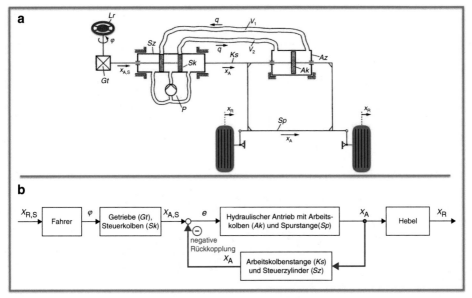

Vorlage: Mann, Schiffelgen, Froriep (2009) ergänzt d. d. A.   © 2018 Dr.-Ing. E. W. Udo Küppers

Abb. 7.6 Servolenkung, A: Gerätestruktur, B: Blockschaltbild Servolenkung. (Quelle: Mann et al. 2009, S. 33, modifiziert d. d. A.)

7.2.4 Regelung der Raum- und Heizwassertemperatur

[In Abb. 7.7, A, links] [...] soll eine Raumtemperatur ∂ mittels Wärmezufuhr über einen Heizkörper (Hk) gezielt beeinflusst werden. Störend wirken vor allem Schwankungen der Außentemperatur ∂_a. Die Wärme wird mittels Heizwasser (Hw) zugeführt, das von dem Thermostatventil (T$_V$, Details in [Abb. 7.7, A, rechts] [...]) mit dem Druck p_V und der Temperatur ∂_V anliegt.

Das Thermostatventil ist eine Mess- und Regelungseinrichtung: Die gewünschte Solltemperatur ∂_S im Raum wird mit der Sollwertschraube (S) eingestellt. Der Istwert wird durch die Dehnung x_B des mit einer Flüssigkeit (Fl) gefüllten Faltenbalgs (Ba) erfasst. Der Soll-/Istwert-Vergleich wird zwischen den beiden Wegen x_S (Stellung Sollwertschraube) und x_B (Istwert) vorgenommen. Die Regeldifferenz $e = x_S - x_B$ steuert die Zuflussventilstellung s_Z für den Heizkörper (ohne Hilfsenergie).

Die Versorgungsstörgrößen p_V und ∂_V sollen möglichst konstant sein. Für p_V reicht eine konstante Drehzahl der Vorlaufpumpe P aus. ∂_V kann je nach Raumwärmebedarf auch stärker absinken. Daher wird ∂_V im Kessel (K) mit einer weiteren Regelung auf einem Sollwert $\partial_{V,S}$ gehalten [Abb. 7.7, A und C, d. A.] [...]. Der Soll-Istwert-Vergleich wird mit den elektrischen Spannungen u_∂ (von Sensor Se1) und $u_{\partial,S}$ durchgeführt. Bei positiver Regeldifferenz $e = u_{\partial,S} - u_\partial$ schaltet das Regelgerät (Rg) einen Brenner (Br) ein und bei negativem e wieder ab usw. (sog. Zweipunktregler [...]). Dabei pendelt ∂_V zwar ein wenig um den Sollwert, was sich aber auf die Raumtemperatur kaum auswirkt.

Um Heizenergie zu sparen, wird der Sollwert $\partial_{V,S}$ bzw. $u_{\partial,S}$ mit einem Steuergerät gesenkt, wenn die Außentemperatur ∂_a (Sensor Se2) steigt (und umgekehrt). (ebd., S. 35)

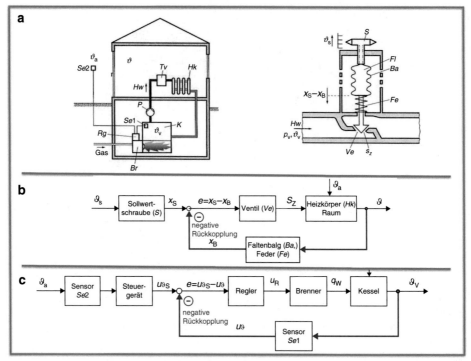

Vorlage: Mann, Schiffelgen, Froriep (2009) ergänzt d. d. A.   © 2018 Dr.-Ing. E. W. Udo Küppers

Abb. 7.7 Raum- und Heizwassertemperaturregelung, A: Anlagenstruktur mit Thermostatventil zur Regelung der Raumtemperatur, B: Blockschaltbild der Raumtemperaturregelung, C: Blockschaltbild der Kesselwassertemperaturregelung. (Quelle: Mann et al. 2009, S. 34, modifiziert d. d. A.)

7.3 Kybernetische Systeme in der Wirtschaft

Mit Wirtschaft wird allgemein die Summe aller produzierenden und dienstleistende Unternehmen eines Landes umschrieben, die Produkte herstellen, verteilen und in Form von Dienstleistungen anbieten. Als volkswirtschaftlich genutzter Indikator für die Stärke oder Schwäche der Wirtschaft wird das – nicht unumstrittene (!) – BIP oder Bruttoinlandsprodukt aller Güter und Dienstleistungen herangezogen, das den volkswirtschaftlichen Gesamtwert eines Landes verkörpert (das berechnete BIP ist u. a. deshalb nicht unumstritten, weil es auch Kosten für Produkte und Dienstleistungen beinhaltet, die zu Zerstörung von Gesellschaftsstrukturen und deren Wiederaufbau beitragen, so etwa auch die Kosten für jede Hilfeleistung bei Verkehrsunfällen und Naturkatastrophen einrechnet, die kontraproduktiv zu einer realen ökonomischen Wertsteigerung in der Gesellschaft sind).

Unternehmen, die Güter produzieren oder Dienstleistungen erbringen, sind immer sozio-technische Systeme, d. h., eine Gruppe von Menschen arbeitet mit technischen Apparaturen im Verbund, um ein bestimmtes Ergebnis zu erzielen.

Die Besonderheit der Zusammenarbeit rührt daher, dass Maschinen in der Regel mathematisch berechenbar in ihren Funktionen und Bewegungen sind, Menschen demgegenüber aber nur in Wahrscheinlichkeiten, mit einem gehörigen Maß an Unsicherheit.

Werden also kybernetische Ansätze im unternehmerischen Umfeld mit dem Ziel, ein bestimmtes Ergebnis zu erlangen, erprobt, müssen technisch-mathematisch exakte mit probabilistischen Handungen verknüpft werden. In zunehmendem Maß wird diese Art Zusammenarbeit zwischen Mensch und Maschine eine entscheidende Rolle spielen, wenn mobile Maschinen in Gestalt von Humanoiden in Kollaboration oder Kooperation mit Menschen treten. Auch hier besitzen negative Rückkopplungen im Mensch-Maschine-System eine nicht unwesentliche Funktion für die Produktivität und zugleich für die Sicherheit des Menschen.

Bevor wir uns der Unternehmenskybernetik nähern, betrachten wir die übergeordnete Wirtschaftskybernetik und ihre Bedeutung. „Wirtschaftskybernetik und Systemanalyse" wird im Rahmen einer Wissenschafts-/Publikationsreihe seit 1970 in periodischen Abständen und aus unterschiedlichen Blickwinkeln behandelt, sei es mit Titeln wie „Kybernetik und Transformation" (2017), „Digitale Welten" (2016), „Unternehmenskybernetik 2020" (2009) oder „Kybernetische Prognosemodelle in der Regionalplanung" (1970).

Erkennbar ist aber auch, dass die praktische Umsetzung kybernetischer sinnvoller Lösungen in Wirtschaftsbereichen und damit vernetzten sozialen bzw. gesellschaftlichen Bereichen mit kybernetischen Theorieansätzen kaum Schritt halten kann. Der große Mangel an Transfer von kybernetischer Theorie in die Praxis ist auch und gerade im wirtschaftlich-unternehmerischen Umfeld erkennbar, wo über Jahrzehnte bis in die Gegenwart streng hierarchische Organisationsstrukturen das Bild wirtschaftlichen Handelns prägen, obwohl kybernetische Prozesse und Ordnungsstrukturen der Dynamik der Entwicklung in realer Umwelt deutlich eher entsprechen würden.

Im Bereich „Managementsupport und Wirtschaftsinformatik" der Universität Osnabrück ist unter der Überschrift *Wirtschaftskybernetik* folgende Aussage zu lesen, die die vorab genannte Bemerkung zur Dynamik unterstützt (https://www.wiwi.uni-rueck.de/ fachgebiete_und_institute/management_support_und_ wirtschaftsinformatik_prof_rieger/ profil/wirtschaftskybernetik.html. Zugegriffen am 10.02.2018):

Unternehmerisches Handeln muss nicht erst seit der zunehmenden Globalisierung von (Welt-) Wirtschaft und Gesellschaft(en) als permanentes, dynamisches Wechselspiel von sozio-technischen Systemen gesehen werden. Das rechtzeitige Erkennen kritischer Entwicklungen exogener Einflussfaktoren sowie der (Folge-)Wirkungen eigener Entscheidungen erfordert angesichts der Komplexität vielfältig vermaschter Regelkreise mit vielfach exponentiell gestalteten Wirkungsverzögerungen eine rechnerbasierte, modellmäßige Unterstützung strategischer Planungsprozesse. Der Forschungsschwerpunkt befasst sich mit der Anwendung der durch die Studien des „Club of Rome" bekannt gewordenen Methode „System Dynamics" von J.W. Forrester [s. Abschn. 4.13, d. A.] auf betriebswirtschaftliche Fragestellungen im volkswirtschaftlichen Rahmen. Beispiele reichen von internen Modellen der Personalentwicklung über Produkteinführungen (Lebenszyklen) oder Wechsel der Fertigungstechnologie bis zu Folgewirkungen staatlicher Rahmenbedingungen (Arbeitskosten, Infrastruktur etc.). Aktuellstes Anwendungsbeispiel sind modellgestützte Analysen der Systemwirkungen von formelbasierter Mittelallokation bzw. Studienbeiträgen im Hochschulwesen. Neben konkreten Modellanwendungen wird der Hauptnutzen der Aktivitäten im Bereich Wirtschaftskybernetik in der konsequenten Schulung des intuitiven Erkennens und Verstehens komplexer Systeme gesehen.

Die wirtschaftlichen und unternehmerischen Rahmen für kybernetische Ansätze sind aus dem vorab zitierten Text erkennbar fließend. Die Entwicklung einer *Unternehmenskybernetik*, als „eine Variante der Wirtschafts- und Sozialkybernetik, die die konkrete Anwendung der kybernetischen Naturgesetze auf jede Art vom Menschen geschaffener Organisationen und Institutionen bildet [...]" (https://de.wikipedia.org/wiki/Unternehmenskybernetik. Zugegriffen am 10.02.2018), begann am Ende der 1980er-Jahre. Der fachdisziplinübergreifende Charakter kybernetischer Ansätze und die damit verbundene Vernetzung bzw. Wechselbeziehungen in Unternehmen hat Guiseppe Strina (2005, zitiert nach: https://de.wikipedia.org/wiki/Unternehmenskybernetik. Zugegriffen am 10.02.2018) zu folgender Definition von Unternehmenskybernetik veranlasst:

> Unternehmenskybernetik ist die anwendungsorientierte und integrativ angelegte, also transdisziplinäre Wissenschaftsdisziplin, die Unternehmen und Organisationen als offene, soziotechnische, ökonomische und vielfältig vernetzte Systeme betrachtet; aufgrund dieses ganzheitlichen, systemischen Ansatzes werden sowohl für die Beschreibung und Erklärung beobachteter Phänomene als auch zur Ableitung von Lenkungs- und Gestaltungsempfehlungen Methoden verschiedener Disziplinen, insbesondere aus Ingenieurs-, Wirtschafts- und Sozialwissenschaften angewendet und zusammen mit kybernetischen Methoden zu integrierten Methodenmodulen kombiniert.

Aktuell wird vom Institut für Unternehmenskybernetik – IfU, das als An-Institut aus der RWTH Aachen hervorgegangen ist – folgende Definition zu Unternehmenskybernetik präsentiert (http://www.ifu.rwth-aachen.de/forschung.html. Zugegriffen am 10.02.2018):

> Unternehmenskybernetik ist eine anwendungsorientierte und integrativ angelegte (transdisziplinäre) Wissenschaft. Diese betrachtet Unternehmen und Organisationen als offene, soziotechnische, ökonomische und vielfältig vernetzte Systeme. Die Unternehmenskybernetik beschreibt und erklärt mit Hilfe dieses ganzheitlichen, systemischen Ansatzes die komplexen Phänomene in Unternehmen. Mit Ansätzen der Ingenieurs-, Wirtschafts- und Sozialwissenschaften werden ganzheitliche Modelle und Lösungen für diese Phänomene entwickelt.

Wirtschafts- und Unternehmenskybernetik werden noch ergänzt durch die *Managementkybernetik*, dessen Begründer in den 1950er-Jahren Stafford Beer war (s. Abschn. 4.9). Mit seinem sogenannten *Viable System Model – VSM –*, das auch als Modell lebensfähiger Systeme übersetzt werden kann, erschuf Beer ein Referenzmodell für die Analyse und die Struktur eines Managements in Organisationen. Systemdenken befasst sich unter anderem mit der Wechselwirkung von Systemelementen und ist ein entscheidendes Merkmal zum Aufbau von Beers VSM. Als Quellen zu VSM wird u. a. verwiesen auf Beer (1995, 1994, 1981, 1970), Lambertz (2016), Espinoza und Walker (2013), Espinoza et al. (2008), Espejo und Reyes (2011).

Die grundlegende Bedeutung von Stafford Beers *Viable System Model,* zeigt sich auch in heutiger Zeit durch das kybernetische *St. Galler Managementmodell – SGMM* (s. Ruegg-Stürm und Grand 2015). Die unten genannten VSM-Subsysteme 3–5 werden – wenn auch nicht vollständig in allen Details des VSM – im SGMM als operatives, strategisches und normatives Management erkennbar. Es wird dadurch überschaubarer, aber nicht trivialer.

Beer sieht in seinem VSM die Stärkung der Überlebensfähigkeit einer Organisation, ganz im Sinne der vernetzten Evolution. Der Antrieb zur Gewinnmaximierung ist demgegenüber von niederem Rang. Die Regulierung ganzer Organisationen in der Umwelt tritt an die Stelle von zentralistischer Steuerung oder organisationaler Führung in Hierarchien. Die Vorbildfunktion lebender, selbstorganisierender Systeme für ein VSM wird deutlich.

Das universell einsetzbare VSM besteht aus fünf Subsystemen eines lebensfähigen Organisationssystems, die kurz genannt werden, wobei auf vertiefte Informationen auf die zugehörigen Quellen verwiesen wird (Beer 1995. https://de.wikipedia.org/wiki/Viable_System_Model. Zugegriffen am 02.08.2017):

System 1:	Produktion, die operativen Einheiten (wertschöpfende Aktivitäten), diese Einheiten müssen für sich selbst lebensfähig sein.
System 2:	Koordination (der wertschöpfenden Systeme 1), Ort der Selbstorganisation der Systeme 1 untereinander.
System 3:	Optimierung, (Ressourcenverwendung im Hier und Jetzt), System 3*: Punktuelle, ergänzende Informationsbeschaffung zum Zustand der operativen Systeme (Audit).
System 4:	Zukunftsanalyse und -planung (Ressourcenplanung für Dort und Dann), die Welt der Optionen. Es beschäftigt sich mit der Zukunft und der Umwelt des Gesamtsystems [...].
System 5:	Oberste Entscheidungseinheit (Grundsatzentscheidungen und Zusammenspiel von System 4 mit System 3), können sich System 3 und 4 nicht über einen gemeinsamen Kurs einigen, trifft System 5 die endgültige Entscheidung.

Beer bemerkte (1990/Original 1985, S. 128):

▶ **Merksatz** The purpose of a system is what it does. And what the viable system does is done by System One.

Deutsch:

▶ **Merksatz** Die Absicht oder die Zweckbestimmung eines Systems ist, was es tut. Und was das überlebensfähige System tut, wird von Systems 1 getan.

Abb. 7.8 zeigt nach Lambertz (2016, S. 137) die Gesamtdarstellung von Beers VSM mit zwei operativen Subsystem-Einheiten (System 1) in technisierter Struktur und Verknüpfung.

Mit diesem einleitenden Rückblick und Ausblick auf die zunehmende Digitalisierung der Wirtschaft bzw. in den Unternehmen, die durchsetzt sind von kybernetischen Prozessen, folgen drei Beispiele konkreter kybernetischer Anwendungen.

7.3.1 Ein kybernetisches Wirtschaftsmodell beschaffungsinduzierter Störgrößen

Unsicherheit, Risiko, Risikomanagement und Kybernetik sind die Schlüsselbegriffe, die sich bei der Entwicklung des kybernetischen Modells (Printz et al. 2015) herausschälen.

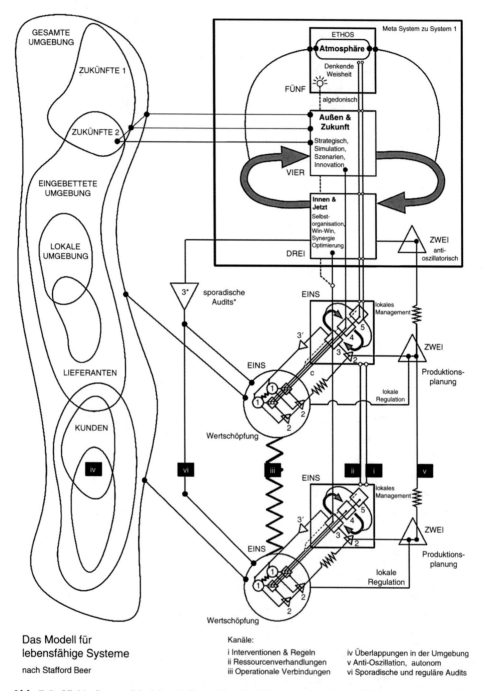

Abb. 7.8 Viable System Model nach Beer. (Quelle: Skizze aus Lambertz 2016, S. 137)

Verschiedene Risikobewertungstechniken werden auf ihre Eignung zum Einsatz in Managementmodellen analysiert und aus deren Ergebnissen das kybernetische Modell beschaffungsinduzierter Störgrößen entworfen. Das Modell resultiert aus der nicht unerwarteten Erkenntnis heraus, dass mit der Globalisierung und der Dynamik der Märkte auch deren Komplexität und Unsicherheit in Wirtschaftssystemen steigen. Das hier behandelte Beispiel aus der Beschaffungsabteilung eines Unternehmens ist dabei nur eines von vielen. Dazu schreiben Printz et al. (ebd., S. 238):

> Diese Abteilung ist aufgrund wechselnder geographischer Lieferantenstandorte und operationeller Risiken in Form interner und externer Störgrößen mit der Herausforderung der Bewertung von Unsicherheiten konfrontiert [...]. Insbesondere Lieferketten unterliegen der Herausforderung der Bewertung und Erfassung komplexer, wechselseitiger Beschaffungsrisiken. Dies stellt für Entscheidungsträger sowohl Chancen (z. B. erhaltene Lieferfähigkeit trotz einer Störung) als auch Risiken dar [...]. Es besteht in diesem Zusammenhang der Bedarf nach einer Risikoanalyse des Beschaffungsprozesses zur Entscheidungsunterstützung des Managements. Diese Risikoanalyse ermöglicht eine Simulation der beschaffungsinduzierten Störgrößen. Die Kybernetik [...] als Metawissenschaft bietet einen geeigneten Lösungsansatz.

Bestehende Simulationsmodelle vernachlässigen nach Aussagen von Printz et al. die Herausforderung der Praxis, die sie mit Verfügbarkeit valider Informationen, Verfügbarkeit von Ressourcen und einfache/anwendungsorientierte Abbildung komplexer Bewertungsobjekte angeben. Weiter heißt es (ebd., S. 251):

> Diese fehlende Modellierung verwehrt eine Abbildung und Bewertung der Auswirkungen solcher Maßnahmen des Risikomanagements. Folglich dienen die beschriebenen Modelle der Identifizierung potentieller Vorgehensweisen zur Risikominimierung, jedoch nicht ihrer Überprüfung: Neben der Vernachlässigung der Risikobehandlung werden auch Vereinfachungen im Bereich der Risikoauswirkungen getroffen. In den [...] Modellen wird davon ausgegangen, dass sich Fehler in der Produktion bzw. nicht produzierte Teile direkt auf die Verkaufserlöse auswirken. Mögliche Puffer aufgrund von Lagerbeständen oder verzögerten Fehlmengenpunkten bleiben unberücksichtigt [...]. Diese Kritikpunkte an den bestehenden Modellen erfordern eine Anpassung bestehender Modelle.

Mit einer Kombination aus qualitativen und quantitativen Verfahren wurde ein kybernetisches Simulationsmodell zur Risikoerfassung entwickelt, mit folgenden vier Voraussetzungen für ein Risikomanagement (ebd., S. 254):

1. *Identifizierung von Unsicherheiten,*
2. *Beschreibung der Auswirkungen,*
3. *Modellbildung,*
4. *Identifikation von Optionen.*

Abb. 7.9 zeigt grafisch die Block-Struktur des kybernetischen Modells.

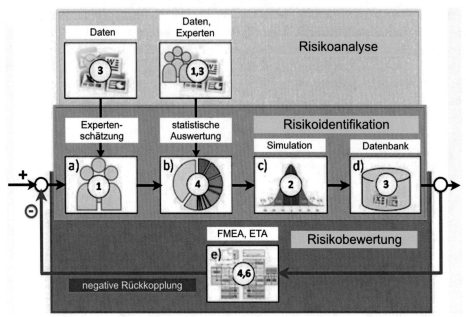

Vorlage: Printz et al. (2015) ergänzt d © 2018 Dr.-Ing. E. W. Udo Küppers

Abb. 7.9 Ein kybernetisches Modell zur simulativen Quantifizierung von Risikofolgen in komplexen Prozessketten. (Quelle: Printz et al. 2015, S. 254, modifiziert d. d. A.)

Es sind fünf Modell-Blöcke, die den funktionalen Ablauf im kybernetischen Modell bestimmen und das Ziel verfolgen, einen kontinuierlichen Verbesserungsprozess mit einem dauerhaften Risikomanagement von Beschaffungsrisiken zu implementieren (ebd., S. 255):

- Block a: *Erstellung eines System Dynamic Modells,*
- Block b: *Statistische Auswertung der Datenbasis zur Bestimmung der Korrelationen und Wechselwirkungen,*
- Block c: *Simulation der Risiken mittels System Dynamics Modell,*
- Block d: *Überführung der Ergebnisse in eine Datenbank,*
- Block e: *Bewertung der Simulationsergebnisse.*

Als Ausgangspunkt (a) wird ein qualitatives System Dynamics Modell durch die Verwendung von Expertenschätzungen (1) und mittels Unterstützung durch eine Risikodatenbank (3) erstellt. Die beispielhafte Modellierung der negativ wirkenden Risiken ist in [Abb. 7.10] […] dargestellt. Als zu modellierende Größen werden die Risikoklassen und deren Detailausprägungen der Beschaffung verwendet [vgl. Tab. 7.1, d. A.] […], wobei die genannten Risiken aus verschiedene Quellen [s. Printz et al. 2015, S. 244, d. A.] zusammengesetzt sind […].

Jede Veränderung des Einzelrisikos verursacht eine potentielle Verzögerung des Liefertermins. Im Prozess der Risikoanalyse werden durch Experten unternehmensspezifische Daten untersucht. Durch die Ableitung von Informationen wird eine Risikoidentifikation ermöglicht und in ein Modell überführt. Dieses qualitative Modell erfüllt sowohl die Forderung nach einem geringen administrativen Aufwand zur Erstellung als auch die Grundvoraussetzung für eine anschließende Simulation.

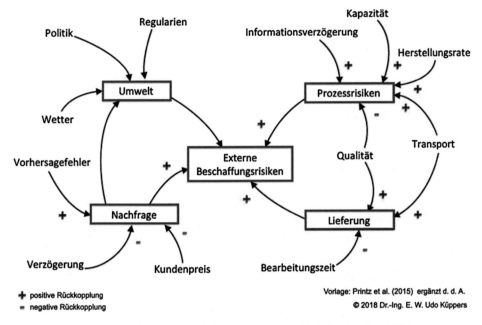

Abb. 7.10 Beispiel eines aggregierten System-Dynamics-Modells für beschaffungsinduzierte Störgrößen. (Quelle: Printz et al. 2015, S. 256, ergänzt d. d. A.)

Tab. 7.1 Klassifizierung von Beschaffungsrisiken. (Quelle: Printz et al. 2015,S. 244, modifiziert d. d. A.)

Risikoklasse	Beispielhaftes Risiko	Gegenmaßnahme	Informationsbedarf aller Risikoklassen
Umwelt	Politik, Wetter, Regularien	Rücksprache mit Vertretern, Versicherung, Pufferzeiten vergrößern zur Ableitung von weiteren spezifischen Gegenmaßnahmen	• Entdeckungszeitpunkt • Ursache • Eintrittswahrscheinlichkeit • Schadensausmaß • Aggregiertes Gesamt-Risiko • alternative Strategien • gewählte Strategie • und die Gesamt-Wirkung
Lieferung	Bearbeitungszeit, Qualität, Transport	Pufferbestände, Lieferanten-Audits, Konventionalstrafen	
Prozessrisiken	Herstellungsrate, Kapazität, Informationsverzögerung	Nachplanung der Produktion, Nutzung von Vertragspartner, Pufferzeit vergrößern	
Nachfrage	Vorhersagefehler, Verzögerung, Kunden-Preis	Sicherheitszuschlag, Neuplanung, Sonderfreigabe	

Die nummerischen Angaben in Abb. 7.9 beziehen sich auf:

1. Expertenschätzungen – implizit
2. Simulationsmodell (System Dynamics)
3. Risikodatenbank – explizit
4. FMEA (Fehlermöglichkeits- und Fehlereinflussanalyse)
5. ETA (Ereignisbaumanalyse)

Ein Vergleich des kybernetischen Modells in Abb. 7.9 mit einem klassischen kybernetischen Regelkreis könnte zu folgenden Schlüssen führen:

1. Die *Führungsgröße* w(t) wäre mit einem SD-Modell vergleichbar, dessen Dynamik zu einem Minimum von Beschaffungsrisiko führen würde.
2. Die *Regelabweichung* e = w(t) – y(t) würde durch die Führungsgröße und die Ergebnisse der Fehler- und Ereignisanalysen (Block e) bestimmt und dem
3. *Regler* (Block a und b) zugeführt.
4. Die Ergebnisse des Reglers werden als *Stellgrößen* u(t) der
5. *Regelstrecke* (Block c) zugeführt, auf die verschiedene Störgrößen z(t) einwirken. Über eine Datenbank werden die simulierten Ergebnisse der Regelstrecke als
6. *Regelgröße* in Block e durch eine Fehler- und Ereignisanalyse bewertet und wieder der Regelabweichung zur Verrechnung zugeführt. Der Kreislauf und seine Dynamik beginnen von vorn.

In Abb. 7.10 wurden die positiven und negativen Flussgrößen leider nicht ausdifferenziert, was den Leser einen besseren Einblick und Überblick verschafft hätte. Bei einigen Bestandsgrößen, wie z. B. der unkalkulierbaren (!) „Umwelt", wäre dies aufgrund der gewählten Argumente mit gewissen Schwierigkeiten verbunden, die durch klarere und eindeutigere Begriffe, trotz einiger grober Hinweise im Text, vermeidbar gewesen wären. Denn Simulationsverfahren leben durch klare operativ handhabbare und möglichst realitätsnahe Argumente, ob als Bestands- oder Flussgrößen. Je eindeutiger ihre Beziehungen, umso verständlicher und nachvollziehbarer sind ihre Abläufe und umso aussichtsreicher ist die Erwartung auf ein nachvollziehbares Ergebnis.

7.3.2 Der kybernetische Regelkreis als Managementinstrument im Anlagenlebenszyklus

Der Anlagenbau berücksichtigt bei der Entwicklung von Anlagen Standards, die durch verschiedene DIN-Normen (z. B. DIN 2800 aus 2011, Chemischer Apparatebau) und/oder VDI-Richtlinien (z. B. VDI 4500 aus 2106, technische Dokumentation) vorgegeben sind. Zu dem hier beschriebenen Prozesszyklus einer Erneuerbare-Energie-Anlage – im speziellen Fall ist die Regenerative-Energie-Anlage eine Biogasanlage – schreiben Krause et al. (2014, S. 25):

Anlagenbetreiber müssen entlang des Lebenszyklus einer Erneuerbare-Energie-Anlage ver-schiedene Betreiberpflichten erbringen. Mit dem Zeitpunkt der Investitionsabsicht werden Informationen zwischen verschiedenen Akteuren ausgetauscht. Dabei lässt sich jede einzelne Lebensphase, in der sich die Anlage sowie deren verbaute Ausrüstungsteile befinden, exakt definieren. Die Hauptphasen im Lebenszyklus einer Erneuerbare-Energie-Anlage sind die „Vorbereitung, Planung, Errichtung", die Nutzung und Rückabwicklung.

Der kybernetische Regelkreis bietet als Managementkonzept eine geeignete Methode, den Informationsfluss im Unternehmen unter Berücksichtigung von Sichten zu optimieren, wobei die Sichten als Informationsprofile die Informationsflüsse strukturieren. [...]

Die Betriebszeit von Erneuerbare-Energie-Anlagen liegt heute meist über dem durch das Erneuerbare-Energien-Gesetz (EEG) geförderten Zeitraum von 20 Jahren [Gesetz für den Vor-rang Erneuerbarer Energie 2012, d. A.] [...]. Anlagenbetreiber sind bestrebt, den Lebenszyklus ihrer Anlage so weit wie möglich zu verlängern, um ihre Wirtschaftlichkeit zu erhöhen.

Mit der Investitionsabsicht beginnt für die Anlagenbetreiber die Verpflichtung, rechtliche, technische und ökonomische Rahmenbedingungen einzuhalten. Doch während des Anlagen-lebenszyklus sind zahlreiche Phasen- und Gefahrenübergänge zu verzeichnen, welche mit einem Wechsel der beteiligten Akteure einhergehen können. Daher ist es einerseits notwen-dig, möglichst exakt zu definieren, wo, wann und welche Informationen zwischen den Akteu-ren fließen, und andererseits, welche Akteure in welcher Lebenszyklusphase beteiligt sind.

Hierzu ist ein einheitliches Verständnis von Zeit, Lage und Art der Informationen erforder-lich, um eine hohe Qualität sicherzustellen. So soll gewährleistet werden, dass zu einem spä-teren Zeitpunkt die Informationen bis zu ihrem Ursprung nachvollziehbar sind.

Abb. 7.11 gibt einen Überblick über Prozessschritte auf dem Lebenszyklus einer Erneuerbaren-Energie-Anlage.

Die Erfassung und Abstimmung von Informationsflüssen aus unterschiedlichen Prozess-abläufen der Anlage spielt bei derartigen komplexen Aufgaben eine entscheidende Rolle für das schlussendliche Gelingen des Vorhabens. Dies soll mit einem *kybernetischen Re-gelkreis* gelingen.

Unter dem kybernetischen Regelkreis wird ein Managementinstrument zur dynamischen Steuerung des Informationsflusses innerhalb des Unternehmens bzw. zur unternehmensüber-greifenden Kommunikation verstanden. Denn zentraler Gegenstand der Kybernetik sind die „Regelungs- und Lenkungsvorgänge von und in Systemen sowie der Informationsaustausch zwischen den Teilsystemen und ihrer dynamischen Umwelt" [...]. Da diese Vorgänge einen immer wiederkehrenden Zirkel bilden [siehe Abb. 7.12, d. A.] [...], welcher auf ändernde Umwelteinflüsse (Störgrößen) reagiert und einen permanenten Soll-Ist-Abgleich vornimmt, kann von einem Regelkreis gesprochen werden.

Um die Risiken bei der Sicherstellung des Informationsflusses für den Kunden zu reduzie-ren, soll der Ansatz verfolgt werden, diesen zu standardisieren. (ebd., S. 31)

Das Ergebnis ist der so definierte „kybernetische Regelkreis" in Abb. 7.12, der in sechs Schritten (ebd., S. 32) beschrieben werden kann:

1. Der Anlagenbetreiber leitet seine Anforderungen anhand der Vorgabe von Soll-Werten ab.
2. Im nächsten Schritt werden die Ist-Daten aufgenommen. Diese Ist-Daten stellen eine Fortschreibung der Vergangenheit dar, da diese Ist-Daten nicht mehr änderbar sind. Sie geben Auskunft über einen Zustand zu einem definierten Zeitpunkt.

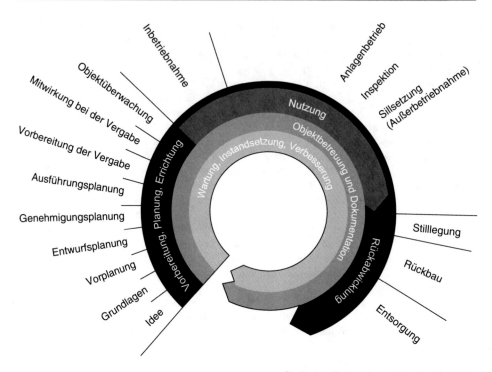

Quelle: bse Engineering Leipzig GmbH) (2014)

Abb. 7.11 Anlagenlebenszyklus von Erneuerbare-Energie-Anlagen und deren Komponenten. (Quelle: bse Engineering Leipzig GmbH)

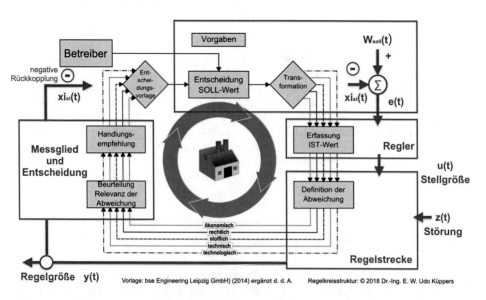

Abb. 7.12 Kybernetischer Regelkreis von technischen Anlagen. (Quelle: bse Engineering Leipzig GmbH; überlagerte technische Regelkreisskizze d. d. A.)

3. Im nächsten Schritt erfolgt die Gegenüberstellung der Ist-Daten mit den Soll-Vorgaben.
4. Durch diesen Vergleich ist eine Abweichung (Soll-Ist-Abgleich) feststellbar.
5. Es erfolgt eine Prüfung der Relevanz der festgestellten Abweichungen. In Abhängigkeit von der Bedeutung der Abweichung werden Maßnahmen zum Erreichen bzw. zum Ändern der Soll-Vorgaben vorgeschlagen. Diese Handlungsempfehlung wird einer Entscheidungsfindung zugeführt.
6. Aus der Entscheidungsfindung erfolgt eine neue Festsetzung des Soll-Wertes.

Situations- bzw. ablaufbedingt werden zur besseren Handhabung der differenziert zu analysierenden Informationsflüsse diese in spezifische Profile in Form von fünf Sichten unterteilt: Informationen aus ökonomischer, rechtlicher, stofflicher, technischer und technologischer Sicht.

Kritisch anzumerken ist, dass die beiden Sichten auf energetische und ökologische Informationen nicht explizit aufgeführt sind. Beide sind aber – gerade für zukünftige Techniken zu Erneuerbare-Energie-Anlagen – grundlegende Entscheidungskriterien im Hinblick auf Nachhaltigkeit.

▶ **Merksatz** Auch Erneuerbare-Energie-Anlagen benötigen Energie zu ihrer Herstellung, die sich in dem Lebenszyklus einer Anlage niederschlagen muss, wenn Kosten auf eine realistische Grundlage gestellt werden sollen.

7.3.3 Die CyberPractice-Methode nach Dr. Boysen

„CyberPractice", ein Kunstwort aus Cybernetics und Practice, wird als eine Methode präsentiert (Boysen 2011, S. 81), die

> […] ihren Hebel […] unmittelbar im System und in den Handlungen selbst an[setzt]. Sie fußt auf der Idee, dass die Handelnden systemisch sinnvoll vorgehen werden, wenn sie das Gesamtbild erfassen, systemische Zusammenhänge erkennen und – das ist als Handlungstreiber ganz wichtig – wenn sie aus einer systemisch sinnvollen Vorgehensweise einen größeren Nutzen erwarten als aus einer isolierten, die vermeintlich den eigenen Nutzen erhöht.
>
> Dazu wird nach dem CyberPractice-Ansatz eine Betrachtung des Geschehens aus systemischer Perspektive gewählt. Jegliches „Geschehen" wirkt sich in Prozessen aus. Deshalb ist es sinnvoll, sich in erster Linie mit Prozessen zu befassen, statt Organisationseinheiten zu betrachten, die ja eigentlich Mittel zum Zweck sind, um Prozesse auszuführen. Und nun kommt der entscheidende gedankliche Schritt, dass nämlich jeder Prozess auch als System [dessen Definition wird schon kennen, d. A.] aufgefasst werden kann.

Um ein systemisch sinnvolles Handeln bei der CyberPractice-Methode direkt im Prozessgeschehen durchführen zu können, wird vorausgesetzt, dass die handelnden Personen mit den kybernetischen Grundlagen vertraut sind, was über Schulungen, die Führungsaufgaben zugeschrieben werden, erfolgt.

Als Potenziale werden angegeben (ebd., S 83–84),

[…] dass die Beteiligten die Zustände der Systemelemente im Prozess erfassen, wie es auch vom System-Dynamics-Ansatz [nach J. W. Forrester, vgl. Abschn. 4.13, d. A.] nahegelegt wird. Allerdings wird bewusst darauf verzichtet, die Systemdynamik explizit zu dokumentieren. Vielmehr wird darauf hingearbeitet, dass die Beteiligten die Dynamik erkennen und sie aus systemischer Sicht gestalten. Der wesentliche Vorteil gegenüber rein analytischen Ansätzen besteht darin, dass mit der Erkenntnis von Zusammenhängen sofort eine systemisch sinnvolle Umsetzung verbunden ist, also erkannte Potentiale unmittelbar erschlossen werden. Ein weiterer Vorteil besteht in der gleichzeitigen Befähigung von Organisationen zu dynamischer Anpassungsfähigkeit. Diese Umsetzungsvorteile fehlen bei den rein analytischen Beschreibungsansätzen, zu der die Sensitivitätsanalyse [nach F. Vester, s. Abschn. 4.14, d. A.] und die System-Dynamics-Methode gehören.

Die CyberPractice-Methode liefert methodisch sauber abgeleitete Umsetzungsergebnisse bezüglich der Prozessgestaltung und erfüllt außerdem vollumfänglich die Anwendungskriterien der Unternehmenspraxis. Dass das Modell methodisch auf der qualitativen Ebene bleibt, ist seine Stärke, denn es erlaubt eine Konzentration auf die Erfassung und Beeinflussung der wesentlichen Wirkungszusammenhänge, ohne eine vermeintliche numerische Präzision zu suggerieren. Eine weitere Stärke dieses Ansatzes ist, dass sich die Methode frei von jeder Bindung an eine konkrete IT-Anwendung in intensiver Interaktion zwischen den Führungskräften in Organisationen anwenden lässt. […].

Ein Kerngedanke des CyberPractice-Ansatzes ist, bei der Ursachenanalyse hinreichend tief zu schürfen, um sicherzustellen, dass Wirkungszusammenhänge besser verstanden und die Effekte des Zusammenspiels gezielt beeinflusst werden. […].

Deshalb muss mindestens auf der operativen Leistungsebene, wo Maßnahmen und Wirkungen vollständig in die klassischen Kategorien „Kosten", „Zeit" und „Qualität" einfließen, nach den Problemursachen gesucht werden. Aber es ist auch nicht ausreichend, die Key Performance Indicators (KPls) in diesen Kategorien zu straffen und auf Umsetzungsdisziplin zu achten. Vielmehr müssen die systemischen Voraussetzungen dafür geschaffen werden, dass operative Ergebnisse wirklich verbessert werden können. Diese systemischen Voraussetzungen können nur durch eine Optimierung des Zusammenspiels der Wirkungsbeziehungen beeinflusst werden. Für diese Optimierungsaufgabe kann das Vorgehensmodell CyberPractice wirkungsvoll eingesetzt werden.

Die dünnen Pfeillinien in Abb. 7.13 zeigen Folgewirkungen von Aktionen an, während die dicke Pfeillinie Rückkopplungseffekte der Ergebnisse auf die Startbedingungen anzeigen.

Vereinfachend sind die Zusammenhänge folgende: Wird das Verständnis der Führungskräfte für systemische Zusammenhänge geschärft, werden die Top-Führungskräfte nicht mehr primär die Geschäftseinheiten und die funktionalen Bereiche als die Treiber für erfolgreiches Wirtschaften betrachten. Vielmehr werden sie den Blick auch auf das Dazwischen richten, auf die Verbindungen zwischen Spezialisten, zwischen Geschäftseinheiten und Unternehmen. Und sie werden besser das Potential der Fähigkeiten erkennen, die sich aus solchen Verbindungen ergeben können. Sie werden auch den Nutzen von Redundanzen wahrnehmen, die sich aus einer sinnvollen Vernetzung ergeben, und zwar Redundanzen nicht als Dopplung der Ressourcen im klassischen Sinn, sondern derart, dass verschiedene Elemente im System dieselben Funktionen übernehmen können, wenn sie vielseitig angelegt sind. (ebd., S. 84)

Kritisch anzumerken ist, dass eine reale Gegenüberstellung der postulierten Vorteile und Nachteile der CyberPractice-Methode einerseits und der genannten System-Dynamics-Methoden und des Sensitivitätsmodells andererseits nicht bekannt ist. Daher können die

Hervorhebungen von Vorteilen der einen – CyberPractice – Methode gegenüber den beiden anderen nur zur Kenntnis genommen werden. Eine wissenschaftliche fundierte Auswertung würde mehr Licht in diffuse Argumentationen bringen.

Sicher ist, dass systemische bzw. kybernetische Methoden zur Lösungen von Problemen in komplexem dynamischem Umfeld den strategisch und operativ Handelnden einen neuen Blick auf das Geschehen abverlangen. Es ist dabei unerheblich, ob Wirtschaftsprozesse – oder Prozesse anderer Prioritäten – qualitativ oder quantitativ ablaufen, direkt oder indirekt über Modellierungen Einfluss auf real ablaufende Prozesse nehmen usw.

▶ **Merksatz** „Denn um klar zu sehen, genügt ein Wechsel der Blickrichtung."

Diese wertvolle Erkenntnis des französischen Schriftstellers Antoine de Saint-Exupérys (1900–1944), die er in seinem 1951 erschienenen Werk „Die Stadt in der Wüste" wiedergab, gilt immerfort.

Gerade wirtschaftliche Strategien und operative Prozesse zeigen auf vielfältige Art deutlich, was in Abb. 7.13 nur andeutungsweise skizziert ist, nämlich das Problem von Folgewirkungen, insbesondere dann, wenn sich daraus – oft zwangsläufig – weitere Folgen von belastendem Ausmaß ergeben. Diese werden oft als notwendiges Übel hingenommen oder – sofern nicht unerhebliche Folgekosten damit verbunden sind – als sogenannte externe Effekte – Umweltkosten, soziale Kosten – außerhalb des Wirtschaftsprozesses klassifiziert.

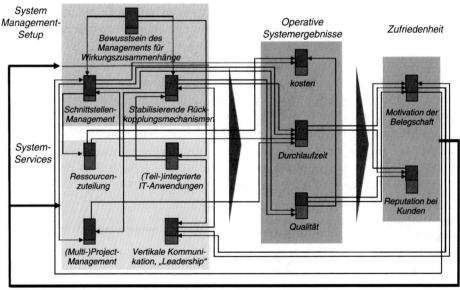

Quelle: Boysen, 2011

Abb. 7.13 Struktur und Verlauf der CyberPractice-Methode in drei Blöcken: Systemmanagement, Operative Systemergebnisse und Zufriedenheit von Mitarbeitern und Kunden. (Quelle: Boysen 2011, S. 84, modifiziert d. d. A.)

Der aktuelle Vorgang von Wirtschaftskartellen, gekoppelt mit in betrügerischer Absicht manipulierter Technik an Personenkraftwagen deutscher PKW-Hersteller (u. a. Friedmann et al. 2017; Faller et al. 2017; Osman und Menzel 2017), wodurch Führungskräfte in Unternehmen nicht nur Millionen Autofahrer bewusst getäuscht, sondern auch die Atemluft in unserer Umwelt bewusst verschmutzt haben, ist eines von vielen deutlichen Alarmsignalen dafür, dass sich konventionelles starr hierarchisches Unternehmensmanagement in vielen Wirtschaftsbereichen überholt hat.

▶ **Merksatz** Es fehlen im wirtschaftlichen Getriebe unserer Zeit zunehmend kybernetische „negative Rückkopplungen", die verhindern, dass Grenzen der Ethik und eines nachhaltigen, überlebensstärkenden Wirtschaftens durch willkürliche Aktionen Einzelner oder einer Gruppe von Einzelnen überschritten werden.

7.4   Kybernetische Systeme in der Gesellschaft

Beginnend mit den komplexesten Strukturen und dynamischen Abläufen der evolutionären Natur, der wir unser Dasein verdanken, über Teilbereiche unserer Arbeitsprozesse – Technik und Wirtschaft – enden wir in diesem Kapitel kybernetischer Systeme mit einer Funktionseinheit Gesellschaft, die nicht minder komplex ist als die beiden vorab betrachteten „Systeme" mit ihren kybernetischen Prozessen – im Gegenteil.

In Gesellschaften finden hochgradig dynamische Prozesse statt, die vollständig zu überschauen einer Sisyphosarbeit gleichen würde. Gesellschaften, in denen Menschen als sozial handelnde Akteure miteinander agieren, sind von einer unterschiedlichen Vielfalt an Personen und Dynamik geprägt und können keineswegs als geschlossene Systeme im definitorischen Sinn betrachtet werden. Eine Gesellschaft bzw. eine ethnische Gruppe als System ist offen gegenüber der Umwelt und somit auch offen gegenüber anderen ethnischen Gruppen. Der Begriff Gesellschaft, der die Menschheit als Ganzes umfasst, ist auch anwendbar auf pflanzliche und tierische Gesellschaften. Die Natur zeigt an unzähligen Beispielen deutlich die Vernetzung unterschiedlicher, evolutionär entwickelter Gesellschaften zwischen Menschen, Pflanzen und Tieren. Dabei werden Strukturen der Energieversorgung, Stoffverarbeitung und Kommunikation aufgebaut, die es den Arten erlauben, ihre partielle Überlebensfähigkeit zu stärken.

Hinter diesen Überlebensstrategien stecken evolutionär optimierte vernetzte Regelkreisprozesse, die durch geeignete *positive* und *negative* Rückkopplungen zu einer Systemstabilität in lokalen Lebensräumen beitragen.

Die Gesellschaften der Menschen scheinen hier eine unrühmliche Ausnahme zu sein. Denn sie haben – mehr oder weniger – durch ihre „Intelligenz" und „Kreativität" den Weg einer Naturbeherrschung durch gezielte Steuerungsprozesse eingeführt, der im vollkommenen Widerspruch zur Naturstrategie steht und der Natur dadurch enormen Schaden zufügt. Der Zirkelschluss menschlicher Entwicklungsstrategien ist dann erreicht, wenn wir unsere eigene Entwicklungsgrundlage lebensunwert gestaltet haben.

Dass wir bereits seit einiger Zeit auf dem besten Weg in diese Richtung sind, zeigt der Ausruf eines neuen Erdzeitalters – des Anthropozän (vgl. Crutzen und Stoermer 2000; Küppers 2018), wonach die zerstörenden Veränderungen auf unserem Planeten deutlich auf menschliche Aktivitäten zurückzuführen sind.

Wie wirken nun Ansätze von kybernetischen Systemen in unserer menschlichen Gesellschaft, die wir in den folgenden Beispielen betrachten? Können sie helfen, fehlgeleitete Entwicklungsstrategien in vielen gesellschaftlichen Bereichen, die gepaart sind mit teils enormen Folgeproblemen, in Richtung einer Stärkung von Nachhaltigkeit, Robustheit und Fortschrittsfähigkeit zu erhöhen? Oder werden kybernetische Systeme im engen, regelungstechnisch orientierten Sinn, gekoppelt mit neuen digitalen Möglichkeiten von Algorithmen und „künstlicher Intelligenz" dazu verwendet, exakt das Gegenteil von dem zu erreichen, was als Stärkung der Überlebensfähigkeit genannt werden kann? Zwischen beiden Polen liegt eine Grauzone von Handlungsalternativen, wie auch immer sie genutzt werden (s. ebd.).

Wir beginnen mit einem Begriff, der die Kybernetik mit sozialen Belangen in Gesellschaften verknüpft: der Soziokybernetik.

7.4.1 Soziokybernetik

Eine Erklärung dessen, was Soziokybernetik bedeutet, liefert folgender Text (https://de.wikipedia.org/wiki/Soziokybernetik. Zugegriffen am 13.02.2018):

> Die Soziokybernetik fasst die Anwendung kybernetischer Erkenntnisse auf soziale Phänomene zusammen, d. h., sie versucht, soziale Phänomene als komplexe Wechselwirkungen mehrerer dynamischer Elemente zu modellieren. Eine wichtige Problemstellung der Soziokybernetik liegt in der Kybernetik zweiter Ordnung [s. Abschn. 5.5, d. A.], da Soziokybernetik eine gesellschaftliche Selbstbeschreibung ist.

Die Soziokybernetik überlagert sozusagen die Systemwissenschaft auf die Sozialwissenschaft, wobei ein Arbeitsfeld von grundlegenden erkenntnistheoretischen Fragen bis anwendungsorientierter Forschung, einschließlich ethischer Probleme, aufgespannt wird. Die Komplexität einer Gesellschaft wird durch die Soziokybernetik – aus systemischer Sicht – folgerichtig weniger durch lineare kausale Abläufe, sondern vorrangig durch dynamische Rückkopplungsprozesse einschließlich selbstorganisierter Systeme analysiert und bewertet. Aus der vorab genannten Quelle heißt es weiter (ebd.):

> Systemprozesse, insbesondere die Beziehung zwischen Systemen und ihrer Umwelt, werden als „informationelle Prozesse" verstanden. Information ist derjenige Faktor, der für die Strukturbildung und damit für die innere Ordnung von Systemen verantwortlich ist. Aber Information beinhaltet Kontingenzen und bedarf der Selektion; hier gibt es keinerlei Notwendigkeiten im Sinne einer strengen Kausalität. Auf Steuerungsversuche aus ihrer Umwelt reagieren Systeme mit selbstorganisierenden (dissipativen) Strukturen deshalb prinzipiell unvorhersehbar, was sie zum privilegierten Gegenstand soziokybernetischer Forschung gemacht hat.

Laut dem aus dem *Fraunhofer Institut für Intelligente Analyse- und Informationssysteme* hervorgegangenen *International Center for Sociocybernetics Studies Bonn (CSSB)* ist (http://www.sociocybernetics.eu/wp_sociocybernetics/2015/12/01/soziokyberneti-sche-grundprinzipen/. Zugegriffen am 14.02.2018)

> Soziokybernetik […] die Anwendung systemischen Denkens und kybernetischer Prinzipien in der Analyse und dem Umgang mit sozialen Phänomenen hinsichtlich ihrer Komplexität und Dynamik.
> Sich in der soziologischen Forschung eines kybernetischen Ansatzes zu bedienen, impliziert, sich auf einige grundlegende Prinzipien einzulassen, die von den Klassikern der Systemtheorie und Kybernetik durchaus unterschiedlich akzentuiert worden waren. Während der Mathematiker Norbert Wiener die Aspekte der Steuerung und Kommunikation in naturwissenschaftlichen und humanwissenschaftlichen Zusammenhängen hervorhebt, definiert der Neurophilosoph Warren McCulloch die Kybernetik als eine Erkenntnistheorie, die sich mit der Erzeugung von Wissen durch Kommunikation befasst. Stafford Beer sieht die Kybernetik als Wissenschaft von der Organisation komplexer sozialer und natürlicher Systeme. Für Ludwig von Bertalanffy sind kybernetische Systeme ein Spezialfall von Systemen, die sich von anderen Systemen durch das Prinzip der Selbstregulation unterscheiden. Die Kybernetik als Wissenschaftsdisziplin zeichnet sich Bertalanffy zufolge dadurch aus, dass sie sich auf die Erforschung von Steuerungsmechanismen konzentriert und sich hierbei auf Information und Rückkoppelung als zentrale Konzepte stützt. Ähnlich fomuliert Walter Buckley, wenn er die Kybernetik weniger als Theorie verstehen möchte, sondern eher als einen theoretischen Rahmen und ein Set von methodologischen Werkzeugen, die in verschiedenen Forschungsfeldern angewandt werden können. Der Philosoph Georg Klaus sieht in der Kybernetik eine fruchtbare epistemologische Provokation (Klaus 1964). Für Niklas Luhmann besteht die Faszination der Kybernetik darin, dass das Problem der Konstanz und Invarianz von Systemen in einer äußerst komplexen, veränderlichen Welt aufgegriffen und durch Prozesse der Information und Kommunikation erklärt wird. Für Heinz von Foerster ist Selbstbezüglichkeit das fundamentale Prinzip kybernetischen Denkens. Er spricht von Zirkularität und meint damit alle Konzepte, die auf sich selbst angewandt werden können, Prozesse, in denen letztendlich ein Zustand sich selbst reproduziert.

Nach dieser kurzen und prägnanten Aufzählung differenzierter, klassischer kybernetischer Ansätze liegt die Frage auf der Zunge: Welchen Weg oder welche Wege soll eine Soziokybernetik, eine Kybernetik der Gesellschaft einschlagen, um ihre Problemlösungskompetenz zu belegen?

Der vorherigen Quelle folgend heißt es weiter (ebd.):

> Soziokybernetik ist ein Forschungsbereich, in dem sich die Soziologie mit einigen Nachbardisziplinen aus den Natur- und Technikwissenschaften trifft, um die […] übliche Auffassung, dass die Sozial- und Geisteswissenschaften einerseits und die Natur- und Technikwissenschaften andererseits als verschiedene Wissenschaftskulturen nebeneinanderstehend sich wechselseitig nichts zu sagen haben, im Wissenschaftsalltag zu überwinden. […]
> Angesichts des verstärkten Nachdenkens in der Öffentlichkeit, wie sich Vorsorgestrategien für systemübergreifende Risiken ausarbeiten lassen, wie sich tradierte Produktionsformen und Konsummuster in eine soziale und ökologisch angemessenere Richtung verändern könnten, welche gesellschaftlichen Steuerungsinstrumente einzusetzen wären, etwa um den

gravierendsten Problemen der Globalisierung begegnen zu können, wie sich weltweite Sozialstandards umsetzen ließen oder wie realistische Strategien nachhaltiger Entwicklung entwickelt werden könnten, empfiehlt sich Soziokybernetik als Ansatz, um die mit derartigen Fragen verbundenen Komplexitäts- und Dynamikprobleme anzugehen.

Nicht nur über ihre epistemologischen und paradigmatischen Grundlagen, sondern auch in der intensiven Nutzung informationstechnisch gestützter Computersysteme gelingt es der Kybernetik zunehmend, zwischen den beiden Wissenschaftskulturen einen wechselseitigen Bezug zu praktizieren. So wird es vermehrt möglich, traditionelle Probleme der Soziologie mit mathematischen Verfahren zu bearbeiten.

Mit wachsendem Erfolg werden beispielsweise die neuen Methoden der Computermodellierung auf immer mehr Bereiche der Sozial- und Geisteswissenschaften angewendet – von der Simulation von Spracherwerbs- und Sprachproduktions-Prozessen über die Simulation von Marktprozessen ökonomischen Handelns bis zur formalen Modellierung der Evolution von Gesellschaften. Keineswegs können diese Verfahren die bewährten Forschungsmethoden der Soziologie ersetzen, aber mit ihrer Hilfe könnte es gelingen, das Problem der Überkomplexität sozialer Phänomene wissenschaftlich adäquater zu erfassen. Umgekehrt sind Computermodellierungen immer angewiesen auf das methodische und inhaltliche Know-how der etablierten soziologischen Forschung, ohne das die besten Modelle leer bleiben müssen.

Auch in umgekehrter Richtung lassen sich Veränderungen, die durch die Nutzung gemeinsamer Beschreibungssprachen und Modellierungsverfahren möglich geworden sind, beobachten: Auf dem Feld des Software-Engineering beispielsweise hat der Einfluss neokybernetischen Denkens dazu beigetragen, naive Vorstellungen über die Beobachtung und Modellierung sozialer Sachverhalte zu überwinden und durch neue Methoden (z. B. evolutionäre und zyklische Softwareentwicklungsverfahren auf der Basis einer konstruktivistischen Epistemologie) zu ersetzen.

Die gegenwärtigen Entwicklungen auf dem Gebiet der Internet-Technologien (z. B. zum „Semantic Web") [= Austauschbarkeit und Verwertbarkeit von Daten zwischen Rechnern, d. A.] stehen in einem engen Dialog mit soziologischen, kommunikationswissenschaftlichen und philosophischen Forschungsarbeiten. Ähnliches gilt für die informationstechnischen Arbeiten im Bereich autonomer Systeme und Verteilter Künstlicher Intelligenz (VKI), wo u. a. an der Entwicklung von Softwareagenten gearbeitet wird, die sich durch autonome Kooperationsbeziehungen auszeichnen und dabei zu neuartigen Formen von Sozialität emergieren [= auf eine höhere Qualitätsstufe heben, die durch einzelne Systemelemente nicht erreicht wird, d. A.] können. Diesbezügliche Forschungen sind ohne soziologische Fundierung kaum denkbar.

Erwähnenswert scheint noch ein Forschungsansatz von Hummel und Kluge (2004), der sich mit der Verknüpfung von sozialen und ökologischen Belangen durch kybernetische Regulationen befasst. Beide Systeme sind eng miteinander verbunden, besitzen jedoch unterschiedliche Zielstrategien. Interessant ist, dass die Autoren auch explizit Kritikargumente thematisieren, die teils bis heute Bestand haben, was die Verknüpfung von kybernetischen Regularien mit sozialen Umfeldern betrifft. Es heißt (ebd., S. 12):

Die unreflektierte Übertragung technisch-kybernetischer Begriffe und Modelle auf die Gesellschaft wird dann zu Recht als problematisch kritisiert. Wie ist es aber mit einer reflektierten Analyse gesellschaftlicher Zusammenhänge mit verallgemeinerten kybernetisch-systemwissenschaftlichen Begriffen und Modellen?

Ein zweiter Einwand kann sich auf ein politisch verengtes Verständnis von Kybernetik beziehen. In den 60/70iger Jahren bildete sich die politische Kybernetik heraus. Diese steuerungstheoretischen Ansätze einer politikwissenschaftlich ausgerichteten Kybernetik waren eingebettet in einen anwachsenden Staatsinterventionismus der keynesianisch geprägten Wohlfahrtsökonomie, mit einer stark prosperierenden Leistungsverwaltung (und -wirtschaft).

Autoren wie Karl W. Deutsch [1969, „Politische Kybernetik", Original 1963, „The nerves of government: models of political communication and control", d. A.] oder Amitai Etzioni [1968, „The Active Society", d. A.] ging es um die Steigerung der Lernfähigkeit der Gesellschaft und der Selbstbestimmung (Selbstorganisation) gesellschaftlicher Gruppen.

Auf die Einwirkung der Kybernetik im politischen Umfeld werden wir noch näher eingehen.

Nach den vorab zitierten Passagen aus dem *International Center for Sociocybernetics Studies Bonn (CSSB)* zu systemischen Einflüssen auf gesellschaftliche Prozesse liegt uns eine fundierte Einführung vor, die wir nun durch weitere kybernetische Anwendungen auf gesellschaftliche Bereiche ergänzen werden.

7.4.2 Psychologische Kybernetik

Der vorab thematisierte Verbund der Kybernetik mit den Sozialwissenschaften ist nicht weit entfernt von dem, was eine Kybernetik mit Psychologie verbindet. Das Verhalten von Menschen und Tieren, deren Beobachtung und Schlussfolgerungen umfasst ein weites Feld der Erkenntnis, wie eine Definition der Psychologie andeutet (https://de.wikipedia. org/wiki/Psychologie. Zugegriffen am 15.02.2018):

> Die Psychologie ist eine erfahrungsbasierte Wissenschaft. Sie beschreibt und erklärt menschliches Erleben und Verhalten, deren Entwicklung im Laufe des Lebens sowie alle dafür maßgeblichen inneren und äußeren Ursachen oder Bedingungen. Da mittels Empirie jedoch nicht alle psychologischen Phänomene erfasst werden können, ist auch auf die Bedeutung der geisteswissenschaftlichen Psychologie zu verweisen.

In einem frühen Beitrag zu kybernetischen Ansätzen in der Verhaltenspsychologie aus dem Umfeld des österreichischen Zoologen und Medizin-Nobelpreisträgers Konrad Lorenz (1903–1989), der in den 1960er-Jahren das Max-Planck-Institut für Verhaltensforschung in Seewiesen leitete, wurde von Norbert Bischof in der Psychologischen Rundschau (1969, S 237–256) die Frage aufgeworfen: „Hat Kybernetik etwas mit Psychologie zu tun?" Eine erste Antwort lieferte Bischof bereits ein Jahr zuvor selbst, in seinem Beitrag „Kybernetik in Biologie und Psychologie" (1968, S. 63–72), in dem er von „Vorgängen in oder an „einem Menschen", „einem Lebewesen" oder „einem Organismus" spricht (ebd., 63)", wobei er die These des *atomistischen Ansatzes* der Antithese des *ganzheitlichen Ansatzes* gegenüberstellt, um schließlich zur Synthese des *kybernetischen Ansatzes* in der Psychologie zu gelangen. Dazu Bischof (ebd., S. 69–70), der den naheliegenden Begriff der Biokybernetik verwendet, wie ihn auch Frederic Vester benutzt:

> Die biokybernetisch orientierte Verhaltensphysiologie tendiert gleich den Ganzheitslehren dazu, den Organismus aus der „Innenperspektive" […] zu verstehen; insofern ist es durchaus von wissenschaftsgeschichtlicher Relevanz, dass das Lebenswerk Erich von Holsts [deutscher

Biologe und Verhaltensforscher (1908–1962), der nicht nur den *Nachweis physiologischer Eigenaktivität des Zentralnervensystems* erbrachte, sondern auch grundlegende Erkenntnisse zum Vogelflug beisteuerte, z. B. die des Flugprinzips von Libellen, d. A.] einerseits in der Erforschung der spontanen Aktivität des Organismus, andererseits in der Formulierung des Reafferenzprinzips gipfelte. Der Organismus erscheint demnach als ein System, das nicht nur auf Reize (Afferenzen) reagiert, sondern immer auch Reafferenzen seiner (spontanen) Aktionen empfängt. Auch hier also schließt sich der Reflexbogen zu einem „Kreis", der nunmehr aber exakt als Regelkreis bestimmt wird.

Auch der verhaltensphysiologische Ansatz lässt sich als „ganzheitlich" charakterisieren insofern, als der Organismus nicht durch synthetisches Zusammenfügen kleinster, elementarer Bestandteile nachkonstruiert, sondern zunächst global als eine Art „schwarzer Schachtel" (Black Box) betrachtet wird, die sich im Zuge allmählich differenzierender Analyse in eine Struktur von Teilsystemen entfaltet. Das Verhalten dieser Gesamtstruktur ist dann wiederum, wie jeder Regelungstheoretiker weiß, durchaus mehr als die Summe der Verhaltenscharakteristika ihrer Teilstrukturen – in dem Sinn, dass im Allg. weit kompliziertere mathematische Operationen erforderlich sind, um die Eigenschaften des Ganzen aus denen der Teile (einschließlich ihrer gegenseitigen Beziehungen) zu ermitteln.

Während sich in Bezug auf die „Ganzheitlichkeit" der Betrachtungsweise also durchaus Parallelen zu der vorhergenannten Gruppe von Denksystemen [atomistisch und ganzheitlich, d. A.] aufzeigen lassen, besteht doch eine bedeutsame Abweichung insofern, als die verschwommene Kategorie der „Wechselwirkung" wieder aufgegeben wird zugunsten der durchgängigen Reduktion auf einsinnige gerichtete Wirkungsverläufe. Diese erscheinen nun allerdings im Unterschied zur Reflexlehre nicht mehr nur in Kettenstruktur verknüpft; durch Hinzunahme der Strukturtypen der „Masche" und insbesondere der Rückführung (feedback) gewinnt das begriffliche Werkzeug vielmehr einen Grad der Flexibilität, der eine adäquate Beschreibung selbst von Fällen echter Wechselwirkung ohne Weiteres gestattet.

Erwähnenswert ist, dass zeitgleich auch der Kybernetiker Karl Steinbuch mit „Überlegungen zu einem hypothetischen cognitiven System" (Steinbuch 1968, S. 53–62) im Speziellen und mit „Automat und Mensch. Auf dem Weg zu einer kybernetischen Anthropologie" (Steinbuch 1968, Original 1961) im Allgemeinen befasste.

Ob nun, wie vorab angesprochen, die Kybernetik nach Bischof etwas mit der Psychologie zu tun hat, oder neue Erkenntnisse beisteuert, fasst Bischof (1969, S. 255–256) wie folgt zusammen:

Ich habe […] auf eine Strömung in der zeitgenössischen Psychologie hingewiesen, die vermeint, Wissenschaftlichkeit fände ihren vornehmsten Ausdruck in der Attitüde des kritischen Vorbehalts. Im Gegensatz zu solchen „Widersachern der Seele" sind die Kybernetiker eher naiv. Nun ist Naivität aber seit je der schöpferischen Produktivität verschwistert – und das muss man der Kybernetik auf jeden Fall lassen: Sie wirft uns keine Knüppel vor die Füsse, sie stellt unsere eigenen Ideen nicht dauernd in Frage (allenfalls kümmert sie sich zu wenig darum); in der Hauptsache ist sie damit beschäftigt, uns neue Ideen, Fragestellungen und Lösungsvorschläge zu bescheren, und wenn davon auch nur zehn Prozent brauchbar sein sollten, hätte sich die Sache schon gelohnt.

Für den psychologischen Praktiker sind Kybernetiker viel angenehmere Partner als die obengenannten Kritiker aus den eigenen Reihen. Kybernetiker haben nämlich noch echte Ehrfurcht vor der Intuition (das kommt von ihrer mathematischen Schulung): Sie klopfen dem Interpreten eines projektiven Tests oder dem Psychoanalytiker oder dem Praktiker der Menschenkenntnis nicht missbilligend auf die Finger, weil seine Erkenntniswege etwa zu komplex, zu unüberschaubar, zu „subjektiv" seien. Sie beschleichen ihn vielmehr von hinten und versuchen mit aller systemanalytischen Raffinesse herauszubringen, wie er es macht! Um ihn dann nachzubauen. Das mag freilich auch nicht jedem recht sein, aber immerhin – der Kybernetiker misstraut zunächst nicht gleich der Leistungsfähigkeit seines Opfers.

Bischof schließt selbstkritisch:

> Ich kann nicht hoffen, mit diesen Ausführungen alles Misstrauen beseitigt zu haben. Eines aber sollte man bedenken: Das weltanschaulich motivierte Bekenntnis zu der Erwartung, dass bei allen Bemühungen um naturwissenschaftliche oder quantitative oder kybernetische – jedenfalls rationale Analyse des Menschen ein unauflösbarer Rest zurückbleiben müsse, kann uns nicht weiterhelfen. Wir sind darauf angewiesen, zu erkennen, worin dieser Rest besteht.

Der nun folgende Passus ist trotz seines Zeitgeistes der 1960er/1970er-Jahre und mit Blick auf Wissenschaft – insbesondere auf die Bildung – aktueller denn je (ebd.):

> Um Grenzen zu erfahren, muss man wagen, sie zu ignorieren. Anders formuliert: Wir dürfen nicht – aus Angst davor, bestehende Grenzen zu überrennen – vor Expeditionen ins Grenzenlose zurückschrecken. Wir müssen darauf vertrauen, dass die Wahrheit stärker bleibt als unser Übermut. „Das Erforschliche erforschen und das Unerforschliche ruhig verehren" – diese Maxime darf, wie Konrad Lorenz zu sagen pflegt, nicht dazu führen, dass man, aus Angst vor Profanierung, für unerforschlich deklariert, was man verehren will.

▶ **Merksatz (Bischof)** „Die Wahrheit hat viele Feinde. Die Bosheit zum Beispiel, oder die Arroganz, die Bequemlichkeit und natürlich die Dummheit. Der Todfeind der Wahrheit aber ist die Angst." (ebd.)

Nach diesen über Jahrzehnte zurückliegenden Erkenntnissen einer kybernetischen Psychologie springen wir nun in die Gegenwart und stützen uns auf zwei Quellen, die einerseits die „Anwendung der Systemtheorie zur Erklärung menschlichen Verhaltens" betrachten (Kalveram 2011 – Text und Abbildungen sind Folien eines Vortrages entnommen und daher ohne Seitenzahl) und andererseits den „Einfluss der Kybernetik auf die psychologische Forschungsmethodik" zum Thema haben (Krause 2013). Auf die Frage Kalverams, wie organismisches Verhalten erfasst werden kann, gibt er vier aufeinander folgende Schritte vor (ebd., Nummerierung d. d. A.):

1. Beobachten von Verhaltensakten. Hinterfragen des scheinbar Selbstverständlichen. Beachtenswerte Phänomene herausstellen.
2. Beschreibung dieser Phänomene mit geeigneten Begriffen, hier mit kybernetischen Begriffen.
3. Experimentelle Überprüfung von Hypothesen über Zusammenhänge zwischen Aussagen.
4. Daraus Verhaltenstheorie ableiten, um menschliches (und tierisches) Verhalten zu erklären, d. h. im Rahmen der gewählten Theorie vorherzusagen.

Das Aufspannen einer Matrix, in der Menschen, Tiere und Pflanzen interagieren, ist die Basis organismischen Verhaltens. Die enge Interaktion zwischen Mutter und Kind zählt ebenso dazu wie die chemischen Warnsignale einer Pflanzenart an ihre Artgenossen in der

Umgebung gegen drohende Fressfeinde (s. Abb. 5.4). Doch wie misst man derartiges Verhalten?

Kalveram nutzt dazu die Automatentheorie (Hopcroft et al. 2011) die der theoretischen Informatik zugeordnet ist und als ein wesentliches Werkzeug der Komplexitätstheorie gilt (s. Abb. 7.14).

Die in der technischen Kybernetik oft genutzte Blockdarstellung eines Steuerungs- bzw. Regelungsvorganges, mit Eingangsgrößen, Black Box und Ausgangsgrößen, lässt sich auch auf Verhaltensbeobachtungen in der Psychologie anwenden, wie Abb. 7.14 zeigt. Rechts in Abb. 7.14 ist ein biokybernetischer Regelkreis zwischen Individuum und materieller Umwelt aufgebaut, der durch die jeweiligen Eingangsgrößen (Führungsgrößen) w und x eingeleitet wird und durch die reaktiven Verknüpfungsgrößen e und a Rückkopplungen zu den jeweiligen Systemen Individuum und Umwelt bildet.

Vergleichbare biokybernetische Funktionen können auch – nach identischem Schema wie in Abb. 7.14 rechts – mit Individuum und sozialer Umwelt, beispielsweise zwischen Kind als Individuum und Mutter als soziale Umwelt aufgebaut werden, wie Abb. 7.15 zeigt. Dadurch soll gezeigt werden, dass bestimmte Merkmale menschlichen Verhaltens durch Automaten mehr oder weniger abstrahiert werden können. Keinesfalls ist jedoch von Kalveram die Schlussfolgerung gewollt, dass der Mensch ein Automat sei.

Den Abschluss von Kalverams Darstellungen biokybernetischer Einflüsse auf die Psychologie bzw. die Verhaltenspsychologie bildet ein *Vereinfachtes Individuum-Umwelt-Modell*, wie es Abb. 7.16 zeigt. Neben dem dreistufigen Prozess strategischer, volitionaler (willensbestimmter) und taktischer Abläufe im Individuum wird auch der Teil herausgestellt, in dem die Kybernetik eingreift.

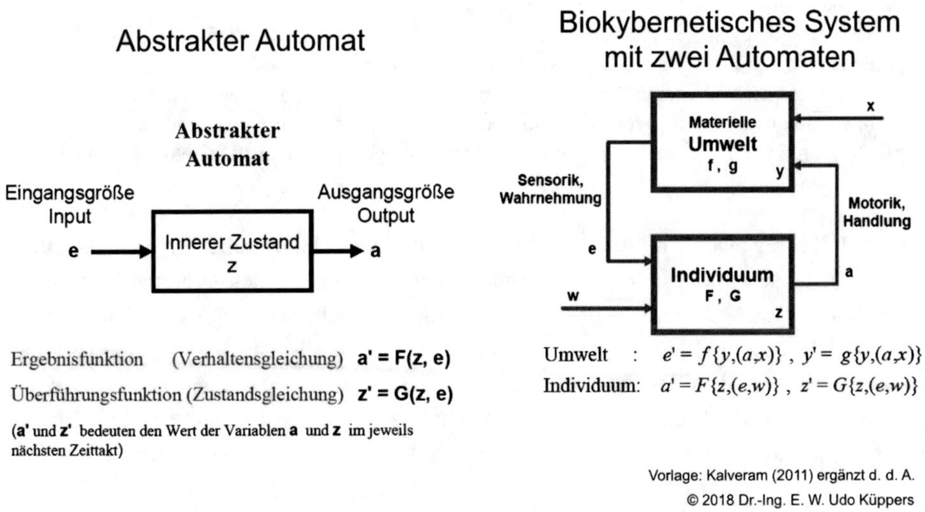

Abb. 7.14 Abstrakter zeitdiskreter Automat, links, und biokybernetisches System aus zwei Automaten, bestehend aus Individuum und materieller Umwelt, rechts. (Quelle: nach Kalveram 2011, ergänzt d. d. A.)

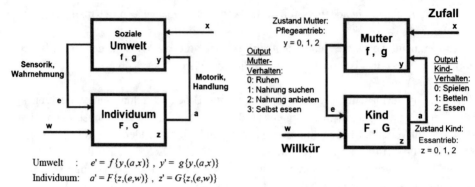

Umwelt   : $e' = f\{y,(a,x)\}$, $y' = g\{y,(a,x)\}$
Individuum: $a' = F\{z,(e,w)\}$, $z' = G\{z,(e,w)\}$

Vorlage: Kalveram (2011) ergänzt d. d. A.
© 2018 Dr.-Ing. E. W. Udo Küppers

Abb. 7.15 Biokybernetisches System aus zwei Automaten, bestehend aus Individuum (Kind) und sozialer Umwelt (Mutter), links: generelles Schema, rechts: Mutter-Kind-Schema. Die Resultate der einzelnen Ergebnisfunktionen F und Überführungsfunktionen G bleiben an dieser Stelle ausgespart und sind in Kalveram (2011) nachzulesen. Die als Führungsgrößen bzw. „freie Größen" in die jeweiligen sozialen Systeme eingehenden Werte für w und x werden nach Kalveram mit „Willkür" und „Zufall" belegt. (Quelle: nach Kalveram 2011, ergänzt d. d. A.)

Kalveram fasst seine auf Automaten basierenden Modelle wie folgt zusammen:

Menschliches Verhalten wird im Rahmen eines Individuum-Umwelt-Systems beschrieben. Individuum und Umwelt werden dabei als „abstrakte Automaten" definiert, bei denen die Ausgangsvariable des einen Automaten jeweils die Eingangsvariable des anderen ist. Die biologisch-psychische Anforderung an das Individuum ist, die Umwelt zu veranlassen, ihm die Lebensnotwendigkeiten zur Verfügung zu stellen.
   On-Stimuli regen den Antrieb zum Aufsuchen des Lebensnotwendigen an, Off-Stimuli signalisieren den Erfolg und stellen den Antrieb wieder ab.
   Der strategische Apparat beherbergt diese Antriebe. Der Willkür-Apparat dient zur Auswahl eines von mehreren angeregten Antrieben. Der taktische Apparat plant und realisiert das Herbeiführen von Perzeptionen [sinnliche Wahrnehmungen, d. A.], die den betreffenden Off-Stimulus enthalten.

In seinem Beitrag „Der Einfluss der Kybernetik auf die psychologische Forschungsmethodik" gibt Krause zu Beginn einen Überblick über den Einfluss der Kybernetik im deutschen Sprachraum. Dies geschah anlässlich des 100. Geburtstages des in den 1960er-Jahren durch seine Publikationen, u. a. „Kybernetik und Gesellschaft" (1963), international bekannt gewordenen DDR-Kybernetikers Georg Klaus.
   Im weiteren Verlauf seiner Ausführungen geht Krause auf den Einfluss von Wahrscheinlichkeits- und Informationsbegriffen in die Psychologie ein. Beispiele sind (ebd., S. 4–5):

• Das Hicksche Gesetz, das den logarithmischen Zusammenhang zwischen Reaktionszeit und Wahlmöglichkeit beschreibt:

$$R_t = k \ ld(n) \tag{7.7}$$

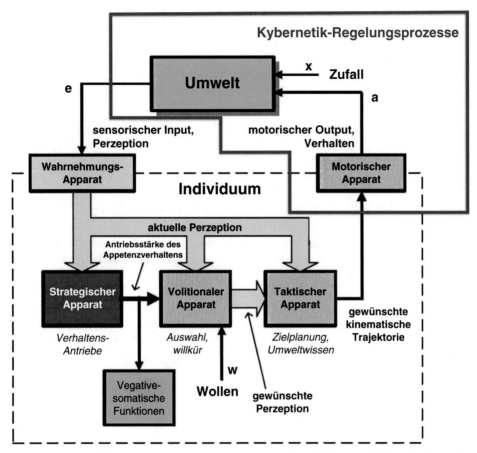

Vorlage: Kalveram (2011) ergänzt d. d. A.
© 2018 Dr.-Ing. E. W. Udo Küppers

Abb. 7.16 Vereinfachtes Individuum-Umwelt-Modell. (Quelle: nach Kalveram 2011, ergänzt d. d. A.)

mit R_t als Reaktionszeit, k als ein Faktor und dem dualen Logarithmus der Zahl der Wahlmöglichkeiten n.

- Der Entropiebegriff (nach Shannon) in der Psychologie:

$$I(pi) = -ld\, pi = -\log 2\, pi \qquad (7.8)$$

mit I = Informationsgehalt, pi als Wahrscheinlichkeit des Auftretens des Zeichens zi einer Zeichenmenge Z = (zi; i = 1, …, n). Der mittlere Informationsgehalt eines gesendeten Zeichens ergibt sich dann als Erwartungswert in der Form H(Z), die Größe der Entropie.

$$H(Z) = \sum pi \cdot I(pi) = -\sum pi \cdot ld\, pi \qquad (7.9)$$

Krause schreibt dazu (ebd. S. 5):

> Für die psychologische Forschungsmethodik eröffnet diese Größe der Entropie eine weitere Einflussgröße für die Reiz-Reaktionsuntersuchungen. Wie schon beim Hickschen Gesetz kann die Zeichenmenge durch ihre Anzahl variiert werden oder aber man kann auch den mittleren Informationsgehalt konstant halten und weitere Einflussvariablen unter diesen dann konstanten Bedingungen untersuchen. […] Ein Untersuchungsansatz mit einem Wahlreaktionsgerät, das 36 Reize aufweist […] führt bei einer […] konstanten Anzahl und gleichwahrscheinlichem Auftreten der Reize […] für die Entropie zu […] folgendem Ergebnis:

$$H = -\sum p \cdot \mathrm{ld}\, p = -\sum 1/36 \cdot \mathrm{ld}\left(1/36\right) = -\mathrm{ld}\, 1/36 = \mathrm{ld}\, 36 = 5{,}17 \qquad (7.10)$$

Krause thematisiert noch Neuronale Netze in der Psychologie, speziell assoziative Lernprozesse, die er auf „Pawlows Experimente mit Hunden" und „Skinners Rattenbox" zurückführt. Ohne in diesem Kontext darauf direkt einzugehen, schließt Krause seine Bemerkungen zum Einfluss der Kybernetik auf die psychologische Forschungsmethodik mit zwei Feststellungen (ebd., S. 9):

1. Durch die interdisziplinäre Wechselwirkung zur Kybernetik wurde der Informationsbegriff für die Psychologie sowohl zu einer messbaren Größe, die notwendig mit einem Empfänger verbunden ist, als auch zu einem theoretischen Erklärungsmodell der Informationsübertragung.
2. Durch die interdisziplinäre Wechselwirkung zur Kybernetik wurden Modellierungsmethoden insgesamt und speziell als methodische Mittel entwickelt und erfolgreich eingesetzt. Der Versuch, psychisches Geschehen durch Modellierungen nachzubilden oder zu erklären, wurde bestimmend für die Entwicklung des Fachgebiets.

Kybernetische Ansätze sind fachübergreifend und können in vielen Anwendungsbereichen unserer Gesellschaft nützlich sein. Ein besonderes Feld ist hierbei die Politik, bzw. das politische Gestalten in einer Gesellschaft zum Wohl seiner Bürger. „Schaden von den Bürgern abzuwenden", wie es in Eidesformeln von regierenden Politikern gesprochen wird, die neue Ämter bekleiden, ist eine Sache. Die Praxis der Schadensvorbeugung bzw. -vermeidung ist jedoch erkennbar lückenhaft. An diesen Stellen der unausgereiften Anwendung von kurzsichtigen Kompromisslösungen könnte und kann die Kybernetik der Politik hilfreiche Dienste leisten.

7.4.3 Kybernetisches Regieren

Ein Zitat von Norbert Wiener (1952), mit dem der Kulturwissenschaftler Benjamin Seibel die Einleitung zu seinem Buch „Cybernetic Government" (2014, S. 7) beginnt, soll auch dieses Kapitel einleiten:

[U]nsere Ansicht über die Gesellschaft [weicht] von dem Gesellschaftsideal ab, das von vielen Faschisten, erfolgreichen Geschäftsleuten und Politikern vertreten wird. […] Menschen dieser Art ziehen eine Organisation vor, in der alle Information von oben kommt und keine zurückgeht. Die ihnen unterstehenden Menschen werden herabgewürdigt zu Effektoren für einen vorgeblich höheren Organismus. Ich möchte dieses Buch dem Protest gegen diese unmenschliche Verwendung menschlicher Wesen widmen.

▶   **Merksatz (Ashby)** „Kybernetik […] fragt nicht „Was ist dieses Ding?", sondern „Was tut es?" […] Kybernetik untersucht alle [sic!, d. A.] Formen des Verhaltens, die in irgendeiner Weise organisiert, determiniert und reproduzierbar sind." (Ashby 1985, S. 15–16)

▶   **Merksatz (Gilles Deleuze (1925–1995), französischer Philosoph)** „Man sollte nicht fragen, ‚Was ist die Macht? Und von woher kommt sie?', sondern fragen, wie sie ausgeübt wird." (Deleuze 1992, S. 100)

▶   **Merksatz (Michel Foucault (1926–1984), französischer Philosoph und Psychologe)** „Ich bin mir nicht […] sicher, ob es sich lohnt, immer wieder der Frage nachzugehen, ob man das Regieren zum Gegenstand einer exakten Wissenschaft machen kann. Interessant ist es dagegen, in der […] Praxis des Regierens und in der Praxis anderer Formen sozialer Organisation eine technê zu erblicken, die gewisse Elemente aus Physik oder Statistik zu nutzen vermag. […] Ich glaube, wenn man die Geschichte [des Regierens – BS] im Rahmen einer allgemeinen Geschichte der technê im weitesten Sinne behandelte, hätte man ein interessanteres Leitkonzept als den Gegensatz zwischen exakten und nicht exakten Wissenschaften." (Michel Foucault, aus Seibel 2016, S. 48)

Dies sind eindrucksvolle Zitate die zeigen:

• dass bereits in den Anfängen der Wissenschaftsdisziplin *Kybernetik* Wiener und andere Kybernetiker weit über die eigentliche, im Fokus stehenden technischen Regelungsprozesse hinausdachten und somit visionär ein breites Feld kybernetischer Anwendungen vor Augen hatten. Hierauf wurde bereits zu Beginn von Kap. 7 hingewiesen;

• dass Kybernetik den Prozess und nicht das Produkt fokussiert. Dies gilt im technischen Umfeld genauso, wie im politischen, ökonomischen oder gesellschaftlichen Umfeld – die Kybernetik, besser: die Biokybernetik der Natur, beherrscht ihre komplexen vernetzten Prozessabläufe, und darum handelt es sich in der Regel auch in anderen Bereichen unserer technisierten, ökonomischen und gesellschaftlichen Umwelt, ohnehin;

• dass der Blick über Disziplingrenzen auch dazu führen kann, bislang kaum miteinander in Berührung gekommene Bereiche menschlicher Aktivitäten zu verknüpfen, um daraus nachhaltige emergente Werte schaffen zu können.

Seibel untersucht in seinem Buch Spuren kybernetischer Ansätze in politischer *Regelungs-rationalität* der Jahre 1943 bis 1970, die den Anspruch verfolgten, „das Problem des „Regierens" auf eine neue technische Grundlage zu stellen." (Seibel 2016, S. 9) Weiter heißt es (ebd., S. 9):

> Wo gouvernementale Zielobjekte – Individuum und Bevölkerung – in Kategorien von Informationsverarbeitung und Rückkopplung modellierbar und adressierbar wurden, zeigte sich schließlich im gleichen Zuge, dass auch die Regierung ihres Verhaltens nur im Modus einer kybernetischen Kontrolle erfolgen konnte: „Regierungsapparate [und politische Parteien, d. A.]", formulierte Karl W. Deutsch 1969, „[sind] nichts anderes als Netzwerke zur Entscheidung und Steuerung, [...deren] Ähnlichkeit mit der Technologie der Nachrichtenübertragung groß genug ist, um unser Interesse zu erregen." [Deutsch 1969, S. 211, d. A.] In derartigen Formulierungen kam die Intention zum Ausdruck, die idealtypische Logik einer friktionslosen kybernetischen Maschinensteuerung als Modell für die Einrichtung einer Gesellschaftsordnung in Anschlag zu bringen. Damit aber zeichneten sich folgenreiche Verschiebungen in den Ordnungen des politischen Wissens ab:
>
> In der Medialität des kybernetischen Dispositivs [Anordnung, in der Ausformulierung im Begriffsinventar Michel Foucaults, auf den sich Seibel nicht nur an dieser Stelle bezieht, jedoch weit mehr: die sich stets verschiebende und neue Verbindungen suchende Gesamtheit aller sprachlichen, insitutionellen, diskursiven etc. Strategien, die das Verhalten von vergesellschafteten Menschen als soziale Handlung kennzeichnen, klassifizieren und letztlich reglementieren, d. A.] überschritt die gouvernementale Rationalität eine „Schwelle der Technologie", [...] hinter der neue Mittel und Zwecke, Probleme und Lösungen, Einschränkungen und Ermöglichungen einer „guten Regierung" sichtbar wurden.
>
> Die Ausgangsthese der Arbeit lautet, dass sich am Beispiel der Kybernetik eine Transformation in der Technizität des Regierungsvorgangs selbst beobachten lässt. Eine erste Vorentscheidung liegt folglich darin, die kybernetischen Regierungsmodelle nicht vorschnell als ideologische Verirrungen, kategoriale Verwechslungen, modische Anbiederungen oder lediglich metaphorische Ausschmückungen zu betrachten, sondern sie vielmehr als technische Beschreibungen ernst zu nehmen, die zugleich als Monumente eines Machtdispositivs lesbar sind.
>
> Wenn eine Technizität des Regierens bislang nur selten zum expliziten Gegenstand der politischen Geschichtsschreibung gemacht wurde, so auch deshalb, weil „Technik" und „Politik" zumeist als zwei getrennte Gegenstandsfelder betrachtet werden, zwischen denen bestenfalls uneigentliche Übertragungen stattfinden können, die aber dann im strengen Sinne „unangemessen" wären. [...]
>
> In diesem Fall könnte man mit Wolfgang Coy [2004, S. 256, d. A.] konstatieren, dass die Kybernetiker schlicht „Regieren mit Steuern und Regeln [...] verwechseln", [...] von einem Irrtum ausgehen und die Sache auf sich beruhen lassen.
>
> Stattdessen aber soll argumentiert werden, dass es sich bei gouvernementalem Wissen tatsächlich um ein technisches Wissen handelt, das genau aus diesem Grund in seinen konkreten Ausprägungen in hohem Maße vom Stand technischer Entwicklung abhängig ist. Eine Genealogie politischer Technologien fragt jedoch weder nach der „Bedeutung" technischer Regierungsmodelle noch nach deren „Angemessenheit", sondern zunächst einmal in machtanalytischer Intention nach der Struktur ihrer Medialität und den Strategien und Wirkungen, die aus ihr hervorgehen.

Als Fazit seiner kybernetischen Erkundigungen (zu einer tieferen Durchdringung von Seibels Betrachtungen kybernetischen Regierungshandelns wird auf eben jenes Buch verwiesen) im politischen Umfeld geht Seibel von der Vision einer kybernetisch regierten Gesellschaft in den 1960er-Jahren aus, die kurz erblühte, um dann umso schneller wieder zu verschwinden (ebd., S. 250):

> [Die] [...] Signifikanz der politischen Kybernetik [ist] vielleicht weniger im letztlichen Scheitern ihrer Lösungsversuche auszumachen, als vielmehr in ihrer Produktion von Problemen. Wo im kybernetischen Blick auf gouvernementale Zusammenhänge je spezifische Defizite und Abweichungen sichtbar wurden, handelte es sich schließlich nicht einfach um „objektive" Charakteristika von Bevölkerungen oder anderen Zielobjekten, sondern um relativ zu einem Beobachterstandpunkt auftretende Störungen, die einem idealen technischen Vollzug entgegenstanden. Im Umgang mit solchen Störungen weisen Machttechniken eine Eigenart auf: Sie wirken formend auf die widerspenstigen Subjekte, deren Verhalten sie zu beeinflussen suchen.

Hier zeigt sich ein hoher Grad an Sensibilität bei der Einführung technischer Methoden in soziotechnischen Systemen, der bedacht werden muss, wenn Menschen und ihr Verhalten als „Systemelemente" in kybernetische Verknüpfungen eingebunden sind.

Seibel spricht von drei Problemfeldern (ebd., S. 250–252):

> Ein erster Einsatzpunkt kybernetischer Gouvernementalität lag darin, soziale Ordnungen auf spezifische Weise als Ordnungen der Kommunikation zu betrachten. Im für die Kybernetik maßgeblichen Modell Claude E. Shannons ließ sich Kommunikation in hochgradig abstrakter aber mathematisch präziser Weise als Übertragung statistischer Signalströme begreifen. Dabei interessierte nicht die semantische Dimension der Botschaften, sondern die Kapazität der Kanäle, die Exaktheit der Übertragungen und die Dichte der Verbindungen. In den soziologischen Untersuchungen von Paul F. Lazarsfeld [u. a. 1969, d. A.] oder Stuart C. Dodd [u. a. 1952, d. A.] trat die Bevölkerung als empirisch zu vermessendes Kommunikationsnetzwerk in Erscheinung. Norbert Wiener und Karl W. Deutsch verwiesen derweil darauf, dass sich an technischen Kriterien, wie der Intensität und Präzision der in diesem Netz zirkulierenden Kommunikationen, zugleich der Grad des Zusammenhalts und der Integration einer liberalen Gesellschaft ablesen ließ. [...]
>
> Ein zweites kybernetisches Modell setzte bei der Analogie von Gehirn und Computer an und entwarf Entscheidungen als Problem der Kalkulation. In Operations Research und Spieltheorie figurierten menschliche Entscheidungsträger als Nutzenmaximierer, die nicht mit Intuition, Emotion oder Erfahrung, sondern mit einer objektiven mathematischen Rationalität ausgestattet waren. Dass diese Rationalität de facto nicht vorlag, sondern hergestellt werden musste, wurde spätestens in den Arbeiten Herbert A. Simons [u. a. 1947, 1977, d. A] ersichtlich, die sich mit der Produktion von Entscheidbarkeit befassten. An Stelle individueller Rationalität sollte demnach eine systemische treten, die durch ein koordiniertes Zusammenspiel verschiedener Komponenten erreicht wurde. [...]
>
> Zuletzt begriff eine dritte Hypothese das Regierungshandeln als Problem kybernetischer Kontrolle. Individuen und Gemeinschaften wurde dabei als selbstregelnde Systeme konzipiert, deren Führung nur als „Management by Self-Control" [Peter F. Drucker 1998, d. A.] denkbar war. In Verhaltenspsychologie und Managementtheorie wurden Möglichkeiten erörtert, durch gezielte Stärkung von Regelungsmechanismen und gleichzeitige Gestaltung von Handlungsräumen eine produktivere und zugleich „menschlichere" Form des Regierens zu realisieren: Statt Vorschriften und Verbote zu erlassen, zielte sie darauf, Subjekte zur eigenständigen Problembewältigung zu befähigen – und so Störungen innerhalb des sozialen Gefüges bereits auf lokaler Ebene auszusteuern.

Ein gegenwärtiger Einsatz von kybernetischen Systemen in einem erweiterten Rahmen, als es die klassische Regelungstechnik vorsieht, für den praktischen Gebrauch in politischem Umfeld und öffentlichen Verwaltungen ist nicht erkennbar. Derweil mutieren jahrzehntealte öffentliche Verwaltungen und Regierungen zu informationschaotischem Verhalten, in deren Schlepptau Berge von Folgelasten aus wenig systemischer bzw. wenig kybernetischer Sicht zu finden sind.

Auch wenn die Blütezeit der Kybernetik und ihre Protagonisten aus den 1960er-Jahren verblasst ist und heute nur vereinzelte Ansätze – insbesondere im wirtschaftlichen Organisationsbereich – erkennbar sind, lohnt es allemal, sich die vorausschauenden Überlegungen der Begründer der Kybernetik noch einmal in Erinnerung zu rufen. Dass wir heute und in Zukunft mehr denn je darauf angewiesen sind, systemisch kybernetisch zu denken und zu handeln, ist unstreitig. Eine durchgreifende Wiederbelebung kybernetischer bzw. biokybernetischer Grundregeln in gesellschaftlichem Umfeld ist – angesichts der von Menschen verursachten Katastrophen – längst überfällig.

Noch im Jahr 1977 durchbrach ein Appell an *junge Leser* den Niedergang der Kybernetik mit dem Ausruf: „Studiert die Kybernetik!" (Pias 2003, S. 9). Weiter heißt es (ebd.):

> Die Zeit, in der Kybernetik noch mit „K" geschrieben wurde, war zu Ende gegangen. […] Mit „C" geschrieben kehrte sie in den 80er und frühen 90er-Jahren in der allfälligen Rede von Cyborgs und Cyberpunk, Cyberspace oder Cyberculture zurück […].

Ob Kybernetik nun mit „K" oder „C" geschrieben wird, ist nicht von Belang. Wesentlich ist, dass bei einem Einsatz kybernetischer Systeme die Überlebensfähigkeit der Menschen mit der Fortschrittsfähigkeit der Technik verbunden ist (siehe hierzu Küppers 2018). Es sind sozusagen zwei Seiten einer Medaille.

In Abschn. 7.4.3.2 werden wir rückblickend noch einmal das Beispiel einer in den frühen 1970er-Jahren stattgefundenen Experiments kybernetischer staatlicher Regulierung betrachten.

7.4.3.1 Das kybernetische Modell von Karl Deutsch

Karl W. Deutsch leitet im Vorwort seines Buches über „Politische Kybernetik" (1969, Original 1963: „The Nerves of Government") mit folgenden Worten ein (ebd., S. 29–30):

> Dieses Buch ist ein Zwischenbericht über ein geistiges Unternehmen, das noch andauert [bis in die Gegenwart, d. A.]. Am Ende dieses Unternehmens soll eine Theorie der Politik stehen, die sowohl den nationalen als auch internationalen Bereich umspannt. […] Eine solche Theorie soll uns angemessene analytische Begriffe und Modelle liefern, mit deren Hilfe wir unser Denken über Politik rationeller und wirkungsvoller gestalten können. […] Sie soll uns helfen, die Bedeutung bestimmter Institutionen und politischer Verhaltensmuster einzuschätzen, und zwar gerade auch dann, wenn sich die wirklichen Verhaltensmuster ganz erheblich von den aufgrund der formalen Gesetze und Institutionen erwarteten unterscheiden. Sie soll, kurz gesagt, so unbeirrbar realistisch sein, wie sie die Bindung des Sozialwissenschaftlers an Wahrheit und Wirklichkeit überhaupt machen kann.
>
> Letzten Endes soll eine ausgereifte Theorie dieser Art uns erkennen lassen, welche politischen Werte und Handlungsweisen lebensfähig, wachstumsfähig und schöpferisch sein kann.

Deutsch vergleicht diesen Anspruch an die Theorie der Politik mit der Evolutionstheorie oder der Genetik in der Biologie oder der nationalökonomischen Theorie und weist zugleich auf die nur bruchstückhaften Elemente hin, die sein Buch beinhalten können.

Seine Bekanntschaft mit Norbert Wiener führte Deutsch auch zur Kybernetik. Er hoffte mit dem naturwissenschaftlichen Modell, der Theorie der Kommunikation und Steuerung, ein Instrument gefunden zu haben, dass sich als relevant für die politische Forschung „und schließlich auch als anregend und nützlich bei der Entwicklung einer in sich geschlossenen politischen Theorie" (ebd., S. 31) erweist.

So anspruchsvoll dieses kybernetische Vorhaben für die Politik auch sein mag, bis in die Gegenwart ist es nicht gelungen, für ein politisches System Vergleichbares aufzubauen, wie es Deutsch vorschwebte. Vieles war zu Deutschs Zeit noch unbekannt, so etwa der massive Druck durch die Globalisierung auf politische und gesellschaftliche Systeme oder der Aufbruch in eine digitalisierte vernetzte Umwelt. In dieser scheinen und sind Information und Kommunikation der Treibstoff für „alles" – auch für die Politik. Zugleich ist aber auch erkennbar, dass die digitalisierende Politik jenseits der *politischen Werte und Handlungsweisen* operiert, deren Qualitäten nach Deutsch mit *lebensfähig, wachstumsfähig und schöpferisch* verknüpft sind. Wie wäre sonst zu erklären, dass sich die Menschen ein eigenes geologisches Zeitalter des Anthropozän geschaffen haben, mit massiven Zerstörungen *lebensfähiger* Systeme?

Über Deutschs Beschreibung eines *einfachen kybernetischen Modells* mit zugehörigen Termini wie Steuerung, Selbststeuerung oder Rückkopplung (Kap. 5), der Behandlung des Bewusstseins und des Willens als Strukturmuster des Nachrichtenflusses (Kap. 6), Politische Macht und soziale Transaktion (Kap. 7), Autorität, Integrität und Bedetung (Kap. 8), Kommunikationsmodelle und Entscheidungssysteme (Kap. 9) sowie Lernfähigkeit und Kreativität in der Politik (Kap. 10) wird schließlich in Kap. 11 *Der Regierungsprozess als Steuerungsvorgang* herausgestellt und Analogien zwischen technischen und politischen Systemen gezogen.

Mit dem englischen Wort „governor" werden zwei Bedeutungen verknüpft: Ersten bezeichnet es einen regierenden Menschen, der ein politisches Gemeinwesen administrativ lenkt, zweitens einen mechanischen Fliehkraftregler, wie ihn Watts Dampfmaschine besaß, um den Systemfluss stabil zu halten, also die Funktion einer negativen Systemrückkopplung (s. Abb. 3.8).

Deutsch schreibt im Anschluss an diese Doppelbedeutung des Wortes governor (ebd., S. 258):

▶ **Merksatz (Deutsch_1)** „Die Ähnlichkeit zwischen solchen Prozessen der Steuerung, zielstrebigen Bewegung und autonomen Regelung einerseits und gewissenVorgänge in der Politik andererseits erscheinen verblüffend."

So sind Regierungen stets bestrebt, Ziele in der Innen- und Außenpolitik zu erreichen. Die Zielannäherung wird über einen Strom von Informationen, die auch Störgrößen beinhalten, geregelt. Durch kleinere oder größere Änderungen wird auf die Störungen reagiert, um dem Ziel näher zu kommen. Technisch gesehen spricht man von Folgeregelung.

Zugleich ist eine Regierung auch bestrebt, einen einmal erreichten vorteilhaften Zustand, z. B. eine Wachstumsphase oder ein konfliktfreies Verhältnis zum Nachbarstaat, zu stabilisieren, in einem *statischen* Gleichgewicht zu halten (vgl. ebd., S. 258).

Das Problem der „Gleichgewichtspolitik" ist oft, dass unerwartete Störungen unerwartete Folgeprobleme nach sich ziehen können, auf die keiner vorbereitet ist. Deutsch schreibt sinngemäß (vgl. ebd., S. 259):

▶   **Merksatz (Deutsch_2)** Außerdem können auf statische Gleichgewichtsprinzipien beruhende (politische) Handlungen keine dynamischen Prozesse erfassen. Ein Rückkopplungsprinzip negativer Art, das systemimmanent störungsausgleichend bzw. *dynamisch* stabilisierend wirkt, ist deutlich eher in der Lage, politische Störungen in geordnete Bahnen zu lenken.

Deutsch zählt vier Argumente auf, die es einem angewendeten Rückkopplungsmodell in der Politik ermöglichen,

„das Leistungsvermögen von Regierungen mit einer Reihe von Fragen zu erforschen, die im Rahmen einer herkömmlichen Betrachtungsweise kaum ins Blickfeld der Aufmerksamkeit gelangen würden [die folgenden Argumente werden nur ausschnittweise wiedergegeben, d. A.]:

1. Wie groß sind das Ausmaß und die relative Geschwindigkeit des Wandels der internationalen und innenpolitischen Situation, mit der eine Regierung fertig werden muss? Mit anderen Worten: Wie groß ist die Belastung des Entscheidungssystems eines Staates? Und wie groß ist die Belastung des Entscheidungssystems einzelner Interessensgruppen, politischer Organisationen oder sozialer Klassen? Wie groß ist die intellektuelle Belastung ihrer Führungskräfte? Wie groß ist die Belastung der Einrichtungen, welche die Mitwirkung ihrer Angehörigen sicherstellen soll?
2. Wie groß ist die Verzögerung, mit der eine Regierung oder Partei auf eine neuartige Krisensituation oder Herausforderung antwortet? Wie lange brauchen politische Entscheidungsträger, um sich einer neuartigen Situation bewusst zu werden, und wie lange brauchen sie noch darüber hinaus, um zu einer Entscheidung zu gelangen? Wie groß ist der Zeitverlust durch breiter gestreute Konsultation oder Mitwirkung? [...]
3. Wie groß ist der Gewinn der Erwiderung, also die Schnelligkeit und Größenordnung der Reaktion, mit der ein politisches System auf neu aufgenommene Daten reagiert? Wie schnell reagieren Bürokratien, Interessensgruppen, politische Organisationen und einzelne Staatsbürger mit einer Bereitstellung ihrer Hilfsmittel für neue Aufgaben? Wie groß ist der Vorteil, den autoritäre Regime dadurch haben, dass sie für die jeweils neue Politik massenweise Unterstützung erzwingen können? [...]
4. Wie groß ist das Ausmaß der Führung, also die Fähigkeit einer Regierung, neue Probleme wirksam vorauszusehen und ihnen zuvorzukommen? In welchem Ausmaß versuchen die Regierungen ihre Führungsgeschwindigkeit zu erhöhen, indem sie besondere Nachrichtendienste, Führungs- und Planungsstäbe und ähnliche Einrichtungen schaffen? [...] (ebd., S. 263–265)

Auch nur ein oberflächlicher Bezug zu gegenwärtigen politischen Handlungsprozessen, ob sie finanzwirtschaftliche Transaktionen und politische Gegenmaßnahmen betreffen oder wirtschaftliche Kartellinitiativen, vorbei an politischen Entscheidungsträgern, oder staatliche Subventionsvergabe ohne geeignete Rückkopplungen mit Durchsetzung von Konsequenzen oder staatliche Direktinvestitionen mit hohem Finanzverlustpotenzial, macht deutlich: Sie alle wären, nach einer vorherigen Konfrontation mit den voranstehenden Fragen, in – mit an Sicherheit grenzender Wahrscheinlichkeit – risikoärmere Bahnen für Politik und Gesellschaft gelenkt worden.

Es ist klar, dass die genannten Einflussgrößen eines politisch agierenden kybernetischen Systems über die Gesamtleistung, ihre wirkungsvollen Interaktionen und somit über ihre Fähigkeit, emergente Eigenschaften zu entwickeln, eine starke Handlungsposition entwickeln können, die auf Gleichgewichtsstrategien beruhende politische Systeme nie erreichen würden. Hier ist noch einmal die Analogie zu Prinzipien der Natur erkennbar, deren oberstes Ziel die Erhaltung ihrer Überlebensfähigkeit ist, die es individuell zu stärken gilt.

Klar ist aber auch, dass kybernetische Systeme politischen Systemen zwar mehr als andere gängige Ansätze robustere Unterstützung bei Entscheidungsfindungsprozessen und Fehlervorsorge geben können, aber die Dynamik der Realität auch nur unvollkommen abbilden. Die kritische Größe ist die nur probabilistisch in seinen Denk- und Handlungsprozessen erfassbare Systemgröße Mensch.

Einen guten Überblick über „Kybernetik und Politikwissenschaft", der auch das „kybernetische Modell von Karl Deutsch" behandelt, liefert Senghaas (1966).

Abb. 7.17 (Deutsch 1969, S. 340) zeigt das von Deutsch skizzierte Schema von „Informationsströmen und Steuerungsfunktionen im Prozess der außenpolitischen Entscheidungsbildung". Es zeigt ein System, mit dem Politik aus Sicht eines kybernetischen Kommunikationsnetzwerkes praktiziert werden kann. Dabei spielen – in Abb. 7.17 herausgestellt – negative Rückkopplungen von Informationen (s. a. Anlage I) eine bedeutende Rolle für die fehlertolerante Stabilisierung dieses politischen kybernetischen Kommunikationsnetzwerkes.

Tab. 7.2 ergänzt die in Abb. 7.17 enthaltenen englischen Begriffe durch deutsche, während in Anlage I die wichtigsten Informationsströme (dicke schwarze Pfeile), Rückkopplungswege (blaue Pfeile), Prüffelder, Entscheidungsbereiche u. a. m. im kybernetischen politischen Netzwerk erläutert werden (nach Deutsch 1969, S. 342–345, in der Reihenfolge der Buchvorlage).

7.4.3.2 Staatliche kybernetische Wirtschaftslenkung – Stafford Beers Chile-Experiment

Die sozialistische Regierung in Chile unter ihrem Präsidenten Salvator Allende (1970–1973) unternahm Anstrengungen in der Wirtschafts- und Sozialpolitik dergestalt, dass sie einerseits ohne Schadensausgleich Bodenschätze, die durch private Unternehmen abgebaut wurden, verstaatlichte, ausländische Konzerne und Banken enteignete und Großgrundbesitz in einer Agrarreform zwischen Bauern und sozialistischen Kollektiven aufteilte. Ziel war es, eine Unabhängigkeit Chiles – vor allem von den USA – zu erreichen.

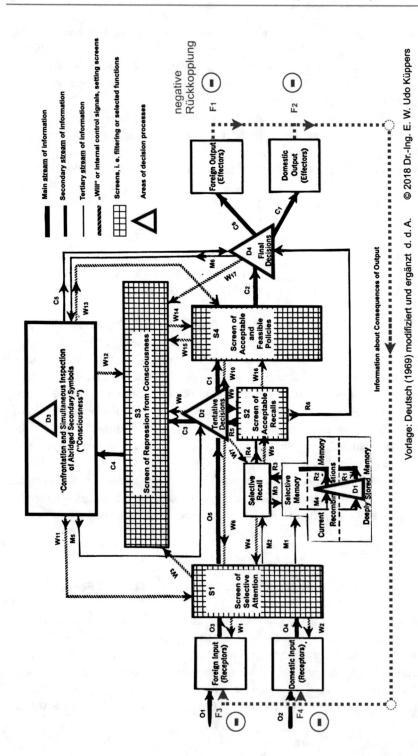

Abb. 7.17 Schema einer kybernetischen Politikkommunikation mit Entscheidungsbildung. (Quelle: nach Deutsch 1969, S. 340, modifiziert und ergänzt d. d. A.)

Tab. 7.2 Liste deutsch-englischer Begriffe zu Abb. 7.17. (Quelle: nach Deutsch 1969, S. 34)

Zur nebenstehenden Abbildung:

(Original)	(Übersetzung)
Areas of decision processes	Bereiche der Entscheidungsbildung
Confrontation and Simultaneous Inspection of Abridged Secondary Symbols („Consciousness")	Konfrontation und simultane Sichtung sekundärer Kurzsymbole („Bewußtsein")
Current Memory Recombinations	Neukombination aktueller Erinnerungen
Deeply Stored Memory	gespcicherte Erinnerungen
Domestic Input (Receptors)	innenpolitische Informationseingabe durch Empfangsorganc
Domestic Output (Effectors)	innenpolitische Informationsausgabe durch Wirkungsorgane
Final Decisions	endgültige Entscheidungen
Foreign Input (Receptors)	außenpolitische Informationseingabe durch Empfangsorgane
Foreign Output (Effectors)	außenpolitische Informationsausgabe durch Wirkungsorgane
Information about Consequences of Output	Information über Auswirkungen der Ausgabeleistung
Main stream of information	Hauptströme des Informationsflusses
Screen of Acceptable and Feasible Policies	Prüffeld für zweckdienliche und durch-führbare Verfahrensweisen
Screen of Repression from Consciousness	Prüffeld zur Abschirmung des Bewußtseins
Screen of Selective Attention	Prüffeld zur selektiven Informations-aufnahme
Screen of Acceptable Recalls	Prüffeld zur Entnahme zweckdien-licher Erinnerungen
Screens, i. e. filtering or selective functions	Prüffelder (mit der Funktion eines Filters oder Ausleseorgans)
Secondary streams of information	sekundäre Informtionsströme
Selective Memory	selektive Erinnerungen
Selective Recall	selektive Entnahme von Erinnerungen
Tertiary streams of information	tertiäre Informationsströme
„Will", or internal control signals, setting screens	interne Steuerungssignale („Wille") zur Regulicrung der Prüffelder
Tentative Decisions	vorläufige Entscheidungen

Die Unidad Popular [ein Wahlbündnis von linken chilenischen Parteien und Gruppierungen, d. A.] setzte die Preise für die Miete und für wichtige Grundbedarfsmittel staatlich fest. Schulbildung und Gesundheitsversorgung wurden kostenfrei angeboten. Jedes Kind bekam Schuhe sowie täglich einen halben Liter kostenloser Milch. Mit seiner Sozialpolitik folgte Allende sowohl sozialistischen Idealen der 1970er-Jahre als auch einer südamerikanischen Tradition „populistischer" Nachfragepolitik. (https://de.wikipedia.org/wiki/Salvador_Allende. Zugegriffen am 17.02.2018; vgl. auch Larraín und Meller 1991).

Auch wenn die Nachfragepolitik durch staatliche Subventionen und somit Vergrößerung der Geldmenge zu Beginn das Wachstum förderte und zu Reallohnsteigerungen führte, folgten sehr bald durch die Begrenztheit verschiedener Produkte negative Auswirkungen:

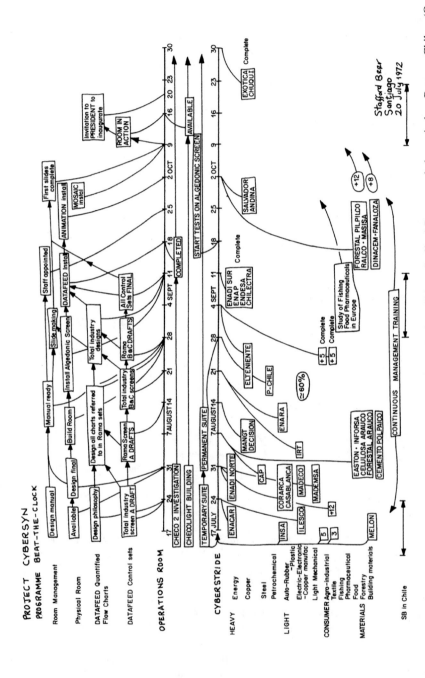

Abb. 7.18 Ablaufplan von Cybersyn mit der Software Cyberstride nach einer Skizze Stafford Beers zur kybernetischen Rettung Chiles. (Quelle: Medina 2011, S. 136)

besonders die Steigerung der Inflationsrate von 29 % (Beginn der Präsidentschaft Allendes) auf 160 % in 1972 (Chilenische Zentralbank – Memento vom 12. März 2007 im „Internet Archive", https://web.archive.org/web/20070312052841/http://si2.bcentral.cl/Basededatoseconomicos/951_455.asp?f=A&s=IPC-Vr%25M-12m; s. a. https://de.wikipedia.org/wiki/Salvador_Allende#cite_note-bank-12. beide zugegriffen am 18.02.2018) sowie zunehmender Boykott ausländischer Staaten, insbesondere der USA und Europas, sowie eine von den USA initiierte politische Erosion durch Agententätigkeit des CIA, mit dem Ziel einer Destabilisierung des Landes, die durch eine Wirtschaftskrise einen Militärputsch vorbereiten sollte (Hanhimaki 2004, S. 103).

In dieser politisch, sozial und wirtschaftlich aufgeheizten Situation von Allendes sozialistischem Chile-Experiment entwickelte Allendes Finanzminister Fernando Flores die Idee zu *Cybersyn*, ein Akronym für *Cybernetic Synergy*, das er zusammen mit Stafford Beer entwickelte (Abb. 7.18). Beer bot sich dadurch die Gelegenheit, sein *Viable System Model*, das als Vorlage diente, unter gesellschaftlichen Praxisbedingungen zu testen.

Das kybernetische Experiment in Allendes Chile wurde von verschiedenen Autoren, unter anderem von Larraín und Meller (1991), Pias (2005), Philippe Rivère (2010), Medina (2006, 2011) und natürlich von Stafford Beer selbst (1994), mit mehr oder weniger detaillierten Ausführungen beschrieben. Dass es letztlich nicht zu Erfolgsergebnissen im sozialistischen Chile führte, ist dem Militärputsch durch Pinochet, unterstützt durch die USA, im Jahr 1973 zu verdanken.

Rivère beschreibt die Entstehung und Entwicklung des kybernetischen Staatsexperimentes in Chile sehr plastisch folgendermaßen (Rivère 2010):

Am 12. November 1971 begab sich Beer in die Moneda, den Präsidentenpalast von Santiago de Chile, um Salvador Allende sein CyberSyn-Projekt vorzustellen. […] Eingeladen hatte Beer damals Fernando Flores, de[r] technische[…] Direktor der „Corfo", einer Dachgesellschaft der von der Allende-Regierung verstaatlichten Betriebe.

Der junge Ingenieur Flores wollte „auf nationaler Ebene […] wissenschaftliche Verwaltungs- und Organisationstechniken" einführen, wie er es in einem Einladungsschreiben an Beer formulierte.

Um die vorprogrammierten Wirtschaftskrisen in Echtzeit bewältigen zu können, sollten nach der Vorstellung von Flores und Beer alle Fabriken und Betriebe des Landes durch ein Informationsnetz miteinander verbunden werden. […]

Das aus Wissenschaftlern verschiedener Disziplinen zusammengesetzte CyberSyn-Team machte sich also an die Arbeit, sammelte unbenutzte Fernschreiber ein und verteilte sie an alle staatlichen Betriebe. Unter der Leitung des deutschen Designers Gui Bonsiepe entwickelte man den Prototyp eines „Opsrooms" (Operationsroom), einen Kontrollraum wie im „Star-Trek"-Universum, der aber nie realisiert wurde.

Per Telex- und Funkverbindungen wurden die Daten über Tagesproduktion, Arbeitskraft und Energieverbrauch durchs ganze Land geschickt und von einem der wenigen Computer, die es damals in Chile gab, einem IBM 360/50, täglich ausgewertet (als Indikator der „sozialen Malaise" zählte unter anderem das Fernbleiben vom Arbeitsplatz). Sobald eine der Ziffern aus ihrer statistischen Marge herausfiel, wurde ein Alarm – in Beers Vokabular ein „algedonisches Signal" – ausgesendet, der dem jeweiligen Betriebsleiter eine gewisse Zeit einräumte, um das Problem zu lösen, bevor es bei einer Wiederholung des Signals an die nächsthöhere Instanz gemeldet wurde.

Beer war davon überzeugt, dass dies „den chilenischen Unternehmen einerseits eine fast vollständige Kontrolle über ihre Aktivitäten verschaffte und andererseits den Eingriff von zentraler Stelle ermöglichte, wenn ein ernstes Problem auftrat ...“ [Medina 2006, S. 572, d. A.].

Das CyberSyn-Projekt, war „zwar technisch anspruchsvoll“, schreibt die Informatikhistorikerin Eden Medina, „aber es war von Anfang an nicht nur ein technischer Versuch, die Wirtschaft zu regulieren. Aus der Sicht der Beteiligten konnte es dazu beitragen, Allendes sozialistische Revolution voranzutreiben. [...] Die Konflikte um die Konzeption und Entwicklung von CyberSyn spiegelten gleichzeitig den Kampf zwischen Zentralisierung und Dezentralisierung wider, der Allendes Traum vom demokratischen Sozialismus störte.“ [ebd., S. 574, d. A.]

Am 21. März 1972 produzierte der Computer seinen ersten Bericht. Bereits im Oktober hatte das System angesichts der von Opposition und berufsständischen Interessenverbänden („gremios“) organisierten Streiks seine erste Prüfung zu bestehen. Das CyberSyn-Team bildete einen Krisenstab, um die 2000 täglich aus dem ganzen Land eintreffenden Fernschreiben auszuwerten. Anhand dieser Daten ermittelte die Regierung, wie man die Situation in den Griff bekommen könnte. Daraufhin organisierte man 200 loyale Lastwagenfahrer (gegenüber rund 40.000 streikenden), die den Transport aller lebenswichtigen Güter sicherstellten – und überwand die Krise.

Das CyberSyn-Team gewann an Ansehen, Flores wurde zum Wirtschaftsminister ernannt, und in London titelte der British Observer am 7. Januar 1973: „Chile run by Computer“. Noch am 8. September 1973 veranlasste der Präsident, den Zentralrechner, der bis dahin in den verlassenen Räumen der Reader's-Digest-Redaktion gestanden hatte, in die Moneda zu verlegen. Nur drei Tage später bombardierten die Jagdflugzeuge der Armee den Präsidentenpalast, und Salvador Allende nahm sich das Leben.

Was wäre aus dem sozialistischen kybernetischen Experiment in Chile geworden, wenn Allende weiterregiert, wenn bessere kommunikative technische Infrastruktur zur Verfügung gestanden hätte? Niemand weiß das. Es ist aber vorstellbar, dass die im vorhergehenden Kapitel aufgeworfenen Fragen von Deutsch zur einer kybernetisch regulierenden Politik, hätten sie die Gedanken der an dem Chile-Kybernetik-Experiment beteiligten Personen befruchtet, das Experiment – vorausgesetzt, ein Putsch hätte vermieden werden können – in erfolgversprechende Bahnen geführt hätten.

Cypersyn oder *Cybernetic Synergy* ist und bleibt bis in die heutige Zeit, in der die Vorsilbe „Cyper-“ für viele digitale Entwicklungsstrategien herhalten muss, das einzige weltweite Kybernetik-Experiment, ohne dass ein zweiter Versuch mit dem heutigen, erheblich weiterentwickelten Instrumentarium der Kybernetik ansatzweise in einem Land versucht worden wäre. Es wäre ein umso spannenderes Experiment, wenn und da es nicht mit einem (sic!) IBM-Computer und Datenübertragungen über Telex- bzw. Funkverbindungen durchgeführt werden würde, sondern mit einem Internet der Dinge, künstlicher Intelligenz, humanoider Robotik u. a. m. Technisch gesehen liegen zwischen beiden Ansätzen Welten. Aber beide Experimente müssen – ohne Unterschied – mit dem Unerwarteten kämpfen, wobei der heutige Ansatz aufgrund der enorm gestiegenen Komplexität und Dynamik einem unvergleichlich höheren und anders strukturierten Risiko ausgesetzt ist als zur Zeit Allendes der 1970er-Jahre.

7.4.4   Kybernetik und Bildung – Lernbiologie als Chance

▶   **Merksatz**   Bildung ist – ein Menschenrecht!

In einem Kommentar dazu heißt es (https://de.wikipedia.org/wiki/Recht_auf_Bildung. Zugegriffen am 18.02.2018):

Das Recht auf Bildung ist ein Menschenrecht gemäß Artikel 26 der Allgemeinen Erklärung der Menschenrechte der Vereinten Nationen vom 10. Dezember 1948 und wurde im Sinne eines kulturellen Menschenrechtes gemäß Artikel 13 des Internationalen Pakts über wirtschaftliche, soziale und kulturelle Rechte (IPwskR) noch erweitert.

Das Recht auf Bildung ist zugleich in Artikel 28 der Kinderrechtskonvention verankert. Artikel 22 der Genfer Flüchtlingskonvention schreibt den Zugang zu öffentlicher Erziehung, insbesondere zum Unterricht in Volksschulen, auch für Flüchtlinge vor.

Das Recht auf Bildung gilt als eigenständiges kulturelles Menschenrecht und ist ein zentrales Instrument, um die Verwirklichung anderer Menschenrechte zu fördern. Es thematisiert den menschlichen Anspruch auf freien Zugang zu Bildung, auf Chancengleichheit sowie das Schulrecht.

Bildung ist wichtig für die Fähigkeit des Menschen, sich für die eigenen Rechte einzusetzen und sich im solidarischen Einsatz für grundlegende Rechte anderer zu engagieren.

Das gilt für alle gleichermaßen ohne Diskriminierung hinsichtlich der Rasse, der Hautfarbe, des Geschlechts, der Sprache, der Religion, der politischen oder sonstigen Anschauung, der nationalen oder sozialen Herkunft, des Vermögens, der Geburt oder des sonstigen Status (Artikel 2.2 IPwskR).

Der Pakt wurde am 19. Dezember 1966 von der UN-Generalversammlung einstimmig verabschiedet und ist ein multilateraler (mehrseitiger) völkerrechtlicher Vertrag, der die Einhaltung wirtschaftlicher, sozialer und kultureller Menschenrechte garantieren soll.

Ohne im Detail auf die vielfältigen Facetten von Bildung einzugehen, betrachten wir insbesondere die Verknüpfung von Bildung mit der Kybernetik.

Auch hierzu existiert eine Reihe von Stellungnahmen, Bewertungen, Diskussionen und Kritiken, die unter den Begriffen *kybernetische Pädagogik* und *kybernetische Didaktik* angesiedelt sind und u. a. durch die folgenden Frühwerke der 1960er/1970er-Jahre widergespiegelt werden: Hentig (1965), Frank (1969), Weltner (1970), Cube (1971), Pongratz (1978).

Im Lexikon der Psychologie ist zu *Kybernetischer Pädagogik* und den vorab genannten Autoren zu lesen (https://portal.hogrefe.com/dorsch/kybernetische-paedagogik/. Zugegriffen am 18.02.2018):

Betrachtung päd. Maßnahmen entspr. dem Regelkreismodell der Kybernetik. Das kybernetische Problem (Informations- und Regelungs- bzw. Kommunikationsabläufe in und zw. geschlossenen Systemen) ist in der.Erziehungswissenschaft dabei allg. päd. und unterrichtsspezifisch gestellt.

Allg. pädagogisch werden Erziehungsstile als Sollwertbestimmungen für Setzungen mit Ideologiequalität im jew. sozialkult. Bezugsrahmen angesehen. Wird die primäre Funktion des

Lehrers als Reglerfunktion best., erscheint die päd. Konstellation in ihrem Prozesscharakter als prinzipiell logifizierbar und kalkulierbar (Frank 1969; Weltner 1970). Versuche zur Konstituierung einer kybernetischen Didaktik haben besonders den programmierten Unterricht gefördert, auch wurde das Regelkreisschema für die Curriculumforschung übernommen (Hentig 1965). Vor allem aber sind Lehr- und Lernprozesse in Richtung einer Redundanztheorie des Lernens und der Didaktik aufgearbeitet worden (Cube 1971).

Der Vorzug des kybernetischen Ansatzes liegt im Sichtbarmachen versch. Fragestellungen, der Nachteil in der begrenzten Reichweite im humanwissenschaftlichen Bereich. Wird dies nicht beachtet, rückt die kybernetische Pädagogik in die Nachbarschaft behavioristischer Ideologie (Behaviorismus) von der prinzipiellen Machbarkeit und Berechenbarkeit menschlichen Verhaltens und damit einer Technisierung der Erziehungs- und Unterrichtsprozesse. Durch die konsequente Trennung von Struktur und Inhalt des Lernens in der Redundanztheorie wird die sinnstiftende Leistung des Lernenden übersehen und die Instrumentalisierung des Lernens verabsolutiert, mithin Bildungstheorie auf Bildungstechnik reduziert.

Eine informationstheoretisch-kybernetische Didaktik wird definiert als (https://service. zfl.uni-kl.de/wp/glossar/informationstheoretisch-kybernetische-didaktik. Zugegriffen am 18.0 2.2018):

Das Didaktikverständnis der informationstheoretisch-kybernetischen Didaktik fokussiert Lehren und Lernen als konkrete Methode im Sinne einer technologischen Machbarkeit. Ziel ist eine größtmögliche Effizienz im Lehr- und Lernprozess mit dem Zweck der Optimierung. Eine Weiterentwicklung kann im Ansatz der Kybernetisch-konstruktiven Didaktik gesehen werden.

Die zugehörige Beschreibung besagt (ebd.):

Bei der kybernetisch-informationstheoretischen Didaktik wird Didaktik als Regelkreis angenommen, in dem das Lehrziel von außen als Sollgröße eingebracht wird und der Lehrende als Regler die Orientierung daran als Strategie des didaktischen Handelns fungiert. Personen und Medien werden als Stellglieder genutzt, um das Lehrziel zu erreichen. Dysfunktionale Ereignisse wie Konflikte werden als Störgröße einbezogen. Die Schüler stellen in diesem Prozess die Ist-Werte dar. Es können in diesem Sinne das Lehrsystem und Lernsystem sowie die sich daraus ergebenden Wechselwirkungen unterschieden werden.

In diesem Modell wird der Verzicht auf die Zielproblematik und die Normenkritik (Gesellschafts- oder Herrschaftskritik) zum Ausdruck gebracht. Es geht nur um die Untersuchung, wie Lernprozesse optimiert werden können. Das Modell konnte sich aber nur in Lernprozessen durchsetzen, die behavioristisch, d. h. kleine Informationshäppchen vermitteln und damit besonders für PC-Lernprogramme oder Selbststudium geeignet sind.

In Pongratz 1978 erschienenen Buch „Zur Kritik kybernetischer Methodologie in der Pädagogik" – mit der Hauptüberschrift zu Kapitel III

Zur Kritik systemtheoretischer, regelungstheoretischer. automatentheoretischer und algorithmentheoretischer Ansätze in der Pädagogik –
    oder:
    Aspekte der kybernetischen Eskamotage menschlicher Freiheit [Eskamotage = Taschenspielerei, Taschenspielertrick, verschwinden lassen, d. A.]

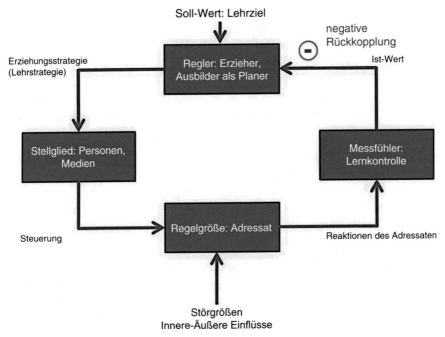

Abb. 7.19   Unterricht als Regelkreis. (Quelle: Cube 1986, S. 49, zitiert nach Kron 1994, S. 151, ergänzt d. d. A.; s. a. Cube 1971)

– betrachtet er kritisch verschiedene informationstheoretische Ansätze, unter anderem auch das *regelungstheoretische Modell des Unterrichtsprozesses* von v. Cube. Pongratz diskutiert Cubes Lernansatz wie folgt (ebd., S. 148–149):

> Die systemtheoretische Analyse der Unterrichtssituation enthüllt Unterricht deutlich als einen Prozess der Zielerreichung im Sinne einer kybernetischen Regelung. Den verschiedenen Teilprozessen der Regelung entsprechend lassen sich fünf Bereiche unterscheiden: Zielbereich, Reglerfunktion, Steuerfunktion, Lernsystem und Messfühlerbereich. Die Funktion des Reglers (in der Terminologie der systemtheoretischen Didaktik; das Selektionselement) übernimmt in der konkreten Unterrichtssituation zumeist der Lehrer. Dieser entwirft einerseits die Lehrstrategie (in Abhängigkeit vom vorgegebenen Sollwert) und fungiert zum anderen in der Interaktion mit dem Lernenden als Messfühler, der das jeweils erreichte Lernergebnis (den Istwert) kontrolliert. Die Stelle der Regelgröße (geregelten Größe) nimmt der Lernende ein, auf den der Regler einwirkt. Die Einwirkung vollzieht sich vermittels des Stellgliedes. (In traditioneller Terminologie entsprächen der Stelleinrichtung des Regelvorganges in etwa die Unterrichtsmedien.[)] [...].
>
>   Will man den regelungstheoretischen Zusammenhang in einem (vereinfachenden) Schaubild darstellen, ergibt sich folgender Regelkreis (nach v. Cube) [vgl. Abb. 7.19, d. A.]: [...]

In der Analyse des Unterrichts als Regelprozess realisiert die kybernetische Pädagogik ihr Ziel, schulische Lernprozesse als Vorgang zu beschreiben, in dem eine messbare Größe (Schüler) in einem zu regelnden System durch eine automatische Einrichtung (Programm) auf einen gewünschten Sollwert (Lernziel) gebracht wird, und zwar unabhängig von Störungen, die auf das System einwirken. Dem entspricht der Begriff der „Didaktik", wie ihn v. Cube postuliert:

„Didaktik als Wissenschaft untersucht, wie die Lernprozesse eines Lernsystems initiiert und gesteuert werden können und wie vorgegebene Verhaltensziele in optimaler Weise zu erreichen sind." […] [siehe Cube in Dohmen et al. 1970, S. 219–242, d. A.]

Der spezifische Beitrag der Kybernetik liegt dabei einerseits in der Automatisierung und Objektivierung der Reglerfunktion, andererseits in der informations- und algorithmentheoretischen Analyse von Lehrstrategien.

Kritisch äußert sich Pongratz zu system- und automatentheoretischen Ansätzen in der Pädagogik (ebd., S. 156):

Die kybernetischen Ansätze in der Didaktik haben sich der Anfrage zu stellen, inwieweit sie der Spontaneität und Eigenaktivität von Schüler und Lehrer innerhalb ihres theoretischen und praktischen Konzepts noch Rechnung tragen können, inwieweit sie menschlicher Reflexivität und Autonomie nicht bloß Lippenbekenntnisse zollen, sondern die Idee menschlicher Freiheit bewahren und ihre konkrete individuelle und gesellschaftliche Realisation befördern.

Generell ist Bildung für Menschen ein lebenslanges Unterfangen, ein Streben nach Bildung und mehr Bildung und noch mehr Bildung, im Rahmen der Möglichkeiten, die jemand besitzt und/oder die ihm/ihr geboten werden. Dies führt direkt zu einem überlieferten schwedischen Sprichwort, indem neben dem Mitschüler und der Lehrperson der umgebende Raum als dritter Lehrer genannt wird (Hlebaina 2015).

Eine kybernetisch orientierte, ganzheitliche Bildungstheorie muss demnach gegenüber dem Modell von v. Cube und der Kritik von Pongrantz deutlich erweitert werden, wie es in Abb. 7.20 skizziert ist.

Ohne zu weit abzuschweifen vom Kern des Kapitels „Kybernetik und Bildung" ist es doch angebracht, nicht zuletzt auch wegen des Menschenrechts auf Bildung, auf einen der kritischsten Geister und Streiter für eine *neue Schule* zu verweisen, die er mit der „Glockseeschule" in Hannover 1972 verwirklicht hat: Oskar Negt. In seiner Streitschrift aus 2013 „Philosophie des aufrechten Gangs" spricht er wie so oft mit klaren Worten die Missstände – diesmal im Bildungsbereich – offen an. In seiner Rezension zum Buch schreibt Schnurer (2014):

Er hebt den mahnenden Finger, wenn individuelle und gesellschaftliche Entwicklungen aus dem Ruder zu laufen drohen, wenn Egoismen über Kollektivismen zu herrschen beginnen, wenn kapitalistische Mehrwert-Mentalitäten soziale Gerechtigkeiten aus den Angeln heben.

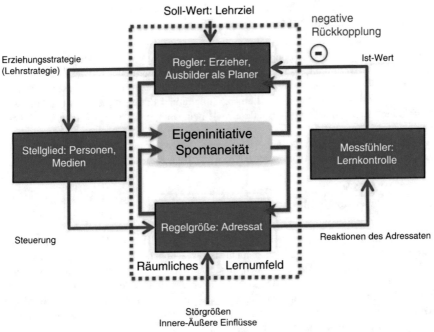

Abb. 7.20 Erweitertes kybernetisches Unterrichtsmodell. (Quelle: nach Cube 1986, S. 49, ergänzt d. d. A.)

Schnurer beschreibt zwei Herausforderungen für die *neue Schule* nach Negt mit eingebundenen Zitaten aus Negt (2013):

Die eine könnte dem Zeitgeist entsprechen und zum Ausdruck bringen, dass die gesellschaftliche Institution so ist, wie sie ist und nicht zu ändern ist; also auch nicht geändert werden soll! Diese Auffassung vertreten wohlfeil Menschen, die das Selektionsinstrument Schule als ein bewährtes Mittel betrachten, „in der die gesellschaftliche Polarisierung fortgesetzt und zementiert wird und die Kinder möglichst frühzeitig nach künftigen Gewinnern und potenziellen Verlierern sortiert werden".

Eine andere Interpretation könnte sein, dass Schule ein Lebens- und Erfahrungsraum für Menschlichkeit, Gleichberechtigung und soziale, gesellschaftliche Kompetenz sein sollte, in der das Menschenrecht auf Bildung wirklich Ernst genommen wird. Eine solche Einrichtung aber entsteht nicht mit traditionalistischem, konservativem und egoistischem Beharren darauf, dass „die Verhältnisse so sind, wie sie sind", sondern durch Veränderungen und echte Wandlungsprozesse, mit dem Bewusstsein: „Im Versuchen liegt der echte Idealismus" (Ludwig Marcuse). Der ehemalige Schweizer Manager und spätere Menschenrechts- und Umwelttaktivist Hans A. Pestalozzi (1929–2004) gab mit einer „positiven Subversion" die richtige Antwort: Wo kämen wir hin, wenn alle sagten, wo kämen wir hin, und niemand ginge, um einmal zu schauen, wohin man käme, wenn man ginge (Nach uns die Zukunft, Bern 1979).

Um wieder an die vorab beschriebene Didaktik und Kybernetik anzuknüpfen, schreibt Schnurer zu Negt (Schnurer 2014):

> Interesse dürften auch die Erfahrungen hervorrufen, die Oskar Negt zur Frage „Schulversuch und Regelschule" vermittelt, insbesondere, wenn es um die Übertragbarkeit der Erfahrungen, Konzepte und didaktisch-methodischen Instrumente geht. Bedeutsam und unverzichtbar dabei ist der Hinweis, dass schulisches Lernen, Bildung und Erziehung niemals neutral, also unverbindlich sich vollziehen darf, sondern Ziele beinhalten muss, wie sie in der Glocksee-Schule voran stehen:
> „Herstellung von Zusammenhang im Lernen, Vergrößerung der Autonomiefähigkeit der Menschen, Aufhebung von Vorurteilen, Mut, Toleranz, Geduld im Aushandeln von Kompromissen ..."

Als Fazit der Rezension folgt (ebd.):

> „So kann es nicht weitergehen"; mit diesem Punkt! verweist Oskar Negt darauf, dass Bildung, Erziehung und schulisches Lernen nicht als abgeschobener Bereich im kapitalistischen, neoliberalen und ökonomischen Nützlichkeitsdenken verstanden werden d[ürfen], bei dem betriebswirtschaftliche Prämissen über dem Erlernen des „aufrechten Gangs" stehen. Es bedarf der Vermittlung, Erprobung und des Erlebens eines gesellschaftlichen und politischen Erkenntnisinteresses, „das Urteilskraft und Wissen bewusst aus den geschichtlich ungenutzten Befreiungspotentialen der Menschen gewinnt".

Unverkennbar ist Oskar Negts Ansatz einer *neuen Schule* bzw. einer neuen Art des Lernens seiner und heutiger Zeit noch weit voraus. Das betrifft nicht nur die unteren Schulsegmente, sondern reicht bis in die universitäre Bildung. Letztere ist u. a. bestrebt, mangels politisch sinnvoller Unterstützung Kooperationen mit Industrieunternehmen einzugehen, die exakt dem *neoliberalen und ökonomischen Nützlichkeitsdenken* fröhnen, das keinen Platz hat in einer *neuen Schule*, welchen Zuschnitts und Bildungsgrades auch immer.

Die zunehmende Digitalisierung führt auf einem weiteren Weg der Bildung ebenso weg von Negts *neuer Schule*. Eine Wissensvermittlung über Internetkanäle, wie sie zunehmend in universitären Bereichen staatlicher und freier Träger vollzogen wird, hat vorrangig *neoliberales und ökonomisches Nützlichkeitsdenken* im Sinn. Weder wird auf die enge physische Kommunikation der „Schüler" in einem Seminarraum noch auf die so notwendige ganzheitliche Bildungsperspektive in unserer fortschreitend zerstückelten Gesellschaft Rücksicht genommen. Was zählt, ist die dominierende Bildungswährung Gewinnmaximierung; was als notwendiges Übel betrachtet wird, ist der Auftrag Bildung. Sowohl freie Bildungsträger als auch staatliche Bildungsorgane sind davon keineswegs ausgeschlossen – im Gegenteil. Der ureigene Auftrag freier Unternehmer in Sachen Bildung ist, Gewinn zu machen; der Auftrag staatlicher Bildungsorgane, verknüpft mit staatlichen Fördermitteln, ist – zumindest in den letzten Jahren in unserem Land –, Schulden zu reduzieren, auch auf Kosten von Bildung.

Ein weiterer Ansatz zu Kybernetik und Bildung ist die „Lernbiologie nach Vester" (1989). In seinem 1976 verfassten Aufsatz „Chance Lernbiologie. Krisenbewältigung durch richtiges Lernen" (Vester 1989, S. 44–73) erklärt Vester, dass in der hochgradig vernetzten Umwelt für alle Lebewesen Informationsaustausch, -verarbeitung und Lernen einen wichtigen Platz für das Überleben einnehmen. Aus einer zitierten Studie zur mangelhaften Erkennung von Krisenzeichen unserer Zivilisation (ebd., S. 45–46) folgert Vester:

> Bei der Untersuchung der Gründe, für die Unfähigkeit, die Situation unserer Industriegesellschaft zu begreifen, gewisse bestimmte Zusammenhänge im Verhältnis Mensch/Umwelt zu erkennen, stoßen wir auf die eigenartigen Lernformen unserer Schule und deren weit zurückreichende historische Wurzeln. Die Ablösung des Geistigen vom Körperlichen, die in die gleiche Richtung gehende Herauslösung des Menschen aus unserer Umwelt nahmen mit der Entwicklung des Schulwesens immer extremere Formen an. [...] Ein Lernen ohne Einsatz des Organismus und damit ohne Einbeziehung der Umwelt ist aber widernatürlich und unökonomisch.

Das sehen z. B. freie Bildungsträger – die der Autor aus mehrjähriger Tätigkeit als Studienleiter umfassend kennenlernen durfte – ganz anders. Lernen in häuslicher Umgebung über Internetportale, Video-Präsentationen etc. ist für manche Studierenden bequem und kostensparend. Warum sollte das nicht unterstützt werden, zumal auch der Bildungsträger dadurch erhebliche Kosten spart, z. B. durch Bereitstellung und Service von Infrastruktur im Haus? Dies sind jedoch sehr kurzsichtige und hochgradig fragwürdige Ansätze.

Aus dieser Art Bildungspraxis lernen die Schüler oder Studierenden nichts durch die so notwendigen physischen und psychischen Beziehungsstrukturen zwischen sich und anderen Lernenden sowie zwischen Lernenden und ihrer ganzheitlichen Lernumgebung. Darüber hinaus wird nach Vester die erfolgversprechenste Garantie eines effizienten Lernens im entspannten Zustand durch Spielen erzielt. Allerdings ist damit wohl eher nicht gemeint, Internetspiele im Bildungsbereich von Couch zu Couch der Lernenden durchzuführen.

Für Vester liegt das Lerndilemma, dass in heutiger Zeit nicht minder besteht, aber noch tiefer: „Lernformen unserer Schulen und Universitäten [...] [haben sich] ja nicht nur der Wirklichkeit unseres Lebensraumes als komplexes System entfremdet, [...], sondern auch der Wirklichkeit unserer sozialen Beziehungen." (ebd., S. 56) Die Digitalisierung von Bildung zeigt hier nicht nur gewisse Nützlichkeiten beim Lernen, sondern noch deutlicher erschreckende Auswirkungen in sozialer Kompetenz. Angesichts der heraufziehenden weltweiten Krisen, mit erheblichen negativen Folgen für Natur, Umwelt, Gesellschaft, Menschen, kann es ein „Weiter so" nach scheinbar bewährten Konzepten der Bildung nicht geben.

Die Bildungsträger und Politiker sind aufgefordert, den Trend mangelhafter Ganzheitlichkeit in der Bildung zu stoppen und sich zunehmend Lösungen von Aufgaben in Ausbildung und Weiterbildung zuzuwenden, die der Realität näherkommen. Das schließt keineswegs fachspezifischen Bildungsstoff aus, dieser wird nur in einen Gesamtzusammenhang integriert.

Analogien zur Natur und „ihrer Bildung" sind immer lehrreich. Individuen sind zugleich hoch spezialisierte Könner und Teile einer Ganzheit ihrer Art. Sie überleben einerseits durch spezifische Leistungen, z. B. individuelles wehrhaftes Verhalten gegenüber Konkurrenten, Tarnungseigenschaften, hochwertige Materialverbundeigenschaften und andere Prinzipien mehr. Andererseits wissen sie sich im kollektiven Artverbund durch ganzheitliche Prinzipien, z. B. Schwarmbildung, vernetzte Kommunikation bei Gefahrenlagen, so etwa die chemische Signalübertragung zwischen Bäumen, vor Feinden zu schützen.

Es sind unüberschaubare vernetzte Regelkreisfunktionen mit negativen Rückkopplungen, die es den Arten erlauben, jede auf ihre spezielle Weise, zu überleben. Nur die Menschen sind die einzige Spezies, die sich nicht an das Spiel des Lebens halten und dabei auch schädliche Konsequenzen größten Ausmaßes für sich selbst und andere Lebewesen billigend in Kauf nehmen.

Eine Kybernetik, deren Blick nicht eingeengt ist auf technische Regelfunktionen, und eine Bildung, die es versteht, Spezialwissen mit Blick auf die Ganzheitlichkeit zu verknüpfen, könnten helfen, der Bildung im Allgemeinen und Speziellen einen neuen Weg für vorteilhafte Lösungen unserer Probleme zu ebnen.

7.4.5 Kybernetik und Militär

Mit Kybernetik, die zur Zeit Norbert Wieners in den 1940er-Jahren bereits die Aufmerksamkeit des US-amerikanischen Militärs im Verbindung mit der Nachrichtentechnik und Ballistik besaß (Rid 2016, S. 65–99), wollen wir auch diese Abhandlung über Kybernetische Systeme beenden. Seit der Suche nach geeigneten Steuerungs- und Regelungsprozessen für ballistische Manöver von Geschossen und Flugmanövern von Piloten und Flugzeugen, die insbesondere mit einer dynamischen Zielfindung von dynamischen Flugobjekten verbunden waren, und seit die Suche nach dem entscheidenden Vorteilsmerkmal, der negativen Rückkopplung, gelang, haben außerordentliche Veränderungen durch neuartige Techniken und Prozesse im Mensch-Maschine-System stattgefunden.

Kybernetische Regelungsprozesse für die verschiedensten militärischen Anwendungen haben längst Einzug in die Technik von Waffen und Kriegsführung gehalten.

Die Boston Dynamics Group entwickelt Humanoide wie *Atlas*, die enorm beweglich sind, laufen, springen fallen und wieder aufstehen, und diese sind aufgrund ihrer kybernetischen Regelungsprozesse mit verknüpfter künstlicher Intelligenz auch von großem Interesse für das Militär. Auf dem jährlichen Wettbewerb, den die DARPA, die US Defense Advanced Research Projects Agency veranstaltet, werden die besten Roboter durch verschiedene Funktionstests auf ihre Tauglichkeit im Alltag bestimmt. Ohne Zweifel werden damit auch potenzielle Einsätze für militärische Zwecke verfolgt.

Ein anderes Feld für kybernetisch geregelte Funktionen sind Drohnen beliebiger Gestalt und Leistungskraft, die über Tausende von Kilometern ferngesteuert werden können, bzw. völlig autonom – auch als Schwarm – in Kriegsgeschehen eingreifen.

Die *MQ-9 Reaper* („Sensenmann") der Firma General Atomic, die ebenfalls amerikanische *RQ-4 Global Hawk* der Firma Northrop Grumman, die in Israel durch Malat (UAV = Unmanned Aerial Vehicle) Division of Israel Aerospace Industries hergestellte Kampfdrohne des Typs *HERON TP*, die im Blickfeld eines Kaufs durch Deutschland ist, die russische Drohne *RSK MiG-Skat* („Rochen"), Hersteller Mikojan-Gurewitsch/Suchoi, sowie die von der chinesischen Firma Shenyang hergestellt Stealth-Drohne *Lijan* („scharfes Schwert") u. a. sind Beispiele dafür, wie die Kybernetik im Verbund mit künstlicher Intelligenz bereits seit Jahren und zukünftig noch stärker das Militärgeschehen auf der Erde gestaltet.

Nach den Drohnen im militärischen Fokus folgen Drohen als Multi- bzw. Quadrocopter in unzähligen Varianten für zivile Zwecke, ob als Bauüberwachung, Verkehrskontrollen, Gefahrenerkennung, in der Filmindustrie, als Kinderspielzeug, als Flugobjekte in Form von sogenannten „Lufttaxis" für Personentransport u. a. m.

Noch lange sind nicht alle Probleme, die mit ethischen Aspekten im Militärbereich konfrontiert werden oder mit persönlichen gesetzlichen Schutzrechten einzelner Personen, z. B. bei der zivilen Drohnenüberwachung, zusammenhängen, rechtlich geklärt. Hier beginnt erst mit großem Nachlauf die Politik, zu erkennen, dass herkömmliche monokausale Sichtweisen auf die Lösung neu anstehender Probleme der Digitalisierung und „mannloser Objekte" nicht weiterführen.

Wir stehen noch ganz am Anfang einer neuen Art von Verkehrslenkung, auf dem Land, in der Luft und in nicht allzu ferner Zukunft sicher auch im Wasser.

7.5   Kontrollfragen

K 7.1   Skizzieren und beschreiben Sie das Modell eines kybernetischen Regelkreises „Blutzucker".

K 7.2   Skizzieren und beschreiben Sie das Modell eines kybernetischen Regelkreises „Pupillen".

K 7.3   Skizzieren und beschreiben Sie das Modell eines kybernetischen Regelkreises „Kamerabildschärfe".

K 7.4   Skizzieren und beschreiben Sie das Modell eines kybernetischen Regelkreises „Positionsregelung des Schreib-/Lese-Kopfes in einem Computer-Festplattenlaufwerk".

K 7.5   Skizzieren und beschreiben Sie das Modell eines kybernetischen Regelkreises „Servolenkung bei einem Kraftfahrzeug".

K 7.6   Skizzieren und beschreiben Sie das Modell eines kybernetischen Regelkreises „Raum- und Heizwassertemperatur".

K 7.7   Beschreiben Sie den Begriff „Wirtschaftskybernetik".

K 7.8   Skizzieren und beschreiben Sie die fünf funktionalen Blöcke eines kybernetischen Modells zur simulativen Quantifizierung von Risikofolgen in komplexen Prozessketten. Heben Sie den Weg der negativen Rückkopplung in der Skizze hervor. Ordnen Sie die fünf Blöcke den drei Risikobereichen zu.

K 7.9   Erklären Sie den Begriff der Soziokybernetik.

K 7.10   Erklären Sie den Begriff der psychologischen Kybernetik.

K 7.11   Was verstehen Sie unter biokybernetisch orientierter Verhaltensphysiologie?

K 7.12   Wie kann nach Kalveram organismisches Verhalten in vier aufeinander folgenden Schritten erfasst werden?

K 7.13   Skizzieren und beschreiben Sie das Blockbild eines abstrakten Automaten. Ergänzen Sie das Bild durch die Darstellung einer Mensch-Umwelt-Beziehung mittels Blockdarstellung als kybernetisches System zweier Automaten.

K 7.14   Beschreiben Sie mit ihren eigenen Worten den Ablauf des kybernetischen Experiments von Beer im Chile Allendes der 1970er-Jahre nach Vorlage.

Wie sehen Sie persönlich die Anwendung des kybernetischen Experimentes auf eine Gesellschaft?

K 7.15   Was verstehen sie unter „informationstheoretisch-kybernetische Didaktik"?

K 7.16   Skizzieren und beschreiben Sie den Ablauf im kybernetischen Bildungsregelkreis nach v. Cube.

Welche dominanten Kritikpunkte werden von Pongratz an dem kybernetischen Bildungsmodell von v. Cube angeführt?

Literatur

Ashby WR (1985) Einführung in die Kybernetik. Suhrkamp, Berlin

Beer S (1970) Kybernetik und Management. Fischer, Frankfurt am Main

Beer S (1981) Brain of the firm – the managerial cybernetics of organization. Wiley, Chichester

Beer S (1994) Cybernetics of National Development (evolved from work in Chile). In: Harnden R, Leonard A (Hrsg) How many grapes went into the wine – Stafford Beer on the art and science of holistic management. Wiley, Chichester

Beer S (1995) Diagnosing the system for organizations. Wiley, New York

Begon ME et al (1998) Ökologie. Spektrum Akademischer Verlag, Heidelberg

Bischof N (1968) Kybernetik in Biologie und Psychologie. In: Moser S (Hrsg) Information und Kommunikation. Referate und Berichte der 23, Internationalen Hochschulwochen Alpach 1967. R. Oldenbourg, München/Wien, S 63–72

Bischof N (1969) Hat Kybernetik etwas mit Psychologie zu tun? Psychologische Rundschau, Bd XX. Vanderhoeck & Ruprecht, Göttingen, S 237–256

Bossel H (2004) Systemzoo 2, Klima, Ökosysteme und Ressourcen. Books on Demand GmbH, Norderstedt

Boysen W (2011) Kybernetisches Denken und Handeln in der Unternehmenspraxis. Komplexes Systemverhalten besser verstehen und beeinflussen. Springer Gabler, Wiesbaden

Coy W (2004) Zum Streit der Fakultäten. Kybernetik und Informatik als wissenschaftliche Disziplinen. In: Pias C (Hrsg) Cybernetics – Kybernetik. The Macy-Conferences 1946–1953, Essays und Dokumente, Bd II. Diaphanes, Zürich/Berlin, S 253–262

Crutzen PJ, Stoermer EF (2000) The „Anthropocene". The International Geosphere–Biosphere Programme (GBBP) Newsletter No. 41, May, S 17–18

von Cube F (1971) Kybernetische Grundlagen des Lernens und Lehrens. Klett, Stuttgart

von Cube F (1986) Fordern statt Verwöhnen. Piper, München

Deleuze G (1992) Foucault. Suhrkamp, Frankfurt am Main

Deutsch KW (1969) Politische Kybernetik. Modelle und Perspektiven. Rombach, Freiburg im Breisgau (Original (1963): The nerves of government: models of political communication and control. Reprint in: Current Contents, This week's Citation Classics, Number 19, May 12, 1986)

Dodd SC (1952) Testing message diffusion from person to person. Public Opin Q 16(2):247–262

Dohmen G, Maurer F, Popp W (Hrsg) (1970) Unterrichtsforschung und didaktische Theorie. Piper, München

Drucker PF (1998) Die Praxis des Management. Econ, Düsseldorf

Espejo R, Reyes A (2011) Organizational systems: managing complexity with the viable system model. Springer, Wiesbaden

Espinoza A, Walker J (2013) Complexity management in practice: a viable system model intervention in an Irish eco-community. Eur J Oper Res 225:118–129

Espinoza A, Harnden R, Walker J (2008) A complexity aproach to sustainability – Stafford Beer revisited. Eur J Oper Res 187:636–651

Etzioni A (1968) The active society. A theory of social and political processes. Collier-Macmillan, London

Faller H, Kerbusk S, Tatje C (2017) Das Bundesdieselamt. Die Zeit 32:21–22

Frank H (1969) Kybernetische Grundlagen der Pädagogik, 2 Bde. Agis, Baden-Baden

Friedmann J, Hengstenberg M, Knaup H, Traufetter G, Weyrasta J (2017) Der Mogel-Pakt. Der Spiegel 28:24–27

Hanhimaki JM (2004) The flawed architect: Henry Kissinger and American foreign policy. Oxford University Press, Oxford

Hassenstein B (1967) Biologische Kybernetik, 3. Aufl. VEB Gustav Fischer, Jena

von Hentig H (1965) Die Schule im Regelkreis. Klett, Stuttgart

Hlebaina EM (2015) Der Raum als dritter Lehrer. AV Akademieverlag, Saarbrücken

Hopcroft JE, Motwani R, Ullmann JD (2011) Einführung in die Automatentheorie. Pearson, München

Hummel D, Kluge T (2004) Sozial-ökologische Regulationen. netWORKS-Papers, Heft 9, Forschungsverbund netWORKS. Deutsches Institut für Urbanistik, Berlin

Jeschke S, Schmitt R, Dröge A (2015) Exploring Cybernetics. Kybernetik im interdisziplinären Diskurs. Springer, Wiesbaden

Kalveram KT (2011) Psychologische Kybernetik: Anwendung der Systemtheorie zur Erklärung menschlichen Verhalten. Vortragsunterlagen aus Ringvorlesung Technische Kybernetik am 26.1.2011, TU-Illmenau

Klaus G (1964) Kybernetik und Gesellschaft. VEB Dt. Verl. D. Wissenschaften, Berlin

Krause B (2013) Der Einfluss der Kybernetik auf die psychologische Forschungsmethodik. Leibniz Online, Nr. 15, Zeitschrift der Leibniz-Sozietät e. V., Berlin. http://leibnizsozietaet.de/wp-content/uploads/2013/04/bkrause.pdf. Zugegriffen am 22.02.2018

Krause F, Schmidt J, Schweitzer C (2014) Der kybernetische Regelkreis als Managementinstrument im Anlagenlebenszyklus. In: Kühne S, Jarosch-Mitko M, Ansorge B (Hrsg) EUMONIS – Software- und Systemplattform für Energie- und Umweltmonitoringsyteme, Bd XLIV. InfAI, Institut für Angewandte Informatik e. V., Universität Leipzig, Leipzig, S 25–36

Kron FW (1994) Grundwissen Didaktik. UTB, München

Küppers EWU (2018) Die humanoide Herausforderung. Leben und Existenz in einer anthropozänen Zukunft. Springer, Wiesbaden

Küppers J-P, Küppers EWU (2016) Hochachtsamkeit. Über unsere Grenze des Ressortdenkens. Springer Fachmedien, Wiesbaden

Lambertz M (2016) Freiheit und Verantwortung für intelligente Organisationen. Eigenverlag, Düsseldorf, ISBN 978-3-00-052559-9

Langer E (2014) Mindfullness. 25 th Anniversary Edition. Merloyd Lawrenz Book, Philadelphia

Larraín F, Meller P (1991) The Social-populist Chilean Experiment, 1970–1973. In: Dornbusch R, Edwards S (Hrsg) The Macroeconomics of Populism in Latin America. The University of Chicago Press, Chicago, S 175–221

Lazarsfeld PF, Berelson B, Gaudet H (1969) Wahlen und Wähler. Soziologie des Wahlverhaltens. Luchterhand, Neuwied

Mann H, Schiffelgen H, Froriep R (2009) Einführung in die Regelungstechnik, 11. neu bearbeitete Aufl. Hanser, München

Medina E (2006) Designing freedom, regulating a Nation: Socialist Cybernetics in Allende's Chile. J Lat Am Stud 38:571–606

Medina E (2011) Cybernetic revolutionaries. The MIT Press, Cambridge, MA

Negt O (2013) Philosophie des aufrechten Gangs. Steidl, Göttingen

Odum EP (1999) Prinzipien der Ökologie. Spektrum der Wissenschaft, Heidelberg

Osman Y, Menzel S (2017) Im Visier der Finanzaufsicht. Handelsblatt Nr. 151:1, 8, 12

Pestalozzi HA (1979) Nach uns die Zukunft – Von der positive Subversion. Bertelsmann, Lizensausgabe, Gütersloh

Pias C (2003) Zeit der Kybernetik – Eine Einstimmung. https://www.leuphana.de/fileadmin/user_upload/PERSONALPAGES/_pqr/pias_claus/files/herausgaben/2003_Cybernetics-Kybernetik_Einleitung.pdf. Zugegriffen am 25.02.2018.

Pias C (2005) Der Auftrag. Kybernetik und Revolution in Chile. In: Gethmann D, Stauff M (Hrsg) Politiken der Medien. Diaphanes, Berlin/Zürich, S 131–154

Pongratz LJ (1978) Zur Kritik kybernetischer Methodologie in der Pädagogik. Europäische Hochschulschriften. Lang, Frankfurt am Main

Printz S, von Cube P, Vossen R, Schmitt R (2015) Ein kybernetisches Modell beschaffungsinduzierter Störgrößen. In: Jeschke et al (Hrsg) Exploring Cybernetics. Kybernetik im interdisziplinären Diskurs. Springer, Wiesbaden, S 237–262

Rid T (2016) Maschinendämmerung. Eine kurze Geschichte der Kybernetik. Propyläen/Ullstein, Berlin

Rivière P (2010) Der Staat als Maschine. Das Kybernetik-Experiment in Allendes Chile. Le Monde diplomatique (deutsche Ausgabe), 12.11.2010, S 19

Röhler R (1974) Biologische Kybernetik. Teubner, Stuttgart

Ropohl G (2012) Allgemeine Systemtheorie. Einführung in transdisziplinäres Denken. Edition sigma, Berlin

Ruegg-Stürm J, Grand S (2015) Das St. Galler Management-Modell. Bern, Schweiz, Haupt

Schnurer J (2014) Rezension vom 26.6.2014 zu: Oskar Negt: Philosophie des aufrechten Gangs. Streitschrift für eine neue Schule. Steidl (Göttingen) 2013. ISBN 978-3-86930-758-9. In: socialnet Rezensionen, ISSN 2190-9245. https://www.socialnet.de/rezensionen/16273.php. Zugegriffen am 22.02.2018

Seibel B (2016) Cybernetic Government. In der Reihe: Haubl et al (Hrsg) Frankfurter Beiträge zur Soziologie und Sozialpsychologie. Springer, Wiesbaden

Senghaas D (1966) Kybernetik und Politikwissenschaft. Ein Überblick. In: Politische Vierteljahresschrift, Bd VII. Westdeutscher Verlag, Köln/Opladen, S 252–276

Steinbuch K (1968) Überlegungen zu einem hypothetischen cognitven System. In: Moser S (Hrsg) Information und Kommunikation. Oldenbourg, München, S 53–62

Strina G (2005) Zur Messbarkeit nicht-quantitativer Größen im Rahmen unternehmenskybernetischer Prozesse, Habilitationsschrift. RWTH Aachen University, Aachen

Vester F (1989) Leitmotiv vernetztes Denken. Heyne, München

Weltner K (1970) Informationstheorie und Erziehungswissenschaft. Schnelle, Quickborn

Wiener N (1952) Mensch und Menschmaschine. Alfred Metzner, Frankfurt am Main/Berlin

Wiener N (1963) Kybernetik. Regelung und Nachrichtenübertragung in Lebewesen und in der Maschine (Original: 1948/1961 Cybernetics or control and communication in the animal and the machine), 2., erw. Aufl., Econ, Düsseldorf/Wien

Kontrollfragen (K n.n) mit Musterantworten (M n.n) der Kap. 2 bis 7

8

Zusammenfassung

Mi einem speziallen Blick auf Ursprung und Denkweise der Kybernetik leitet Kapitel 2 in die Thematik des zirkulären Denkens ein, das der Kybernetik innewohnt. Ausgehend von der zentralen Frage „Was Kybernetik ist und was Kybernetik nicht ist", mit zugehörigen Praxisbeispielen, werden Sie mit zahlreichen Definitionen zur Kybernetik konfrontiert, die alle aus den jeweiligen Anwendungsbereiche der Kybernetik abgeleitet sind. Schließlich wird noch auf „Systemisches und kybernetischen Denken" in sechs zirkulären Schritten ein besonderes Augenmerk geworfen.

8.1 Kap. 2: Ein spezieller Blick auf Ursprung und Denkweise der Kybernetik

K 2.1	Beschreiben Sie die geschichtliche Herkunft des Wortes *Kybernetik nach Karl Steinbuch*?
M 2.1	In „Automat und Mensch" (Steinbuch 1965, S. 322–323) formulierte Steinbuch zur Herkunft des Begriffs Kybernetik: „Zunächst sei die geschichtliche Herkunft des Wortes „Kybernetik" kurz betrachtet: Platon (427 bis 347 v. Chr.) verwandte das Wort κζβερνετικε (kybernetike) im Sinne von Steuerungskunst. Bei Plutarch (50 bis 125 n. Chr.) wird der Lotse des Schiffes als κζβερνετες (kybernetes) bezeichnet. In der katholischen Kirchenterminologie wird unter κζβερνεσις (kybernesis) die Leitung des Kirchenamtes verstanden. Es sei auch darauf hingewiesen, dass der französische „gouverneur" und das englische „to govern", also regieren, wortgeschichtlich mit Kybernetik zusammenhängen. Im Jahr 1834 bezeichnet Amperè in seinem „Essai sur la philosophie des sciences" die Wissenschaft von möglichen Verfahrensweisen der Regierung als „cybernétique". In der letzten Generation wurde der Begriff vor allem durch Norbert Wiener mit seinem Buch „Cybernetics" [Original 1948, deutsch 1963, d. A.] hochgetragen."

© Springer Fachmedien Wiesbaden GmbH, ein Teil von Springer Nature 2019
E. W. U. Küppers, *Eine transdisziplinäre Einführung in die Welt der Kybernetik*,
https://doi.org/10.1007/978-3-658-23725-7_8

K 2.2	Was verstehen Sie unter *Kybernetische Anthropologie?*
M 2.2	Unter *kybernetische Anthropologie* wird ein kognitionswissenschaftliches Gebiet verstanden, das Anthropologie (Wissenschaft vom Menschen) und Kybernetik „mit einer technikinduzierten Theoriebildung verbindet."
K 2.3	Was ist Kybernetik und was ist es nicht?
M 2.3	Kybernetik ist keine Einzelwissenschaft. Kybernetik ist eine Metawissenschaft, die imstande ist, Fortschritte in natur-, ingenieur- und sozialwissenschaftlichen Einzel- bzw. Fachdisziplinen beizusteuern.
K 2.4	Beschreiben Sie die drei Sichtweisen eines interessierten Bürgers, Ingenieurs und Kybernetikers auf einen Roboter?
M 2.4	Siehe Abb. 2.1:

Interessierter Bürger:	Helfer im Alltag? Arbeitserleichterung?
Ingenieur:	Energieverbrauch? Gelenktechnik? Bewegungsachsen?
Kybernetiker:	Regelkreis von kollaborierenden Arbeiter, Programmierer, Umwelt?

K 2.5	Beschreiben Sie die drei Sichtweisen eines interessierten Bürgers, Ingenieurs und Kybernetikers auf einen PKW?
M 2.5	Siehe Abb. 2.2:

Interessierter Bürger:	Stromkosten? Fahrstrecke? Preis?
Ingenieur:	Energiekapazität? Antriebsachse? Chassisstruktur?
Kybernetiker:	Regelkreis von Fahrer, PKW und Umwelt?

K 2.6	Beschreiben und skizzieren Sie im Detail die Regelkreisfunktion eines autonom fahrenden PKW?
M 2.6	Siehe Abb. 2.3
K 2.7	Beschreiben und skizzieren Sie im Detail die doppelte Regelkreisfunktion eines autonomen Fahrer-PKW-Systems?
M 2.7	Siehe Abb. 2.4
K 2.8	Der Definitionskosmos der Kybernetik hält verschiedene Erklärungen für das, was unter Kybernetik verstanden wird, bereit. 1. Benennen Sie die gelisteten 12 Erklärungen. 2. Welchen Personen können die Erklärungen zugeordnet werden?
M 2.8	Zu 1. und 2. siehe Abschn. 2.1, unter anderem: „Theorie der Kommunikation und der Steuerungs- und Regelungsvorgänge bei Maschinen und lebenden Organismen." *(Norbert Wiener).* Kybernetik (ist) die „allgemeine formale Wissenschaft der Maschinen."*(W. Ross Ashby).* „Kybernetik" ist eine Wissenschaft, die uns „systematisch zur Erreichung jedes beliebigen Zieles, demnach auch jedes politischen Zieles befähigt." *(Albert Ducrocq).* „Kybernetik ist die allgemeine, formale Wissenschaft von der Struktur, den Relationen und dem Verhalten dynamischer Systeme." *(Hans-Joachim Flechtner).* „Kybernetik ist die Wissenschaft von Kommunikation und Regelung." *(Stafford Beer).* „Unter „Kybernetik" wird einerseits eine Sammlung bestimmter Denkmodelle (der Regelung, der Nachrichtenübertragung und der Nachrichtenverarbeitung) und andererseits deren Anwendung im technischen und außertechnischen Bereich verstanden." *(Karl Steinbuch).* „Kybernetik ist die Theorie des Zusammenhangs möglicher dynamischer selbstregulierender Systeme mit ihren Teilsystemen." *(Georg Klaus).*

K 2.9	Beschreiben Sie das Akronym „Cyber …"? Nennen Sie die Bedeutungen und von wem diese ausgehen.
M 2.9	Siehe Abschn. 2.1; unter anderem nach Rid (2016, S. 9) ist „Cyber …" ein „Chamäleon", weil es aus unterschiedlichen Blickrichtungen bzw. Anwendungsperspektiven unterschiedlich gedeutet wird. Was der eine oder andere unter „Cyber …" versteht, ist nachfolgend beispielhaft gelistet:

Politiker:	Stromausfälle
Nachrichtendienste:	Spione, Hacker
Banker:	Sicherheitsstörungen, Datenmanipulation
Erfinder:	Visionen
Romantische Internetaktivisten:	Freiheit, Raum jenseits jeder Kontrolle
Jugendliche:	Videochat, Sex

K 2.10	Skizzieren Sie die sechs Schritte eines kybernetischen Denkens in einem zirkulären Verlauf nach Probst.
M 2.10	Schritt 1: Systemabgrenzung Schritt 2: Teil und Ganzheit Schritt 3: Wirkungsgefüge Schritt 4: Struktur und Verhalten Schritt 5: Lenkung und Entwicklung Schritt 6: Wahrnehmung (oder die Kybernetik der Kybernetik)
K 2.11	Für das Untersuchen und Modellieren eines komplexen Systems, seiner Teile und seiner Ganzheit, sind nach Probst sechs relevante Merkmale wesentlich. Welche sind das?
M 2.11	„1. Welche Beziehungen herrschen zwischen den Teilen; wie sind sie verknüpft? Welche Verhaltensmöglichkeiten enthält ein System, bzw. welche Verhaltensmöglichkeiten sind ausgeschlossen? Welche Grenzen, Einschränkungen und Toleranzgrenzen bestehen für die einzelnen Elemente, Teilsysteme und das Ganze? 2. Welche Teile (Subsysteme) bilden wiederum sinnvolle Einheiten? Welche neuen Eigenschaften hat ein aus Teilen integriertes Ganzes? 3. Auf welcher Ebene interessieren uns welche Details? Sind (Teil-)Systeme weiter aufzulösen oder genügt eine **Black-Box-Betrachtung**? [Hervorhebung d. d. A.]. 4. Netzwerke (Filz) zu durchschauen versuchen, der Komplexität gerecht zu werden; Einbezug der Vielfalt, Vielzahl der Dynamik, Wandlungsfähigkeit; Verhindern eines unnötigen Reduktionismus; Akzeptanz von Nichtwissen-Können. 5. Das System bewusst auflösen und zusammenfügen, ohne das Ganze aus den Augen zu verlieren; das Ganze ist etwas anderes als die Summe seiner Teile, es gehört zu einer anderen Kategorie. 6. Ständiges Bewusstsein der Ebene des Denkens und Handelns notwendig; bewusstes Arbeiten auf verschiedenen Abstraktionsebenen." (Probst 1987, S. 32)

K 2.12	Für die Lenkung und Entwicklung von kybernetischen Systemen nennt Probst sieben Arten von kybernetischem Denken. Nennen Sie diese und argumentieren Sie deren Ziele und Zwecke.
M 2.12	„1. Denken in Modellen: Ziel ist es, Lenkungsmodelle für bestimmte Systeme bzw. Situationen zu bilden und zu erforschen. 2. Denken in verschiedenen Disziplinen: Wissen über Lenkungsmechanismen wird aus verschiedensten Disziplinen beigezogen. 3. Denken in Analogien: Unter dem Lenkungsaspekt abgebildete Systeme werden vergleichbar und als nützliche Analogmodelle anwendbar. 4. Denken in Regelkreisen: An die Stelle der linearen Kausalitätsvorstellung tritt ein Denken in kreisförmigen Kausalitäten, in Netzwerken. 5. Denken im Rahmen von Information und Kommunikation: Information wird gleichauf mit Energie und Materie gestellt und zur Grundlage für Lenkung. 6. Denken im Rahmen von Komplexitätsbewältigung: Komplexität wird nicht reduziert oder übergangen, sondern im Sinne des Varietätsgesetzes akzeptiert. 7. Denken in Ordnungsprozessen: Lenkungsstrukturen bestimmen die Komplexität einer Ordnung und umgekehrt. Organisierte Ordnung kann immer nur von geringer, selbstorganisierte Ordnung kann von hoher Komplexität sein." (Probst 1987, S. 41)
K 2.13	Wie nehmen wir Systeme wahr und erkunden sie? Dazu werden sechs Kriterien aufgeführt. Benennen und argumentieren Sie diese.
M 2.13	„1. Welches Wissen ist in einem Kontext sinnvollerweise mit einzubeziehen? Gibt es alternative Standpunkte, um einen Kontext sinnvoll wahrzunehmen? 2. Wie nehmen wir Strukturen und Verhalten wahr? Wo liegen die Grenzen menschlicher Wahrnehmung? Worüber können wir nichts wissen? Ist sich das System der Verhaltensmöglichkeiten, der systemischen Zusammenhänge bewusst (Selbstreflexion)? 3. Was wollen wir mit unserer Modellbildung/Beobachtung? „Passt" das von uns konstruierte Modell zum Wollen? Erfüllt es seinen Zweck? 4. Je nachdem, wie wir das Modell in einer bestimmten Situation wahrnehmen, handeln wir; verschiedene Konstruktionen der Wirklichkeit sind möglich; der Beobachter ist Teil des beobachteten Systems (Beobachter 2. Ordnung); wir sind für unser Denken, Wissen und Tun verantwortlich. 5. Die Wahrnehmung ist ganzheitlich, aber wir sehen nicht das Ganze; sie ist abhängig von Erfahrungen, Erwartungen usw.; sie ist selektiv; sie ist strukturbestimmt; eine vollständige Erklärung komplexer Phänomene ist nicht möglich. 6. Die Bewusstmachung des Zwecks der Beobachtung und der Eigenheiten des Beobachters ist unerlässlich. Modelle passen oder passen nicht, sie sind nicht das Abbild einer objektiven Wirklichkeit." (Probst 1987, S. 45)

K 2.14	Worin liegt das allgemeine Missverständnis hinsichtlich der „kybernetischen Wahrnehmungskurve" bei Menschen begründet?
M 2.14	Das große Missverständnis – um nicht zu sagen der nachhaltige fortschrittsfeindliche Fehler – ist, dass Menschen wider besseres Wissen sich mehr oder weniger den kybernetischen Fundamentalgesetzen der Natur, konkreter: dem eigenen existenziellen Fortschritt verweigern. Mit ihren kurzfristigen Entwicklungsstrategien produzieren sie Katastrophen, die die Grenzen der Lebensfähigkeit unseres Planeten erreichen – sie teilweise sogar schon überschritten haben. Es ist das vielfach zitierte monokausale und kurzsichtige Denken und Handeln, das dem nachhaltigen vernetzten Denken und Handeln und somit der unbedingten Stärkung der kybernetischen Wahrnehmungs- und Lernkurve entgegensteht.
K 2.15	Beschreiben Sie mit Ihren eigenen Worten, was unter „Kybernetik der Kybernetik" zu verstehen ist. Welcher Begriff wird statt „Kybernetik der Kybernetik" auch oft genutzt? Auf wen geht dieser Begriff zurück?
M 2.15	Probst beschreibt die Wahrnehmung von Problemen, um die es geht, folgendermaßen (Probst 1987, S. 43): „Es gibt zwar disziplinäres Wissen, aber es gibt keine disziplinären Kontexte". […] „Probleme" muss man also sehen oder, provokativ ausgedrückt: „Probleme" müssen erst erfunden werden. Noch immer tun wir so, als ob die Realität bzw. die realen Probleme eindeutig gewissen Disziplinen zugeordnet werden könnten oder komplexe Situationen so zu gestalten und zu lenken seien, dass man Aufträge unabhängig voneinander geben könnte. Kybernetik der Kybernetik ist auch unter dem Begriff „Kybernetik zweiter Ordnung" bekannt, bei der ein Beobachter einer Situation von einem anderen Beobachter beobachtet wird. Diese „Kybernetik zweiter Ordnung" geht auch Heinz von Foerster zurück.

8.2   Kap. 3: Grundbegriffe und Sprache der Kybernetik

K 3.1	Was ist ein Black-Box-Modell und was ihr Pendant?
M 3.1	In der Kybernetik oder Systemtechnik ist die Black Box eine Darstellungsform. Die Black Box ist ein System, auf deren innere Struktur und Abläufe nur durch Messung des äußeren Verhaltens von Eingangs- und Ausgangsgrößen geschlossen werden kann. Das Pendant der Black Box ist die White Box. Sie ist transparent, wodurch die Vorgänge im System beobachtet bzw. gemessen werden können.
K 3.2	Skizzieren und erklären Sie eine Black Box als informationsverarbeitendes System in allgemeiner Darstellung und als Black-Box-Mensch. Beschreiben Sie bei letzterer explizit mindestens 4 Ein- und vier Ausgänge.
M 3.2	Zur Skizze siehe Abb. 3.1 und 3.2. B-B-Mensch-Eingang: sehen, hören, riechen tasten schmecken u. a. B-B-Mensch-Ausgang: Sprache, Schrift, Gestik, Mimik u. a.

K 3.3	Skizzieren und erklären Sie drei unterschiedliche Zeitverhalten von Reglersystemen. Was ist ein wesentliches Problem bei Reglerkonstruktionen?
M 3.3	Zur Skizze siehe Abb. 3.3. Ein wesentliches Problem bei der Konstruktion von Reglern ist, die Regelabweichung vom Sollwert oder der Führungsgröße, trotz wechselnder Störeinflüsse, so gering wie möglich zu halten. Theoretisch und praktisch kann diese Prüfung durch die Vorgabe einer Sprungfunktion der Führungsgröße – in Abb. 3.3 ist das w(t) – erfolgen, die den Wert w(t) = 0 auf den Wert w(t) = 1 setzt. Der zeitliche Nachlauf der Regelgröße x(t), als Antwort auf die Sprungfunktion w(t) ist gekoppelt mit der unvermeidlichen Laufzeit in Regler und Regelstrecke, die zu einer „Totzeit" führt, bis die Regelgröße reagieren kann. Abb. 3.3 zeigt unter A den qualitativen zeitlichen Verlauf einer Regelgröße für ein stabiles Regelsystem, in dem der zeitliche Verlauf der Regelgröße dazu führt, dass die Regelabweichung (xe – w1) zielgerichtet minimiert wird. Unter B zeigt der zeitliche Verlauf der Regelgröße durch mehrfaches Über- und Unterschwingen um den Sollwert ein tendenziell instabileres Verhalten des Regelsystems als unter A. Die Skizze unter C ist schließlich Ausdruck eines vollkommen instabilen Regelsystems.
K 3.4	Skizzieren und erklären Sie den Unterschied zwischen Steuerung, Regelung und Optimieren (Anpassen).
M 3.4	Zur Skizze siehe Abb. 3.4. Dem Steuern liegt ein offener Wirkungsablauf zugrunde, der durch die Steuerungskette von hintereinandergeschalteten Steuerelementen charakterisiert ist. Regeln findet demgegenüber in einem geschlossenen Wirkungsablauf statt. Die Führungsgröße, die den Sollwert oder das Ziel der Regelung vorgibt, wird von außen vorgegeben, während das Regelungssystem sein Verhalten selbstständig auf eine Weise ändert, dass der Sollwert erreicht wird. Mit Optimieren (Anpassen) ist eine Regelungsvorgang gemeint, der zu einem Gleichgewicht zwischen System und Umwelt tendiert, wobei der Sollwert durch den anpassungsorientierten Regelungsvorgang selbst entwickelt wird und Ausgangspunkt für nachfolgende Regelungsprozesse ist.
K 3.5	Skizzieren und erklären Sie eine Kaskadenregelung. Nennen Sie drei typische Anwendungsfälle.
M 3.5	Zur Skizze siehe Abb. 3.5. Eine Kaskadenregelung beinhaltet mehrere Regler, wobei die zugehörigen Regelungsprozesse ineinander geschaltet sind. Kaskadenregler werden von innen nach außen eingestellt, das heißt: Zuerst werden im inneren Regelkreis, dem eine Hilfsregelgröße zugeführt wird, über einen sogenannten Folgeregler Störungen der Regelstrecke ausgeregelt, wobei Störungen nicht mehr die gesamte Regelstrecke durchlaufen. Zudem kann der Folgeregler für eine Begrenzung der Hilfsregelgröße sorgen, die je nach Prozess ein elektrischer Strom, ein mechanischer Vorschub oder ein hydrodynamischer Fluss sein kann. Der äußere Regelprozess umfasst den Führungsregler und die äußere Regelstrecke, dadurch wird aus der Stellgröße des Führungsreglers die Regelgröße des Folgereglers. Anwendungen: z. B. Aufheizen eines Werkstückes in einem Ofen, Temperprozesse bei Metallen, galvanische Prozesse.

K 3.6	Was ist ein Mehrgrößen-Regelsystem? Nennen Sie drei typische Anwendungsfälle. Skizzieren Sie den kybernetischen regelungstechnischen Verlauf.
M 3.6	Mehrgrößenregelungssysteme sind Regelungssysteme, bei denen mehrere physikalische oder chemische Größen, getrennt oder gekoppelt, über spezielle Regler auf eine Regelstrecke wirken.
	Mehrgrößenregelungssysteme, wie sie z. B. in Form einer Zweigrößenregelung ohne Verkopplung, z. B. für die Zufuhr von Kalt- und Warmwasser in einen Behälter genutzt werden, sind in vielen Anwendungsbereichen des Alltags anzutreffen. Pkw besitzen eine Vielzahl von Mehrgrößenreglern, genauso wie Gas-, Wassersysteme, Stromsysteme u. a. m. Zur Skizze siehe Abb. 3.7.
K 3.7	Erklären Sie „negative und positive Rückkopplung" in einem Regelungssystem.
M 3.7	Ein Regelkreis oder Regelungssystem wird durch negative Rückkopplung gesteuert. Rückkopplung liegt dann vor, wenn das Ausgangssignal eines informationsverarbeitenden Systems wieder zum Eingang zurückgeführt wird, sodass ein geschlossener Kreislauf entsteht.
	Negative Rückkopplung sorgt für Stabilität im Regelkreis durch gegenläufige dämpfende Wirkung auf Regelabweichungen, positive Rückkopplung sorgt für Instabilität im Regelkreis durch gleichläufige verstärkende oder schwächende Wirkung auf Regelabweichungen.
K 3.8	Was bedeutet Selbstregulierung?
M 3.8	Die Selbstregulation in einem Regelkreis ist dann gegeben, wenn die Führungsgröße, die den Sollwert vorgibt, als Teil des Regelungsprozesses, durch diesen selbst eingestellt wird und sich im Verlauf des Prozesses immer wieder neuen Situationen „optimal" anpasst. Siehe auch K 3.4.
K 3.9	Was besagt das Ashby-Gesetz?
M 3.9	„Das Gesetz besagt, dass ein System, welches ein anderes steuert, umso mehr Störungen in dem Steuerungsprozess ausgleichen kann, je größer seine Handlungsvarietät ist. Eine andere Formulierung lautet: Je größer die Varietät eines Systems ist, desto mehr kann es die Varietät seiner Umwelt durch Steuerung vermindern.
	Häufig wird das Gesetz in der stärkeren Formulierung angeführt, dass die Varietät des Steuerungssystems mindestens ebenso groß sein muss wie die Varietät der auftretenden Störungen, damit es die Steuerung ausführen kann." (https://de.wikipedia.org/wiki/Ashbysches_Gesetz. Zugegriffen am 22.01.2018)
K 3.10	Erklären Sie die Autopoiesistheorie. Wer hat sie entwickelt?
M 3.10	Die chilenischen Wissenschaftler Humberto Maturana als Neurobiologe und Francisco Varela als Biologe, Philosoph und Neurowissenschaftler prägten die Autopoiesistheorie und den Begriff der Autopoiesis, der Maturana zugeschrieben wird und auf die *Selbsterschaffung* und *Selbsterhaltung* lebender Systeme verweist. Autopoietische Systeme sind rekursiv – rückwirkend – aufgebaut bzw. organisiert, was bedeutet, dass das Ergebnis aus dem Zusammenwirken ihrer Systembestandteile wieder zu derselben Organisation führt, die die Bestandteile hervorgebracht hat. Diese charakteristische Art der inneren Organisation bzw. Selbstorganisation ist ein klares Unterscheidungsmerkmal zu nichtlebenden Systemen.

K 3.11	Warum werden Systeme modelliert?
M 3.11	Die näherungsweise Erfassung von Abläufen innerhalb realer komplexer Prozesse, die immer verbunden sind mit Konflikten und Unsicherheiten, bezieht sich auf die Analyse von Systemausschnitten in gewissen Grenzen. An diesem Punkt setzt das Werkzeug der Modellierung ein. Es versucht, durch Abbildung der realen Gegebenheiten Strukturen (zusammenhängende Systemelemente) und Prozesse (Transportvorgänge zwischen den Systemelementen), soweit es möglich ist, realitätsnah zu erfassen und deren Zustand und Entwicklung modellhaft zu beschreiben.

8.3   Kap. 4: Kybernetik und ihre Repräsentanten

K 4.1	Beschreiben Sie die besonderen Leistungen, die mit dem Repräsentanten der Kybernetik Norbert Wiener verbunden sind.
M 4.1	Viele sprechen von *Norbert Wiener* (1894–1964) als dem „Vater der Kybernetik", was nicht zuletzt auf sein 1948 erschienenes Buch „Cybernetics or Control and Communication in the Animal and the Machine" (deutsch: „Kybernetik. Regelung und Nachrichtenübertragung im Lebewesen und in der Maschine") zurückzuführen ist, das der US-amerikanische Mathematiker Wiener seinem langjährigen wissenschaftlichen Gefährten Arturo Rosenblueth widmete. Ausgangspunkt von Wieners Entdeckungsreise, die mit dem zentralen Begriff der Kybernetik, „negative Rückkopplung", verbunden ist, war der Militärbereich, in dem so viele neue Forschungen – z. B. die der Bionik – ihren Anfang nahmen.
K 4.2	Beschreiben Sie die besonderen Leistungen, die mit dem Repräsentanten der Kybernetik Arturo Rosenblueth verbunden sind.
M 4.2	Der mexikanische Physiologe Arturo Rosenblueth (1900–1970) war ein enger wissenschaftlicher Gefährte von Norbert Wiener. Seine Verbundenheit beruhte unter anderem darauf, dass Rosenblueth Wiener in seiner Ansicht bestätigte, Rückkopplungen spielten eine entscheidende Rolle, sowohl in der Regelungstechnik von Maschinen als auch in lebenden Organismen. Hervorzuheben sind Arbeiten von Rosenblueth und Wiener über „Behavior, Purpose and Teleology" (deutsch: „Verhalten, Zweck und Teleology") (Rosenblueth und Wiener 1943) sowie „Purposeful and Non-Behavior" (deutsch: „Zielgerichtetes und nicht zielgerichtetes Verhalten") (Rosenblueth et al. 1950).
K 4.3	Beschreiben Sie die besonderen Leistungen, die mit dem Repräsentanten der Kybernetik John von Neumann verbunden sind.
M 4.3	John von Neumann (1903–1957) war ein früher Computerpionier, Mathematiker, Informatiker und Kybernetiker. Kybernetische Mathematik und die Spieltheorie als Teil der Theoretischen Kybernetik (siehe Kap. 5) waren einige seiner Interessensgebiete. Von Neumann gilt als eine der Väter der Informatik. Die von ihm entworfene Rechnerarchitektur ist auch in heutigen Computern noch vorhanden.

K 4.4	Beschreiben Sie die besonderen Leistungen, die mit dem Repräsentanten der Kybernetik Warren Sturgis McCulloch verbunden sind.
M 4.4	Der US-amerikanische Neurophysiologe und Kybernetiker Warren McCulloch (1898–1969) wurde bekannt durch seine Grundlagenarbeiten zu Theorien des Gehirns und seine Mitwirkung in der Kybernetik-Bewegung der 1940er-Jahre. Gemeinsam mit Walter Pitts kreierte er Computermodelle, die auf mathematischen Algorithmen, der sogenannten Schwellwert-Logik, basierten. Sie teilte die Untersuchung in zwei individuelle Herangehensweisen – eine, die sich auf biologische Prozesse im Gehirn, und eine andere, die sich auf Anwendungen von neuronalen Netzwerken künstlicher Intelligenz konzentrierte (McCulloch und Pitts 1943). Das Ergebnis dieser Untersuchung war das Modell eines McCulloch-Pitts-Neurons.
K 4.5	Beschreiben Sie die besonderen Leistungen, die mit dem Repräsentanten der Kybernetik Walter Pitts verbunden sind.
M 4.5	Walter Pitts (1923–1969) war ein US-amerikanischer Logiker, sein Arbeitsgebiet war die kognitive Psychologie. Pitts wurde in den 1940er-Jahren McCullochs Mitarbeiter, aus der Zusammenarbeit entstand das bekannte McCulloch-Pitts-Neuronenmodell. 1943 übernahm er eine Assistentenstelle und wurde Doktorant am Massachusetts Institute of Technology – MIT – bei Norbert Wiener. \
Die *McCulloch-Pitts-Zelle* – auch *McCulloch-Pitts-Neuron* – ist das einfachste Modell eines künstlichen neuronalen Netzes, mit dem nur binäre – Null/Eins – Signale verarbeitet werden können. Analog zu biologischen Neuronennetzen können auch hemmende Signale durch das künstliche Neuron bearbeitet werden. Der Schwellwert eines *McCulloch-Pitts-Neurons* ist durch jede reelle Zahl einstellbar.
K 4.6	Beschreiben Sie die besonderen Leistungen, die mit dem Repräsentanten der Kybernetik William Ross Ashby verbunden sind.
M 4.6	Der englische Forscher und Erfinder William Ross Ashby (1903–1972) hatte durch seine einflussreichen Forschungsergebnisse, wie seinen Homöostaten und das Gesetz von der erforderlichen Varietät, großen Anteil an der Entwicklung der Kybernetik.
K 4.7	Beschreiben Sie die besonderen Leistungen, die mit dem Repräsentanten der Kybernetik Gregory Bateson verbunden sind.
M 4.7	Gregory Bateson (1904–1980) war ein angloamerikanischer Anthropologe, Biologe, Sozialwissenschaftler, Kybernetiker und Philosoph. Seine Arbeitsgebiete umfassten anthropologische Studien, das Feld der Kommunikationstheorie und Lerntheorie, genauso wie Fragen der Erkenntnistheorie, Naturphilosophie, Ökologie oder der Linguistik. Bateson behandelte diese wissenschaftlichen Gebiete allerdings nicht als getrennte Disziplinen, sondern als verschiedene Aspekte und Facetten, in denen seine systemisch-kybernetische Denkweise zum Tragen kommt. Das folgende Beispiel zeigt das ganzheitliche Denken Batesons (zitiert nach Rid 2016, S. 220): \
„Wenn die Axt eine Verlängerung des Holzfäller-Ichs war, dann auch der Baum, denn ohne Baum konnte der Mann seine Axt schwerlich gebrauchen. Es handelt sich also um die Verbindung Baum-Auge-Gehirn-Muskeln-Axt-Hieb-Baum; und es ist dieses Gesamtsystem, das die Charakteristika des immanenten Geistes hat."

K 4.8	Beschreiben Sie die besonderen Leistungen, die mit den Repräsentanten der Kybernetik Humberto Maturana und Francisco Varela verbunden sind.
M 4.8	Der Begriff der Autopoiese ist zentraler Bestandteil der von den beiden chilenischen Neurobiologen/-wissenschaftlern Humberto Maturana (*1928) und Francisco Varela (1946–2001) erarbeiteten biologischen Theorie der Erkenntnis. „Den Begriff alles Lebendigen verbinden Maturana und Varela mit der autopoietischen (= sich selbst schaffenden) Organisation, die sie am Beispiel einer Zelle aufzeigen und auf mehrzellige Organismen übertragen. Maturanas Behandlung der Frage über das Leben, Systemeigenschaften und Möglichkeiten der Unterscheidung zwischen lebenden und nicht lebenden Systemen, führten ihn zu der Erkenntnis, dass es auf die „Organisation des Lebendigen" ankommt." (https://de.wikipedia.org/wiki/Der_Baum_der_Erkenntnis#Autopoiese. Zugegriffen am 26.01.2018)
K 4.9	Beschreiben Sie die besonderen Leistungen, die mit dem Repräsentanten der Kybernetik Stafford Beer verbunden sind.
M 4.9	Die Managementkybernetik ist ein Zweig der Managementlehre, die durch den britischen Betriebswirt Stafford Beer (1926–2002) begründet wurde und auf der insbesondere in der Hochschule St. Gallen in der Schweiz, ausgehend vom Wirtschaftswissenschaftler Hans Ulrich (1919–1997), das St. Galler Management-Modell aufbaut. Beers „Viable System Model" – VSM – für Organisation orientiert sich am Systemdenken. Dabei beeinflussen sich miteinander verknüpfte Systemelemente gegenseitig. Das VSM ist laut Beer auf jede Organisation bzw. jeden Organismus abbildbar und somit für ihn ein universell einsetzbares Rahmenwerkzeug, mit bevorzugter Anwendung in Unternehmen.
K 4.10	Beschreiben Sie die besonderen Leistungen, die mit dem Repräsentanten der Kybernetik Karl Wolfgang Deutsch verbunden sind.
M 4.10	1986 schrieb der Sozial- und Politikwissenschaftler Karl Wolfgang Deutsch (1912–1992), zu jener Zeit im Wissenschaftszentrum für Sozialwissenschaft in Berlin, Deutschland, tätig, einen kurzen Beitrag über sein 1963 erschienenes Buch „The nerves of government: models of political communication and control". Dabei betrachtete er das politische Geschehen in der Gesellschaft als Regelungsprozess, der auch das Konzept von Wieners negativer Rückkopplung beinhaltete.
K 4.11	Beschreiben Sie die besonderen Leistungen, die mit dem Repräsentanten der Kybernetik Ludwig von Bertalanffy verbunden sind.
M 4.11	Der österreichische Biologe und Systemtheoretiker Ludwig von Bertalanffy (1901–1972) verfasste eine Allgemeine Systemtheorie, die versucht, auf der Grundlage des methodischen Holismus gemeinsame Gesetzmäßigkeiten in physikalischen, biologischen und sozialen Systemen zu finden und zu formalisieren. Prinzipien, die in einer Klasse von Systemen gefunden werden, sollen auch auf andere Systeme anwendbar sein. Diese Prinzipien sind zum Beispiel: Komplexität, Gleichgewicht, Rückkopplung und Selbstorganisation.
K 4.12	Beschreiben Sie die besonderen Leistungen, die mit dem Repräsentanten der Kybernetik Heinz von Foerster verbunden sind.
M 4.12	Der österreichische Physiker Heinz von Foerster (1911–2002) ist einer der Mitbegründer der kybernetischen Wissenschaften. Untrennbar mit seinem Namen verbunden sind Begriffe wie Kybernetik erster und zweiter Ordnung.

K 4.13	Beschreiben Sie die besonderen Leistungen, die mit dem Repräsentanten der Kybernetik Jay Wright Forrester verbunden sind.
M 4.13	Der US-amerikanische Informatiker Jay Wright Forrester (1918–2016) ist ein Pionier der Computertechnik und der Systemwissenschaft. Auf ihn geht das Forschungsgebiet der Systemdynamik zurück, dessen Modellstruktur des System-Dynamic-Models als Simulation bis heute in vielen Fachdisziplinen für Analysen komplexer Systeme genutzt wird und durch das Weltsimulationsmodell des Club of Rome weltweit bekannt wurde.
K 4.14	Beschreiben Sie die besonderen Leistungen, die mit dem Repräsentanten der Kybernetik Frederic Vester verbunden sind.
M 4.14	Frederic Vester (1925–2003) war ein deutscher Biochemiker und Systemforscher. 1970 gründete er die „Studiengruppe für Biologie und Umwelt", aus der zahlreiche Forschungsergebnisse, Bücher und Aufsätze zur Kybernetik bzw. zu systemischem oder vernetztem Denken hervorgingen. Gerade das Systemdenken war vermutlich sein größter Antrieb bei dem Bestreben, Forschung und Anwendung auf verschiedensten gesellschaftlichen – nicht zuletzt konfliktreichen – Gebieten neu zu beleben und auf eine neue Stufe des Denkens und Handelns zu stellen – ganz im Gegensatz zu den vorherrschenden, unrealistischen kausalen Strategien im komplexen dynamischen Umfeld.
	Vester hat sich intensiv mit der Biokybernetik auseinandergesetzt. Auf ihn gehen die acht biokybernetischen Grundregeln zurück. Er entwarf außerdem das Sensitivitätsmodell, wodurch vernetztes Denken und Handeln praktisch erfahrbar ist.

8.4   Kap. 5: Kybernetische Modelle und Ordnungen

K 5.1	Wie kann der Zustand kybernetischer mechanischer Systeme beschrieben werden?
M 5.1	Der Zustand kybernetischer mechanischer Systeme wird extern vorgegeben. Sie reagieren auf Umwelteinflüsse, wodurch Störungen auf das System einwirken. Durch feste Reaktionsmuster wird versucht, diesen Störungen entgegenzuwirken (negative Rückkopplung). Jede Veränderung außerhalb einer Norm wird durch eine Gegenreaktion kompensiert, bis sich wieder ein stabiler, statisch bestimmter Zustand einstellt.
K 5.2	Welche Art von Signalübertragung nutzen Bäume untereinander bei Gefahr?
M 5.2	„Neben der chemischen Signalübertragung in den vielfach vernetzten kybernetischen Regelungskreisen helfen sich die Bäume untereinander parallel auch über die sicherere elektrische Signalübertragung über die Wurzeln, die Organismen weitgehend wetterunabhängig verbinden. Wurden die Alarmsignale ausgebreitet, so pumpen rundherum alle Eichenbäume – für andere Arten gilt dasselbe – Gerbstoffe durch ihre Transportkanäle in Rinden und Blätter." (Wohlleben 2015, S. 20)
K 5.3	Welche mechanischen Mittel zur Abwehr von Feinden nutzt der Kapokbaum?
M 5.3	Dornen.

K 5.4	Welcher kybernetische Regelungsprozess stärkt den Schutz des Kapokbaums gegen Feinde? Skizzieren und beschreiben Sie den Prozess.
M 5.4	Zur Skizze und Beschreibung siehe Abb. 5.5.
K 5.5	Skizzieren und beschreiben Sie die kybernetische Räuber-Beute-Beziehung zwischen Füchsen, Hasen und Pflanzen und stellen Sie die Besonderheit der zirkulären Verbindungen heraus.
M 5.5	Zur Skizze und Beschreibung siehe Abb. 5.6. Die Besonderheit der zirkulären Verbindungen sind die Verknüpfungen von positiven und negativen Rückkopplungsprozessen, die das gesamte Beziehungsgefüge und somit alle Organismen wachstumsfähig halten. Die Abb. 5.6 zeigt vier herausgestellte Regelkreise von weitaus komplexeren Verknüpfungen zwischen drei Organismen in der Natur, als sie hier dargestellt werden können. Auffällig ist der Einfluss von negativen Rückkopplungen in diesem Beziehungsgeflecht, die dazu beitragen, das skizzierte System dynamisch stabil zu halten. Das heißt nichts anderes, als dass allen beteiligten Organismen die Chance zur Weiterentwicklung erhalten bleibt. Das von Lotka und Volterra erarbeitete Räuber-Beute-Modell (s. K 5.6) zeigt in einem Wachstums-Zeit-Diagramm die dynamische Wechselbeziehung zwischen Räuber und Beute, wie es in Abb. 5.7 bei zwei Organismen zu sehen ist.
K 5.6	Was besagt das Räuber-Beute-Modell nach Lotka-Volterra?
M 5.6	Das von dem österreichischen/US-amerikanischen Chemiker und Mathematiker Alfred Lotka (1880–1949) und dem italienischen Physiker Vito Volterra (1860–1940) erarbeitete Räuber-Beute-Modell zeigt in einem Wachstums-Zeit-Diagramm die dynamische Wechselbeziehung zwischen Räuber und Beute.
K 5.7	Skizzieren Sie den Verlauf des Räuber-Beute-Modells nach K 5.6 in einem Lotka-Volterra-Diagramm.
M 5.7	Zur Skizze und Beschreibung siehe Abb. 5.7. Erkennbar ist, dass die Beutepopulation sich zeitlich immer im Vorlauf zur Räuberpopulation befindet.
K 5.8	Skizzieren und beschreiben Sie den kybernetischen Verlauf im sozialen unternehmerischen Umfeld nach Abb. 5.8.
M 5.8	Der drohende Verlust von Absatzmärkten und somit ein Gewinneinbruch veranlassen die Unternehmensführung zu Sparmaßnahmen – Handeln –, die an ein bestimmtes Ziel – Entscheidung – gekoppelt sind, wobei verschiedene Möglichkeiten der Durchführung – Wählen – zur Verfügung stehen. Abb. 5.8 zeigt dieses typische Vorgehen als regelungsorientierter Kreislauf, bei dem die negative Rückkopplung wie erkennbar an die Stellgröße gekoppelt ist.
K 5.9	Erklären Sie kurz den Begriff „Kybernetik 1. Ordnung" und zeigen Sie an Hand einer Skizze den Vorgang.
M 5.9	Kybernetik erster Ordnung ist die Kybernetik von beobachteten Systemen. Zur Skizze und Beschreibung siehe Abb. 5.9.
K 5.10	Erklären Sie kurz den Begriff „Kybernetik 2. Ordnung" und zeigen Sie an Hand einer Skizze den Vorgang.
M 5.10	Kybernetik zweiter Ordnung ist die Kybernetik von beobachtenden Systemen. Zur Skizze und Beschreibung siehe Abb. 5.10.

8.5   Kap. 6: Kybernetik und Theorien

K 6.1	Skizzieren und beschreiben Sie die drei Systemkonzepte (Systemmodelle) der System-theorie der Technik nach Ropohl. Welche spezifischen Eigenschaften sind bei den drei Systemkonzepten erkennbar?
M 6.1	Zur Skizze und Beschreibung siehe Abb. 6.1. Systemmodell 1: Funktionales Konzept, Beziehungen zwischen Eingängen, Ausgängen, Zuständen etc. Systemmodell 2: Strukturales Konzept, miteinander verknüpfte Elemente und Subsysteme Systemmodell 3: Hierarchisches Konzept, abgrenzbar von ihrer Umgebung bzw. einem Supersystem
K 6.2	Nennen und beschreiben Sie die vier Wurzeln moderner Systemtheorie nach Ropohl.

M 6.2	Wurzel 1:	bezogen auf Ludwig v. Bertalanffy und dessen rational holistischen Ansatz, der nicht nur auf die Gegenstände einzelner wissenschaftlicher Disziplinen, sondern auch auf das Zusammenwirken der Wissenschaften anzuwenden ist.
	Wurzel 2:	ist die der Kybernetik Norbert Wieners (Abschn. 4.1), demnach das komplette Gebiet der Steuerungs- und Regelungstechnik und der Informationstheorie.
	Wurzel 3:	sieht Ropohl in verschiedenen Ansätzen zur Verwissenschaft-lichung praktischen Problemlösens. Dabei blieb es nicht aus, dass die notorischen Beziehungskonflikte zwischen Theorie und Praxis reflektiert werden mussten. Auf Grund ihres Konstitutionsprinzips betreffen einzelwissenschaftliche Theorien, wie gesagt, immer nur Teilaspekte eines komplexen Problems.
	Wurzel 4:	ist das strukturale Denken der modernen Mathematik. Wenn sich die Mathematik heute als Wissenschaft von den allgemeinen Strukturen und Relationen, ja als Strukturwis-senschaft schlechthin versteht, bietet sie sich nicht nur als Werkzeug der Systemtheorie an, sondern erweist sich gewissermassen als die Systemtheorie überhaupt. Auf der Grundlage der Mengenalgebra ist das Konzept des Relatio-nengebildes entstanden, das durch eine Menge von Elemen-ten und eine Menge von Relationen definiert ist und damit genau jenen Unterschied zwischen der Menge und der Ganzheit präzisiert, den schon Aristoteles gesehen hat. So lässt sich dieser mathematische Systembegriff für die grundlegenden Definitionen der Allgemeinen Systemtheorie heranziehen.

K 6.3	Womit operieren nach Luhmann natürliche, psychische und biologische Systeme?
M 6.3	Während biologische Systeme durch „biochemische Reaktionen" aktiv werden und psychische Systeme durch „Gedanken und Gefühle" operieren, ist bei sozialen Systemen Kommunikation der Modus Operandi.

K 6.4	Luhmann gibt mehrere Erklärungen dazu, was er unter Kommunikation versteht. Nennen Sie vier davon.
M 6.4	1. Kommunikation ist die kleinste Einheit in sozialen Systemen. 2. „Kommunikation ist nicht die Leistung eines handelnden Subjektes, sondern ein Selbstorganisationsphänomen: Sie passiert." (Simon 2009, S. 94) 3. Um Kommunikation zu realisieren, sind drei Bestandteile notwendig: Information, Mitteilung und Verstehen. Sie kommen zustande durch ihre jeweiligen Selektionen, wobei kein Bestandteil für sich alleine vorkommen kann. 4. „Die allgemeine Theorie autopoietischer Systeme verlangt eine genaue Angabe derjenigen Operationen, die die Autopoiesis des Systems durchführen und damit ein System gegen seine Umwelt abgrenzt. Im Fall sozialer Systeme geschieht dies durch Kommunikation. Kommunikation hat alle dafür notwendigen Eigenschaften: Sie ist eine genuin soziale (und die einzig genuin soziale) Operation. Sie ist genuin sozial insofern, als sie zwar eine Mehrheit von mitwirkenden Bewusstseinssystemen voraussetzt, aber (eben deshalb) als Einheit keinem Einzelbewusstsein zugerechnet werden kann." (Luhmann 1997, S. 81)
K 6.5	Skizzieren und beschreiben Sie das Schema eines generellen Kommunikationssystems nach Shannon.

M 6.5	Zur Skizze siehe Abb. 6.4.
	   Die Botschaft der Information geht von einer Informationsquelle aus. Über einen Sender wird das Signal weitergeleitet an einen Empfänger, der die Botschaft zum Bestimmungsort weiterleitet. Das Signal selbst kann bei der Übertragung durch Störquellen beeinflusst werden.
	   Dazu Shannon (1948, S. 379): „The fundamental problem of communication is that of reproducing at one point either exactly or approximately a message selected at another point. Frequently the messages have meaning; that is they refer to or are correlated according to some system with certain physical or conceptual entities. These semantic aspects of communication are irrelevant to the engineering problem. The significant aspect is that the actual message is one selected from a set of possible messages. The system must be designed to operate for each possible selection, not just the one which will actually be chosen since this is unknown at the time of design."

K 6.6	Warum sind technische, informationsverarbeitende Systeme die großen Profiteure von Shannons Erkenntnissen zur Informationstheorie?
M 6.6	Technische, informationsverarbeitende Systeme sind die großen Profiteure von Shannons Überlegung, die physikalische Größe *Information* fassbar bzw. zählbar gemacht zu haben, dadurch, dass er sie mit der kleinsten digitalen Einheit, dem *bit – bi*nary digi*t* – verband. Sie ist die Maßeinheit für digital gespeicherte und verarbeitende reele Daten, die mit gleicher Wahrscheinlichkeit zwei Werte besitzen können, üblicherweise null und eins.
K 6.7	Was wird unter Algorithmentheorie verstanden?
M 6.7	Als Algorithmentheorie wird eine „aus der formalen Logik hervorgegangene mathematische Theorie beschrieben, die sich mit der Konstruktion, der Darstellung und der maschinellen Realisierung von Algorithmen befasst und die Grundlagen der algorithmischen Sprachen (Algorithmus) liefert. Sie erlangte u. a. für die Anwendung von Rechenautomaten Bedeutung, indem sie Verfahren entwickelte, mit deren Hilfe sich zu vorgegebenen Algorithmen gleichwertige Algorithmen anderer Struktur (z. B. mit kürzerer Rechenzeit oder kleinerer Anzahl von Rechenschritten) finden lassen und gleichzeitig auch die prinzipielle Lösbarkeit von mathematischen Problemen untersucht werden kann." (http://universal_ lexikon.deacademic.com/204271/Algorithmentheorie. Zugegriffen am 10.02.2018)

K 6.8	Beschreiben Sie den Rete-Algorithmus.
M 6.8	Der Rete-Algorithmus (rete = lateinisch, steht für Netz oder Netzwerk) ist ein Expertensystem zur Mustererkennung und zur Abbildung von Systemprozessen über Regeln. Der Rete-Algorithmus wurde unter dem Gesichtspunkt entwickelt, eine sehr effiziente Regelverarbeitung zu gewährleisten. Zudem können auch große Regelsätze noch performant behandelt werden. Bei seiner Entwicklung (1982 durch den US-amerikanische Informatiker Charles Forgy) war er den bestehenden Systemen um den Faktor 3000 überlegen.
K 6.9	Nennen Sie vier verschiedene Klassen von Algorithmen mit jeweils zwei konkreten algorithmischen Anwendungen bzw. Namen der jeweiligen Algorithmen.
M 6.9	**Klasse 1:** Problemstellung: Optimierungs-Algorithmen lineare und nicht lineare Optimierung, Suche von optimalen Parametern meist komplexer Systeme. **Klasse 2:** Verfahren: a. Evolutionäre Algorithmen, b. Approximations-Algorithmen. Stochastische, metaheuristische Optimierungsverfahren, deren Funktionalität evolutionären Prinzipien natürlicher Lebewesen nachempfunden ist. **Klasse 3:** Geometrie + Grafik: a. De Casteljau-A., b. Floodfill-A. Ermöglicht die effiziente Berechnung einer beliebig genauen Näherungsdarstellung von Bézierkurven – parametrisch modellierte Kurven – durch einen Polygonzug – Vereinigung der Verbindungsstrecken einer Folge von Punkten **Klasse 4:** Graphentheorie: Dijkstrat-A., Nearest-Neighbor-Heuristik Löst das Problem kürzester Pfade für einen gegebenen Startknoten.
K 6.10	Beschreiben bzw. definieren Sie, was unter Automatentheorie verstanden wird.
M 6.10	Die Automatentheorie ist ein wichtiges Themengebiet der theoretischen Informatik. Ihre Erkenntnisse zu abstrakten Rechengeräten – Automaten genannt – finden Anwendung in der Berechenbarkeits- und der Komplexitätstheorie, aber auch in der praktischen Informatik (z. B. Compilerbau, Suchmaschinen, Protokollspezifikation, Software Engineering).
K 6.11	Nennen und beschreiben Sie vier verschiedene Automaten. Was können endliche (deterministische) Automaten verarbeiten? Nennen Sie fünf Merkmale.
M 6.11	1. Eine *Turing-Maschine* ist ein Rechenmodell der theoretischen Informatik, das die Arbeitsweise eines Computers auf besonders einfache, mathematisch gut zu analysierende Art modelliert. 2. Ein *Moore-Automat* ist ein endlicher Automat, dessen Ausgaben ausschließlich von seinem Zustand abhängen. 3. Ein *Mealy-Automat* ist ein endlicher Automat, dessen Ausgaben ausschließlich von seinem Zustand und seiner Eingabe abhängen. 4. Ein *Kellerautomat* ist ein endlicher Automat und ein rein theoretisches Konstrukt, der um einen Kellerspeicher erweitert wurde. Mit zwei Kellerspeichern besitzt der Automat die gleiche Mächtigkeit wie eine Turing-Maschine. Endliche (deterministische) Automaten können folgende Merkmale verarbeiten: 1. eine endliche Menge von Eingabesymbolen/-zeichen, 2. eine endliche Menge von Zuständen, 3. eine Menge von Endzuständen als Teilmenge der Zustandsmenge, 4. eine Zustandsüberführungsfunktion, die zu einem Argument bestehend aus Zustand und Eingabesymbol einen (neuen) Zustand als Ergebnis zurückgibt, 5. einen Startzustand als Element der Menge der Zustände.

K 6.12	Was verstehen Sie unter „Chomsky-Hierarchie"?
M 6.12	Eine Hierarchie formaler Grammatiken: „Grammatiken sind zwar eigentlich keine Maschinen, besitzen aber eine enge Verwandtschaft zu Automaten, indem über eine Grammatik eine Sprache definiert/erzeugt wird und ein geeigneter Automat für Wörter feststellen kann, ob sie zu der Sprache gehören. Beispielsweise erkennen endliche Automaten reguläre Sprachen, Kellerautomaten kontextfreie Sprachen. Aus der Tatsache, dass formale Sprachen auch als „Probleme" aufgefasst werden können, indem den Wörtern einer Sprache eine Semantik zugeordnet wird (z. B. Zahlen, logische Ausdrücke oder Graphen), ergibt sich der Zusammenhang zur Berechenbarkeit." (http://www.enzyklopaedie-der-wirtschaftsinformatik.de/ lexikon/technologien-methoden/Informatik%2D%2DGrundlagen/Automatentheorie. Zugegriffen am 10.02.2018)
K 6.13	Sprachen, die durch Grammatiken definiert werden, werden Programmiersprachen genannt. Welche Merkmale umfasst die Grammatik? Nennen Sie fünf davon.

M 6.13	„1. ein Ausgangssymbol,
	  2. eine endliche Menge von Variablen, die nicht in den abgeleiteten Wörtern der Sprache enthalten sein dürfen,
	  3. ein Alphabet, d. h. eine Menge von Terminals als Symbole der Wörter der Sprache,
	  4. eine Menge von Ableitungsregeln, über die jeweils eine bestimmte Kombination aus Terminals und Variablen (in einer bestimmten Reihenfolge) in eine andere Kombination aus Terminals und Variablen umgeformt wird, in der die Variablen der Ausgangskombination jeweils durch eine Folge bestehend aus Variablen und Terminals ersetzt werden, und
	  5. ein Startsymbol als Element der Menge der Variablen." (ebd.)

K 6.14	Die Entscheidungstheorie unterscheidet drei Teilbereiche. Welche sind das und wie unterscheiden sie sich?

M 6.14	„1. die normative Entscheidung.
	    Grundlage dafür sind rationale Entscheidungen des Menschen, die er aufgrund von Axiomen – beweislos vorausgesetzte Argumente – trifft. Es stellt sich die Frage, wie entschieden werden soll.
	  2. die präskriptive Entscheidung.
	    Es werden normative Modelle verwendet, die Strategien und methodische Ansätze beinhalten, die es Menschen ermöglichen, bessere Entscheidungen zu treffen, wobei die begrenzten kognitiven Fähigkeiten des Menschen berücksichtigt werden.
	  3. die deskriptive Entscheidung.
	    Sie bezieht sich auf tatsächlich getroffene Entscheidungen in der realen Umwelt aufgrund empirischer Fragestellungen. Hier gilt: Wie wird entschieden?" (nach: https://de.wikipedia.org/wiki/Entscheidungstheorie. Zugegriffen am 10.02.2018)

K 6.15	Das Grundmodell der (normativen) Entscheidungstheorie kann in einer Ergebnismatrix darstellt werden. Hierin enthalten sind das Entscheidungsfeld und das Zielsystem. Wie ist das Entscheidungsfeld strukturiert?
M 6.15	Aktionsraum: Menge möglicher Handlungsalternativen Zustandsraum: Menge möglicher Umweltzustände Ergebnisfunktion: Zuordnung eines Wertes für die Kombination von Aktion und Zustand

K 6.16	Beschreiben Sie die Spieltheorie nach Bartholomae und Wiens.
M 6.16	„Als Wissenschaftsdisziplin befasst sich die Spieltheorie mit der mathematischen Analyse und Bewertung strategischer Entscheidungen. Spieltheoretische Anwendungsfelder sind in unserem Alltag omnipräsent, denn letztlich lässt sich jede gesellschaftliche Fragestellung, bei der mindestens zwei Parteien in Interaktion treten und dabei strategische Überlegungen anstellen, mit dem Instrumentarium der Spieltheorie untersuchen. Aus dem Bereich der Wirtschaft zählen hierzu Maßnahmen der Finanz- und Sozialpolitik, unternehmerische Entscheidungen wie die Abschätzung der Effekte eines Markteintritts, einer Fusion oder einer Tarifstruktur, die Verhandlungen von Tarifparteien bis hin zu extremen Verhaltensrisiken wie Wirtschaftsspionage oder Terrorismus. Die hohe Relevanz spieltheoretischer Fragestellungen und die gleichzeitig zunehmende Kompatibilität mit anderen Disziplinen, wie etwa der Psychologie oder Operations Research, machen die Spieltheorie zu einem mittlerweile unverzichtbaren Bestandteil wirtschaftswissenschaftlicher Grundausbildung." (Bartholomae und Wiens 2016, S. V)
K 6.17	Worin unterscheidet sich Spieltheorien von Entscheidungstheorien?
M 6.17	Spieltheorien unterscheiden sich von Entscheidungstheorien dadurch, dass Erfolge einzelner Spieler immer von Aktivitäten anderer Spieler abhängig sind bzw. beeinflusst werden. Entscheidungen sind daher immer interdependente Entscheidungen. Die Spieltheorie kann unterteilt werden in *kooperative* und *nicht-kooperative* Spieltheorie.
K 6.18	Worin unterscheiden sich die Nash-Verhandlungslösung und das Nash-Gleichgewicht?
M 6.18	1. Die Nash-Verhandlungslösung gehört zur sogenannten kooperativen Spieltheorie. Spieler einigen sich – kooperieren – mit Blick auf bestimmte Anforderungen an die Lösung der Verhandlung. Es existieren anerkannte Grundsätze – Axiome – an die Verhandlungslösung (siehe hierzu einschlägige Fachpublikatioinen): a. Pareto-Optimalität b. Symmetrie c. Unabhängigkeit von positiven linearen Transformationen d. Unabhängigkeit von irrelevanten Alternativen. Die Nash--Verhandlungslösung – Satz von Nash – lautet: Es existiert exakt eine Pareto-optimale, symmetrische Lösung, unabhängig von positiven linearen Transformationen und von irrelevanten Alternativen. 2. Die Nash-Gleichgewicht gehört zur sogenannten nichtkooperativen Spieltheorie. Es beschreibt eine Kombination von Spielstrategien, wobei jeder Spieler diejenige Strategie wählt, die er als beste Strategie ansieht und von der abzuweichen nicht sinnvoll erscheint. Die Strategien aller Spieler sind daher untereinander alles beste Lösungen. Demnach stellt sich ein Nash-Gleichgewicht ein.
K 6.19	Beschreiben Sie das Spieltheorie-Beispiel des Gefangenendilemmas.
M 6.19	„Zwei Gefangene werden beschuldigt, gemeinsam ein Verbrechen begangen zu haben. Beide werden einzeln verhört, ohne miteinander sprechen zu können. Verneinen beide Gefangen das Verbrechen, folgt für beide eine geringe Strafe, denn ihnen kann nur eine weniger streng bestrafte Tat nachgewiesen werden. Gestehen beide die Tat, bekommen sie dafür eine hohe Strafe, aber nicht die Höchststrafe. Gesteht jedoch nur einer der beiden Gefangenen die Tat, bleibt dieser als Kronzeuge straffrei. Der andere Gefangene gilt als überführt, ohne die Tat gestanden zu haben, und bekommt die Höchststrafe. Wie entscheiden sich die Gefangenen?" (nach: https://de.wikipedia.org/wiki/Gefangenendilemma. Zugegriffen am 10.02.2018)

K 6.20	Beschreiben Sie das Spieltheorie-Beispiel der Hirschjagd.
M 6.20	„Die Hirschjagd ist eine Parabel, die auf Jean-Jacques Rousseau zurückgeht und auch als Jagdpartie bekannt ist. Zudem stellt die Hirschjagd (engl. stag hunt bzw. assurance game), auch Versicherungsspiel genannt, eine grundlegende spieltheoretische Konstellation dar. Rousseau behandelte diese im Sinne seiner Untersuchungen zur Bildung kollektiver Regeln unter den Widersprüchen sozialen Handelns, dass also paradoxe Effekte zur Institutionalisierung des Zwanges (zur Kooperation) führen, damit es nicht zum Vertragsbruch kommt. Die Situation beschreibt er wie folgt: Zwei Jäger gehen auf die Jagd, bei der bislang jeder alleine nur einen Hasen erlegen konnte. Nun versuchen sie sich abzusprechen, das heißt, eine Vereinbarung zu treffen, um zusammen einen Hirsch erlegen zu können, welcher beiden mehr einbringt als ein einziger Hase. Auf der Pirsch entwickelt sich das Dilemma analog zum Gefangenendilemma: Läuft nämlich während der Jagd einem der beiden Jäger ein Hase über den Weg, muss er sich entscheiden, ob er jetzt den Hasen erlegt oder nicht. Fängt er den Hasen, so vergibt er die Gelegenheit auf das gemeinsame Erlegen eines Hirschs. Zugleich muss er darüber nachdenken, wie der andere handeln würde. Befindet sich jener nämlich in gleicher Lage, dann besteht die Gefahr, dass der andere den Hasen erlegt und er letztendlich einen Verlust erleidet: weder einen Hasen noch anteilig einen Hirsch zu bekommen." (nach: https://de.wikipedia.org/wiki/Hirschjagd. Zugegriffen am 10.02.2018)
K 6.21	Beschreiben Sie das Spieltheorie-Beispiel des Braess-Paradoxons.
M 6.21	„Das Braess-Paradoxon ist eine Veranschaulichung der Tatsache, dass eine zusätzliche Handlungsoption unter der Annahme rationaler Einzelentscheidungen zu einer Verschlechterung der Situation für alle führen kann. Das Paradoxon wurde 1968 vom deutschen Mathematiker Dietrich Braess veröffentlicht. Braess' originale Arbeit zeigt eine paradoxe Situation, in der der Bau einer zusätzlichen Straße (also einer Kapazitätserhöhung) dazu führt, dass sich bei gleich bleibendem Verkehrsaufkommen die Fahrtdauer für alle Autofahrer erhöht (d. h. die Kapazität des Netzes reduziert wird). Dabei wird von der Annahme ausgegangen, dass jeder Verkehrsteilnehmer seine Route so wählt, dass es für ihn keine andere Möglichkeit mit kürzerer Fahrtzeit gibt. Es gibt Beispiele, dass das Braess-Paradoxon nicht nur ein theoretisches Konstrukt ist. 1969 führte in Stuttgart die Eröffnung einer neuen Straße dazu, dass sich in der Umgebung des Schlossplatzes der Verkehrsfluss verschlechterte. Auch in New York konnte das umgekehrte Phänomen 1990 beobachtet werden. Eine Sperrung der 42. Straße sorgte für weniger Staus in der Umgebung. Weitere empirische Berichte über das Auftreten des Paradoxons gibt es von den Straßen Winnipegs. In Neckarsulm verbesserte sich der Verkehrsfluss, nachdem ein oft geschlossener Bahnübergang ganz aufgehoben wurde. Die Sinnhaftigkeit zeigte sich, als er wegen einer Baustelle vorübergehend gesperrt werden musste. Theoretische Überlegungen lassen darüber hinaus erwarten, dass das Braess-Paradoxon in Zufallsnetzen häufig auftritt. Viele Netze der realen Welt sind Zufallsnetze." (nach: https://de.wikipedia.org/wiki/Braess-Paradoxon. Zugegriffen am 10.02.2018)
K 6.22	Beschreiben Sie das Spieltheorie-Beispiel der Tragik der Allmende.
M 6.22	„Tragik der Allmende (engl. tragedy of the commons), Tragödie des Allgemeinguts, bezeichnet ein sozialwissenschaftliches und evolutionstheoretisches Modell, nach dem frei verfügbare, aber begrenzte Ressourcen nicht effizient genutzt werden und durch Übernutzung bedroht sind, was auch die Nutzer selbst bedroht. Untersucht wird dieses Verhaltensmuster auch von der Spieltheorie. Dabei wird unter anderem der Frage nachgegangen, warum Individuen in vielen Fällen trotz hoher individueller Kosten soziale Normen durch altruistische Sanktionen stabilisieren." (nach: https://de.wikipedia.org/wiki/Tragik_der_Allmende. Zugegriffen am 10.02.2018)

K 6.23	Beschreiben Sie, was unter „Lerntheorie" verstanden wird.
M 6.23	Die Lerntheorie ist die Systematik der Kenntnisse über Lernen. Lerntheorien beschreiben die Bedingungen, unter denen Lernen stattfindet, und ermöglichen überprüfbare Voraussagen. Mittlerweile existiert eine Vielzahl von Lerntheorien, die als einander ergänzend betrachtet werden müssen. Unterschieden werden grob zwei Richtungen des Lernens: Stimulus-Response-Theorien, die sich mit der Untersuchung des Verhaltens befassen, und kognitivistische Theorien, die sich mit Prozessen der Wahrnehmung, des Problemlösens, des Entscheidens, der Begriffsbildung und der Informationsverarbeitung befassen.
K 6.24	Nennen und beschreiben Sie fünf verschiedene lerntheoretische Ansätze.
M 6.24	1. Behavioristisches Lernen Es ist ein wissenschaftliches Konzept, um das Verhalten von Menschen und Tieren mit naturwissenschaftlichen Methoden zu untersuchen und zu erklären. Der US-amerikanische Psychologe Burrhus Frederic Skinner (1904–1990) und der russische Mediziner Iwan Petrowitsch Pawlow (1849–1936) sind zwei frühe Vertreter dieser Schule. 2. Kognitives Lernen – Lernen durch Einsicht „Unter Lernen durch Einsicht oder auch kognitives Lernen versteht man die Aneignung oder Umstrukturierung von Wissen, das auf Nutzung der kognitiven Fähigkeiten beruht (wahrnehmen, vorstellen usw.). Einsicht bedeutet hierbei das Erkennen und Verstehen eines Sachverhaltes, das Erfassen der Ursache-Wirkung-Zusammenhänge, des Sinns und der Bedeutung einer Situation. Dieses ermöglicht zielgerechtes Verhalten und ist meistens erkennbar an einer Änderung desselben. Das Lernen durch Einsicht ist der sprunghafte, komplette Übergang in den Lösungszustand (Alles-oder-nichts-Prinzip) nach anfänglichen Trial-and-error-Verhalten. Das aus einsichtigem Lernen resultierende Verhalten ist nahezu fehlerfrei." (nach: https://de.wikipedia.org/wiki/Instruktionalismus. Zugegriffen am 12.02.2018) 3. Situatives Lernen – Konstruktivismus „Der Konstruktivismus in lernpsychologischer Hinsicht postuliert, dass menschliches Erleben und Lernen Konstruktionsprozessen unterworfen ist, die durch sinnesphysiologische, neuronale, kognitive und soziale Prozesse beeinflusst werden. Seine Kernthese besagt, dass Lernende im Lernprozess eine individuelle Repräsentation der Welt schaffen. Was jemand unter bestimmten Bedingungen lernt, hängt somit stark, jedoch nicht ausschließlich, von dem Lernenden selbst und seinen Erfahrungen ab." (nach: https://de.wikipedia.org/wiki/Konstruktivismus_(Lernpsychologie) . Zugegriffen am 12.02.2018) 4. Biokybernetisch-neuronales Lernen „Biokybernetisch-neuronale Ansätze sind Lernmethoden, die aus dem Umfeld der Neurobiologie stammen und in erster Linie die Funktionsweise des menschlichen Gehirns und des Nervensystems beschreiben. Einen Gegenstand innerhalb der bio-kybernetisch-neuronalen Lerntheorien bilden die Spiegelneurone, die neben Einfühlungsvermögen (Empathie) und Rapportfähigkeit auch an neuronalen Grundfunktionen für das Lernen am Modell beteiligt sein könnten. Ein früher Vertreter dieser Lernmethoden war Frederic Vester (1975), der mit seiner Beschreibung von biologischen neuronalen Lernprozessen eine Grundlage für biokybernetische Kommunikation gelegt hat. In jüngerer Vergangenheit hat sich Manfred Spitzer (1996) in seinem Buch „Geist im Netz" mit Modellen für „Lernen, Denken und Handeln" befasst. Besonders bekannt geworden ist der Autor in jüngster Zeit mit einem kontrovers diskutierten und zunehmend Einfluss nehmenden Lernmodell, dass die digitale Bildung betrifft (Spitzer 2012). Der provokante Titel seines Buches lautet: „Digitale Demenz. Wie wir uns und unsere Kinder um den Verstand bringen." (nach: https://de.wikipedia.org/wiki/Lerntheorie. Zugegriffen am 12.02.2018)

	5. Maschinelles Lernen Er ist ein Oberbegriff für die „künstliche" Generierung von Wissen aus Erfahrung: „Ein künstliches System lernt aus Beispielen und kann diese nach Beendigung der Lernphase verallgemeinern". Das heißt, es werden nicht einfach die Beispiele auswendig gelernt, sondern es „erkennt" Muster und Gesetzmäßigkeiten in den Lerndaten. So kann das System auch unbekannte Daten beurteilen (Lerntransfer) oder aber am Lernen unbekannter Daten scheitern." (nach: https://de.wikipedia.org/ wiki/Maschinelles_Lernen. Zugegriffen am 12.02.2018)
K 6.25	Im Rahmen von Big-Data- und Deep-Mining-Verfahren werden verschiedene algorith- mische Ansätze verwendet. Nennen und erklären Sie fünf dieser Ansätze.
M 6.25	„1. Überwachtes Lernen – supervised learning Der Algorithmus lernt eine Funktion aus gegebenen Paaren von Ein- und Ausgaben. Dabei stellt während des Lernens ein „Lehrer" den korrekten Funktionswert zu einer Eingabe bereit. Ziel beim überwachten Lernen ist, dass dem Netz nach mehreren Rechengängen mit unterschiedlichen Ein- und Ausgaben die Fähigkeit antrainiert wird, Assoziationen herzustellen. Ein Teilgebiet des überwachten Lernens ist die automatische Klassifizierung. Ein Anwendungsbeispiel wäre die Handschrifterkennung. 2. Teilüberwachtes Lernen – semi-supervised learning Entspricht dem überwachten Lernen mit eingeschränkten Ein- und Ausgaben. 3. Unüberwachtes Lernen – unsupervised learning Der Algorithmus erzeugt für eine gegebene Menge von Eingaben ein Modell, das die Eingaben beschreibt und Vorhersagen ermöglicht. Dabei gibt es Clustering-Verfahren, die die Daten in mehrere Kategorien einteilen, die sich durch charakteristische Muster voneinander unterscheiden. Das Netz erstellt somit selbstständig Klassifikatoren, nach denen es die Eingabemuster einteilt. Ein wichtiger Algorithmus in diesem Zusammenhang ist der EM- Algorithmus (Expectation-Maximization-Algorithmus der mathematischen Statistik), der iterativ die Parameter eines Modells so festlegt, dass es die gesehenen Daten optimal erklärt. Er legt dabei das Vorhandensein nicht beobachtbarer Kategorien zugrunde und schätzt abwechselnd die Zugehörigkeit der Daten zu einer der Kategorien und die Parameter, die die Kategorien ausmachen. Eine Anwendung des EM-Algorithmus findet sich beispielsweise in den Hidden Markov Models (HMMs) (stochastisches Modell). 4. Bestärkendes Lernen – reinforcement learning Der Algorithmus lernt durch Belohnung und Bestrafung eine Taktik, wie in potenziell auftretenden Situationen zu handeln ist, um den Nutzen des Agenten (d. h. des Systems, zu dem die Lernkomponente gehört) zu maximieren. Dies ist die häufigste Lernform eines Menschen. 5. Aktives Lernen – active learning Der Algorithmus hat die Möglichkeit für einen Teil der Eingaben die korrekten Ausgaben zu erfragen. Dabei muss der Algorithmus die Fragen bestimmen, welche einen hohen Informationsgewinn versprechen, um die Anzahl der Fragen möglichst klein zu halten." (nach: https://de.wikipedia.org/wiki/ Maschinelles_Lernen. Zugegriffen am 12.02.2018)

K 6.26	Bei der Erklärung von Lernprozessen im Bereich E-Learning stehen drei Lerntheorien im Vordergrund. Nennen und beschreiben Sie diese. Welche Rolle nimmt der Lernende und Lehrende in den jeweiligen Lerntheorien ein?
M 6.26	1. Behaviorismus – Lernen durch Verstärkung

1. Behaviorismus – Lernen durch Verstärkung

„Nach der Lehre des Behaviorismus wird das Lernen durch eine Reiz-Reaktions-Kette ausgelöst. Auf bestimmte Reize folgen bestimmte Reaktionen. Sobald sich eine Reiz-Reaktions-Kette aufgebaut hat, ist ein Lernprozess zu Ende und der Lernende hat etwas Neues gelernt. Als Folge bestimmter Reize können positive und negative Reaktionen auftreten. Während die erwünschten positiven Reaktionen durch Belohnungen gestärkt werden können, werden unerwünschte beziehungs-weise negative Reaktionen dadurch dezimiert, dass sie unbelohnt bleiben. Belohnung und Bestrafung werden also zu zentralen Faktoren des Lernerfolgs. Erweitert wird diese Erklärung durch das „operante Konditionieren" oder das instrumentelle Lernen. Hierbei hängt das Verhalten sehr stark von den Konsequenzen ab, die ihm folgen. Diese Konsequenzen sind der Ausgangspunkt für das kommende Verhalten.

- Welche Rolle fällt dem Lernenden zu?
  Der Lernende ist von innen heraus passiv, wobei er auf äußere Reize hin aktiv wird und in Reaktion tritt.
- Welche Rolle nimmt der oder die Lehrende ein?
  Der Lehrende erhält eine ganz zentrale Rolle. Er setzt geeignete Anreize und gibt die Rückmeldung auf die Reaktionen der Schüler. Auf diese Weise greift er mit seiner positiven oder negativen Wertung oder Rückmeldung zentral in den Lernprozess des Lernenden ein. Was zwischen den Bereichen „Anreize schaffen" und den Reaktionen der Lernenden passiert, braucht den Lehrer nicht weiter zu interessieren, denn diese Bereiche gehören sozusagen zu der „Black Box"." (Meir o. J., S. 10–11)

2. Kognitivismus – Lernen durch Einsicht und Erkenntnis

„Lernen bezieht sich nach der Theorie des Kognitivismus auf die Informationsaufnahme, -verarbeitung und -speicherung. Im Vordergrund steht der Verarbeitungsprozess, gebunden an die richtigen Methoden und Problemstellungen, die diesen Prozess unterstützen. Eine entscheidende Rolle fällt auf diese Weise dem Lernangebot selbst bzw. der Informationsaufbereitung und der Problemstellung und der Methodik zu, denn sie beeinflussen in sehr großem Maße den Lernprozess. Im Mittelpunkt stehen folglich Probleme, bei deren Lösung der Lernende Erkenntnisse gewinnt und damit sein Wissen vergrößert.

- Welche Rolle fällt dem Lernenden zu?
  Der Lernende bekommt eine aktive Rolle, die über die reine Reaktion auf Reize hinausgeht. Er lernt, indem er eigenständig Informationen aufnimmt, verarbeitet und anhand vorgegebener Problemstellungen Lösungswege entwickelt. Aufgrund der Fähigkeit, Probleme zu lösen, kommt seiner Stellung im Lernprozess eine größere Bedeutung zu.
- Welche Rolle nimmt der oder die Lehrende ein?
  Dem Lehrer/der Lehrerin kommt eine zentrale Rolle bei der didaktischen Aufbereitung von Problemstellungen zu. Er wählt Informationen aus bzw. stellt sie zur Verfügung, gibt Problemstellungen vor und unterstützt die Lernenden beim Bearbeiten der Informationen. Er hat das Primat der Wissensvermittlung." (ebd., 12–13)

3. Konstruktivismus – Lernen durch persönliches Erfahren, Erleben und Interpretieren
„Der Lernprozess ist an sich sehr offen. Er wird als Prozess der individuellen Konstruktion von Wissen gesehen. Da es nach dieser Theorie sozusagen kein richtiges oder falsches Wissen gibt, sondern nur unterschiedliche Sichtweisen, die ihren Ursprung in der persönlichen Erfahrungswelt des Einzelnen haben, liegt der Schwerpunkt nicht bei der gesteuerten und kontrollierten Vermittlung von Inhalten, sondern beim individuell ausgerichteten selbstorganisierten Bearbeiten von Themen. Das Ziel besteht nicht darin, dass die Lernenden richtige Antworten auf der Basis richtiger Methoden finden, sondern dass sie fähig sind, mit einer Situation umzugehen und aus ihr heraus Lösungen zu entwickeln.

- Welche Rolle fällt dem Lernenden zu?
  Der Lernende steht bei dieser Theorie ganz zentral im Mittelpunkt. Ihm werden Informationen angeboten mit dem Ziel, dass er aus den Informationen heraus selbst Probleme definiert und löst. Er erhält wenige Vorgaben und muss selbstorganisiert zu einer Lösung finden. Kompetenzen und Wissen bringt er bereits mit. Im Vordergrund stehen daher die Anerkennung und Wertschätzung der Lernenden sowie die Konzentration auf das individuelle Wissen, das jede(r) Schüler/in mit sich bringt.
- Welche Rolle nimmt der oder die Lehrende ein?
  Die Rolle der Lehrenden geht über die Aufgaben der Informationspräsenta-tion und Wissensvermittlung hinaus. Sie vermitteln nicht nur Wissen oder bereiten Problemstellungen vor, sondern übernehmen die Rolle des Coachs oder des Lernbegleiters, der eigenverantwortliche und soziale Lernprozesse unterstützt. Ihm obliegt es, eine Atmosphäre zu schaffen, in der Lernen möglich ist. In diesem Sinne gewinnt der Aufbau von authentischen Kontex-ten und wertschätzenden Beziehungen zu den Lernenden eine zentrale Bedeutung." (ebd., 14–15)

8.6   Kap. 7: Kybernetische Systeme in der Praxis

K 7.1	Skizzieren und beschreiben Sie das Modell eines kybernetischen Regelkreises „Blutzucker".
M 7.1	Zur Skizze siehe Abb. 7.1. „Die Konzentration der Glukose im Blut wird durch verschiedene Hormone (hauptsäch-lich Insulin, Wachstumshormone, Epinephrin und Cortison) reguliert. Diese Hormone beeinflussen die verschiedenen Möglichkeiten des Organismus, Glukose aus Speicher-stoffen zu bilden bzw. umgekehrt überschüssige Glukose abzubauen und in Form von Glykogen oder Fett zu speichern. Umgekehrt beeinflusst die Glukosekonzentration – aber nicht sie allein – die Konzentration dieser Hormone im Blut. Fasst man alle Hormone in ihrer Wirkung auf die Glukoseregulation zu einem fiktiven Hormon H zusammen, so kann man bei diesem System zwei Eingänge, nämlich die Zufuhrrate von Glukose und Hormon im Blut, und zwei Ausgangsgrößen, die Konzentrationen von Glukose und Hormon im Blut, unterscheiden." (Röhler 1974, S. 119)

K 7.2	Skizzieren und beschreiben Sie das Modell eines kybernetischen Regelkreises „Pupillen".
M 7.2	Zur Skizze siehe Abb. 7.2. „Die Pupille des (menschlichen) Auges verändert sich mit der Gesichtsfeldleuchtdichte, und zwar wird die Pupille kleiner, wenn die Leuchtdichte ansteigt, und umgekehrt (Pupillenreflex). Da diese Verkleinerung eine Abnahme der Netzhautbeleuchtungsstärke bewirkt, gleicht der Pupillenreflex Schwankungen der Netzhautbeleuchtungsstärke bis zu einem gewissen Grad aus, er bewirkt die Stabilisierung der Netzhautbeleuchtungsstärke auf einen Sollwert. Die Fotorezeptoren der Netzhaut bilden die Fühler des Systems, die beteiligten Nervenzentren besorgen die Signalverarbeitung, wirken also als Regler, und die Pupillenmuskulatur entspricht dem Stellmotor oder allgemein dem Stellglied." (Röhler 1974, S. 37)
K 7.3	Skizzieren und beschreiben Sie das Modell eines kybernetischen Regelkreises „Kamerabildschärfe".
M 7.3	Zur Skizze siehe Abb. 7.4. „Die Kamera soll ein ausgewähltes Motiv automatisch scharf einstellen können. Aufgabengröße x_A ist somit die Bildschärfe, die mit technischen Mitteln nur sehr aufwändig zu erfassen ist. Einfacher ist die Erfassung des Abstands zum Objekt und eine davon abhängige Einstellung der Linsenposition x_L. Damit erfolgt die gezielte Beeinflussung der Bildschärfe mittels Steuerung und Regelung: x_L steuert über einen Block „Optik" (Abb. 7.4, B) die Aufgabengröße x_A (Bildschärfe). Die Linsenposition x_L ist die Regelgröße im Regelkreis von Abb. 7.4, C, der jeder Abweichung von der Sollposition $x_{L,s}$ entgegenwirkt. $x_{L,s}$ wird durch Umrechung aus dem Motivabstand d gewonnen. D wird mittels Messung der Laufzeit $\Delta t = t_{Senden} - t_{Empfangen}$ von reflektierenden Infrarot- oder Ultraschallimpulsen bestimmt." (Mann et al. 2009, S. 30)
K 7.4	Skizzieren und beschreiben Sie das Modell eines kybernetischen Regelkreises „Positionsregelung des Schreib-/Lese-Kopfes in einem Computer-Festplattenlaufwerk".
M 7.4	Zur Skizze siehe Abb. 7.5. „Ein Schreib- und Lesekopf muss in weniger als 10 ms auf einer Datenspur von etwa 1 µm Breite positioniert sein, bevor Daten auf der rotierenden Festplatte gelesen oder geschrieben werden können. Die Positionierung (Kopfposition x als Aufgabengröße) erfolgt durch Schwenkung des Arms mit einem rotatorischen Voice-CoilMotor (Motorspannung u_M als Stellgröße). Als Störgrößen z wirken z. B. aerodynamische Kräfte oder Vibrationen am Block „Voice-Coil-Motor und Arm" als Strecke in Abb. 7.5, B auf die Kopfposition x. Die aktuelle Position x (Istwert) ermittelt der Schreib-/Lese-Kopf durch Positionsdaten, die in die Datenspur eingestreut sind. Sie fallen als digitale Zahlenwerte x_k zu diskreten Zeitpunkten t_k, k = 1, 2, 3 ... an. Diese Werte können in digital realisiertem Vergleicher und Regelglied (z. B. Mikrorechner) direkt weiter verarbeitet werden, wobei die Sollposition ebenfalls als digitaler Zahlenwert $x_{k,S}$ vorgegeben wird. Die digitale Reglerausgangsgröße $y_{R,k}$ wird in die analoge elektrische Spannung u_R umgesetzt (DAU: Digital-Analog-Umsetzer), die geglättet und verstärkt als Stellgröße $y = u_M$ den Voice-Coil-Motor ansteuert." (Mann et al. 2009, S. 31–33)

K 7.5	Skizzieren und beschreiben Sie das Modell eines kybernetischen Regelkreises „Servo-lenkung bei einem Kraftfahrzeug".
M 7.5	Zur Skizze siehe Abb. 7.6.
	„Eine Servolenkung soll den Kraftaufwand des Fahrers beim Lenken verringern. Die Aufgabengröße ist der Ausschlag x_R der Räder. Störgrößen sind z. B. äußere Kraftein-wirkungen auf die Räder. Der Lenkausschlag xR kommt durch Verschiebung der Spurstange (Sp) um xA über eine Hebelverbindung zustande.
	Ohne Servolenkung muss der Fahrer mit dem Lenkrad (Lr) über ein Getriebe (Gt) direkt die Spurstange verschieben. Mit Servolenkung verschiebt er lediglich den Steuerkolben (Sk) eines hydraulischen Antriebs, der die Steuerkraft liefert, indem die Pumpe (P) eine Flüssigkeit unter Druck in den Arbeitszylinder (Az) treibt (Flüssigkeits-strom q). Durch die feste Verbindung der Arbeitskolbenstange Ks mit dem Steuerzylin-der Sz kommt eine Folgeregelung zu Stande. Werden nämlich die Steuerkolben Sk aus der gezeigten Position z. B. nach rechts bewegt, dann folgt der Arbeitskolben (und damit der Radausschlag x_R) in die gleiche Richtung. Dabei zieht der Arbeitskolben Ak mit Ks den Steuerzylinder Sz mit, so dass Ak genau dann zum Stillsand kommt, wenn die beiden flexiblen Leitungen V_1 und V_2 durch die beiden Steuerkolben Sk wieder abgedeckt werden und somit q = 0 ist. Der Soll-/Istwert-Vergleich erfolgt zwischen den Wegen von Steuerkolben (Führungsgröße) und Steuerzylinder (Regelgröße). Zu den Versorgungsstörgrößen gehört vor allem die Versorgungsspannung der Pumpe." (Mann et al. 2009, S. 33–34)
K 7.6	Skizzieren und beschreiben Sie das Modell eines kybernetischen Regelkreises „Raum- und Heizwassertemperatur".
M 7.6	Zur Skizze siehe Abb. 7.7.
	„Die Raumtemperatur ∂ soll mittels Wärmezufuhr über einen Heizkörper (Hk) gezielt beeinflusst werden. Störend wirken vor allem Schwankungen der Außentemperatur ∂_a. Die Wärme wird mittels Heizwasser (Hw) zugeführt, das von dem Thermostatventil T_V mit dem Druck p_V und der Temperatur ∂_V anliegt.
	Das Thermostatventil ist eine Mess- und Regelungseinrichtung: Die gewünschte Solltemperatur ∂_S im Raum wird mit der Sollwertschraube (S) eingestellt. Der Istwert wird durch die Dehnung x_B des mit einer Flüssigkeit (Fl) gefüllten Faltenbalgs (Ba) erfasst. Der Soll-/Istwert-Vergleich wird zwischen den beiden Wegen x_S (Stellung Sollwertschraube) und x_B (Istwert) vorgenommen. Die Regeldifferenz e = $x_S - x_B$ steuert die Zuflussventilstellung s_Z für den Heizkörper (ohne Hilfsenergie).
	Die Versorgungsstörgrößen p_V und ∂_V sollen möglichst konstant sein. Für p_V reicht eine konstante Drehzahl der Vorlaufpumpe P aus. ∂_V kann je nach Raumwärmebedarf auch stärker absinken. Daher wird ∂_V im Kessel (K) mit einer weiteren Regelung auf einem Sollwert $\partial_{V,S}$ gehalten. Der Soll-Istwert-Vergleich wird mit den elektrischen Spannungen u_∂ (von Sensor Se1) und $u_{\partial,S}$ durchgeführt. Bei positiver Regeldifferenz e = $u_{\partial,S} - u_\partial$ schaltet das Regelgerät (Rg) einen Brenner (Br) ein und bei negativem e wieder ab usw. (sog. Zweipunktregler). Dabei pendelt ∂_V zwar ein wenig um den Sollwert, was sich aber auf die Raumtemperatur kaum auswirkt.
	Um Heizenergie zu sparen, wird der Sollwert $\partial_{V,S}$ bzw. $u_{\partial,S}$ mit einem Steuergerät gesenkt, wenn die Außentemperatur ∂_a (Sensor Se2) steigt (und umgekehrt)." (Mann et al. 2009, S. 35)

K 7.7	Beschreiben Sie den Begriff „Wirtschaftskybernetik".
M 7.7	„Unternehmerisches Handeln muss nicht erst seit der zunehmenden Globalisierung von (Welt-)Wirtschaft und Gesellschaft(en) als permanentes, dynamisches Wechselspiel von sozio-technischen Systemen gesehen werden. Das rechtzeitige Erkennen kritischer Entwicklungen exogener Einflussfaktoren sowie der (Folge-) Wirkungen eigener Entscheidungen erfordert angesichts der Komplexität vielfältig vermaschter Regelkreise mit vielfach exponentiell gestalteten Wirkungsverzögerungen eine rechnerbasierte, modellmäßige Unterstützung strategischer Planungsprozesse. Der Forschungsschwerpunkt befasst sich mit der Anwendung der durch die Studien des „Club of Rome" bekannt gewordenen Methode „System Dynamics" von J.W. Forrester auf betriebswirtschaftliche Fragestellungen im volkswirtschaftlichen Rahmen. Beispiele reichen von internen Modellen der Personalentwicklung über Produkteinführungen (Lebenszyklen) oder Wechsel der Fertigungstechnologie bis zu Folgewirkungen staatlicher Rahmenbedingungen (Arbeitskosten, Infrastruktur etc.). Aktuellstes Anwendungsbeispiel sind modellgestützte Analysen der Systemwirkungen von formelbasierter Mittelallokation bzw. Studienbeiträgen im Hochschulwesen. Neben konkreten Modellanwendungen wird der Hauptnutzen der Aktivitäten im Bereich Wirtschaftskybernetik in der konsequenten Schulung des intuitiven Erkennens und Verstehens komplexer Systeme gesehen." (https://www.wiwi.uni-rueck.de/fachgebiete_und_institute/management_support_und_ wirtschaftsinformatik_prof_rieger/profil/wirtschaftskybernetik.html. Zugegriffen am 10.02.2018)
K 7.8	Skizzieren und beschreiben Sie die fünf funktionalen Blöcke eines kybernetischen Modells zur simulativen Quantifizierung von Risikofolgen in komplexen Prozessketten. Heben Sie den Weg der negativen Rückkopplung in der Skizze hervor. Ordnen Sie die fünf Blöcke den drei Risikobereichen zu.
M 7.8	Zur Skizze siehe Abb. 7.9. Block a: Erstellung eines System-Dynamic-Modells Block b: Statistische Auswertung der Datenbasis zur Bestimmung der Korrelationen und Wechselwirkungen Block c: Simulation der Risiken mittels System-Dynamics-Modell Block d: Überführung der Ergebnisse in eine Datenbank Block e: Bewertung der Simulationsergebnisse 1. Riskoanalyse – Datenbasis 2. Riskoidentifikation – Blöcke a, b, c, d 3. Risikobewertung – Block e
K 7.9	Erklären Sie den Begriff der Soziokybernetik.
M 7.9	„Die Soziokybernetik fasst die Anwendung kybernetischer Erkenntnisse auf soziale Phänomene zusammen, d. h., sie versucht, soziale Phänomene als komplexe Wechselwirkungen mehrerer dynamischer Elemente zu modellieren. Eine wichtige Prolemstellung der Soziokybernetik liegt in der Kybernetik zweiter Ordnung, da Soziokybernetik eine gesellschaftliche Selbstbeschreibung ist." (https://de.wikipedia.org/wiki/Soziokybernetik. Zugegriffen am 13.02.2018)

K 7.10	Erklären Sie den Begriff der psychologischen Kybernetik.
M 7.10	„Die Psychologie ist eine erfahrungsbasierte Wissenschaft. Sie beschreibt und erklärt menschliches Erleben und Verhalten, deren Entwicklung im Laufe des Lebens sowie alle dafür maßgeblichen inneren und äußeren Ursachen oder Bedingungen. Da mittels Empirie jedoch nicht alle psychologischen Phänomene erfasst werden können, ist auch auf die Bedeutung der geisteswissenschaftlichen Psychologie zu verweisen." (https://de.wikipedia.org/wiki/Psychologie. Zugegriffen am 15.02.2018) In einem frühen Beitrag zu kybernetischen Ansätzen in der Verhaltenspsychologie wurde von Norbert Bischof in der Psychologischen Rundschau (Bischof 1969, S. 237–256) die Frage aufgeworfen: „Hat Kybernetik etwas mit Psychologie zu tun?" Eine erste Antwort lieferte Bischof bereits ein Jahr zuvor selbst, in seinem Beitrag „Kybernetik in Biologie und Psychologie" (Bischof 1968, S. 63–72), in dem er von „Vorgängen in oder an „einem Menschen", „einem Lebewesen" oder „einem Organismus" spricht (ebd., S. 63), wobei er die These des *atomistischen Ansatzes* der Antithese des *ganzheitlichen Ansatzes* gegenüberstellt, um schließlich zur Synthese des *kybernetischen Ansatzes* in der Psychologie zu gelangen.
K 7.11	Was verstehen Sie unter biokybernetisch orientierter Verhaltensphysiologie?
M 7.11	„Die biokybernetisch orientierte Verhaltensphysiologie tendiert gleich den Ganzheitslehren dazu, den Organismus aus der „Innenperspektive" zu verstehen; insofern ist es durchaus von wissenschaftsgeschichtlicher Relevanz, dass etwa das Lebenswerk des deutschen Biologen und Verhaltensforschers Erich von Holsts (1908–1962) einerseits in der Erforschung der spontanen Aktivität des Organismus, andererseits in der Formulierung des Reafferenzprinzips gipfelte. Der Organismus erscheint demnach als ein System, das nicht nur auf Reize (Afferenzen) reagiert, sondern immer auch Reafferenzen seiner (spontanen) Aktionen empfängt. Auch hier also schließt sich der Reflexbogen zu einem „Kreis", der nunmehr aber exakt als Regelkreis bestimmt wird." (Bischof 1968, S. 69–70)
K 7.12	Wie kann nach Kalveram organismisches Verhalten in vier aufeinander folgenden Schritten erfasst werden?
M 7.12	1. Beobachten von Verhaltensakten. Hinterfragen des scheinbar Selbstverständlichen. Beachtenswerte Phänomene herausstellen. 2. Beschreibung dieser Phänomene mit geeigneten Begriffen, hier mit kybernetischen Begriffen. 3. Experimentelle Überprüfung von Hypothesen über Zusammenhänge zwischen Aussagen. 4. Daraus Verhaltenstheorie ableiten, um menschliches (und tierisches) Verhalten zu erklären, d. h. im Rahmen der gewählten Theorie vorherzusagen.
K 7.13	Skizzieren und beschreiben Sie das Blockbild eines abstrakten Automaten. Ergänzen Sie das Bild durch die Darstellung einer Mensch-Umwelt-Beziehung mittels Blockdarstellung als kybernetisches System zweier Automaten.
M 7.13	Zur Skizze siehe Abb. 7.14. Der biokybernetische Regelkreis zwischen Individuum und materieller Umwelt ist aufgebaut durch die jeweiligen Eingangsgrößen (Führungsgrößen) w und x und durch die reaktiven Verknüpfungsgrößen e und a, die Rückkopplungen zu den jeweiligen Systemen Individuum und Umwelt bilden. Vergleichbare biokybernetische Funktionen können auch – nach identischem Schema – mit Individuum und sozialer Umwelt, beispielsweise zwischen Kind als Individuum und Mutter als soziale Umwelt aufgebaut werden. Dadurch soll gezeigt werden, dass bestimmte Merkmale menschlichen Verhaltens durch Automaten mehr oder weniger abstrahiert werden können. Keinesfalls ist jedoch die Schlussfolgerung gewollt, dass der Mensch ein Automat sei.

K 7.14	Beschreiben Sie mit ihren eigenen Worten den Ablauf des kybernetischen Experiments von Beer im Chile Allendes der 1970er-Jahre nach Vorlage. Wie sehen Sie persönlich die Anwendung des kybernetischen Experimentes auf eine Gesellschaft?
M 7.14	Zur Skizze siehe Abb. 7.18.

„Am 12. November 1971 begab sich Beer in die Moneda, den Präsidentenpalast von Santiago de Chile, um Salvador Allende sein Cybersyn-Projekt vorzustellen. Eingeladen hatte Beer damals Fernando Flores, der technische Direktor der „Corfo", einer Dachgesellschaft der von der Allende-Regierung verstaatlichten Betriebe. Der junge Ingenieur Flores wollte „auf nationaler Ebene wissenschaftliche Verwaltungs- und Organisationstechniken" einführen, wie er es in einem Einladungsschreiben an Beer formulierte.

Um die vorprogrammierten Wirtschaftskrisen in Echtzeit bewältigen zu können, sollten nach der Vorstellung von Flores und Beer alle Fabriken und Betriebe des Landes durch ein Informationsnetz miteinander verbunden werden. Das aus Wissenschaftlern verschiedener Disziplinen zusammengesetzte Cybersyn-Team machte sich also an die Arbeit, sammelte unbenutzte Fernschreiber ein und verteilte sie an alle staatlichen Betriebe. Unter der Leitung des deutschen Designers Gui Bonsiepe entwickelte man den Prototyp eines „Opsrooms" (Operationsroom), einen Kontrollraum wie im „Star-Trek"-Universum, der aber nie realisiert wurde.

Per Telex- und Funkverbindungen wurden die Daten über Tagesproduktion, Arbeitskraft und Energieverbrauch durchs ganze Land geschickt und von einem der wenigen Computer, die es damals in Chile gab, einem IBM 360/50, täglich ausgewertet (als Indikator der „sozialen Malaise" zählte unter anderem das Fernbleiben vom Arbeitsplatz). Sobald eine der Ziffern aus ihrer statistischen Marge herausfiel, wurde ein Alarm – in Beers Vokabular ein „algedonisches Signal" – ausgesendet, der dem jeweiligen Betriebsleiter eine gewisse Zeit einräumte, um das Problem zu lösen, bevor es bei einer Wiederholung des Signals an die nächsthöhere Instanz gemeldet wurde.

Beer war davon überzeugt, dass dies den chilenischen Unternehmen einerseits eine fast vollständige Kontrolle über ihre Aktivitäten verschaffte und andererseits den Eingriff von zentraler Stelle ermöglichte, wenn ein ernstes Problem auftrat."

Das Cybersyn-Projekt, war „zwar technisch anspruchsvoll", schreibt die Informatikhistorikerin Eden Medina, „aber es war von Anfang an nicht nur ein technischer Versuch, die Wirtschaft zu regulieren. Aus der Sicht der Beteiligten konnte es dazu beitragen, Allendes sozialistische Revolution voranzutreiben. Die Konflikte um die Konzeption und Entwicklung von Cybersyn spiegelten gleichzeitig den Kampf zwischen Zentralisierung und Dezentralisierung wider, der Allendes Traum vom demokratischen Sozialismus störte."

Am 21. März 1972 produzierte der Computer seinen ersten Bericht. Bereits im Oktober hatte das System angesichts der von Opposition und berufsständischen Interessenverbänden („gremios") organisierten Streiks seine erste Prüfung zu bestehen. Das Cybersyn-Team bildete einen Krisenstab, um die 2000 täglich aus dem ganzen Land eintreffenden Fernschreiben auszuwerten. Anhand dieser Daten ermittelte die Regierung, wie man die Situation in den Griff bekommen könnte. Daraufhin organisierte man 200 loyale Lastwagenfahrer (gegenüber rund 40.000 streikenden), die den Transport aller lebenswichtigen Güter sicherstellten – und überwand die Krise.

Das Cybersyn-Team gewann an Ansehen, Flores wurde zum Wirtschaftsminister ernannt, und in London titelte der British Observer am 7. Januar 1973: „Chile run by Computer". Noch am 8. September 1973 veranlasste der Präsident, den Zentralrechner, der bis dahin in den verlassenen Räumen der Reader's-Digest-Redaktion gestanden hatte, in die Moneda zu verlegen. Nur drei Tage später bombardierten die Jagdflugzeuge der Armee den Präsidentenpalast, und Salvador Allende nahm sich das Leben." (Rivère 2010)

K .7.15	Was verstehen sie unter „informationstheoretisch-kybernetischer Didaktik"?
M 7.15	„Das Didaktikverständnis der informationstheoretisch-kybernetischen Didaktik fokussiert auf Lehren und Lernen als konkrete Methode im Sinne einer technologischen Machbarkeit. Ziel ist eine größtmögliche Effizienz im Lehr- und Lernprozess mit dem Zweck der Optimierung. Eine Weiterentwicklung kann im Ansatz der kybernetisch-konstruktiven Didaktik gesehen werden." (https://service.zfl.uni-kl.de/wp/glossar/informationstheoretisch-kybernetische-didaktik. Zugegriffen am 18.02.2018)
K 7.16	Skizzieren und beschreiben Sie den Ablauf im kybernetischen Bildungsregelkreis nach v. Cube. Welche dominanten Kritikpunkte werden von Pongratz an dem kybernetischen Bildungsmodell von v. Cube angeführt?
M 7.16	Zur Skizze siehe Abb. 7.19 und 7.20. „In der Analyse des Unterrichts als Regelprozess realisiert die kybernetische Pädagogik ihr Ziel, schulische Lernprozesse als Vorgang zu beschreiben, in dem eine messbare Größe (Schüler) in einem zu regelnden System durch eine automatische Einrichtung (Programm) auf einen gewünschten Sollwert (Lernziel) gebracht wird, und zwar unabhängig von Störungen, die auf das System einwirken. Die systemtheoretische Analyse der Unterrichtssituation enthüllt Unterricht deutlich als einen Prozess der Zielerreichung im Sinne einer kybernetischen Regelung. Den verschiedenen Teilprozessen der Regelung entsprechend lassen sich fünf Bereiche unterscheiden: Zielbereich, Reglerfunktion, Steuerfunktion, Lernsystem und Messfühlerbereich. Die Funktion des Reglers (in der Terminologie der systemtheoretischen Didaktik: das Selektionselement) übernimmt in der konkreten Unterrichtssituation zumeist der Lehrer. Dieser entwirft einerseits die Lehrstrategie (in Abhängigkeit vom vorgegebenen Sollwert) und fungiert andererseits in der Interaktion mit dem Lernenden als Messfühler, der das jeweils erreichte Lernergebnis (den Istwert) kontrolliert. Die Stelle der Regelgröße (geregelten Größe) nimmt der Lernende ein. auf den der Regler einwirkt. Die Einwirkung vollzieht sich vermittels des Stellgliedes. (In traditioneller Terminologie entsprächen der Stelleinrichtung des Regelvorganges in etwa die Unterrichtsmedien.)" (Pongratz 1978, S. 148–149) Kritik: „Die kybernetischen Ansätze in der Didaktik haben sich der Anfrage zu stellen, inwieweit sie der Spontaneität und Eigenaktivität von Schüler und Lehrer innerhalb ihres theoretischen und praktischen Konzepts noch Rechnung tragen können, inwieweit sie menschlicher Reflexivität und Autonomie nicht bloß Lippenbekenntnisse zollen, sondern die Idee menschlicher Freiheit bewahren und ihre konkrete individuelle und gesellschaftliche Realisation befördern." (ebd., S. 156)

Literatur

Bartholomae F, Wiens M (2016) Spieltheorie. Ein anwendungsorientiertes Lehrbuch. Springer Gabler, Wiesbaden

Bischof N (1968) Kybernetik in Biologie und Psychologie. In: Moser S (Hrsg) Information und Kommunikation. Referate und Berichte der 23, Internationalen Hochschulwochen Alpach 1967. Oldenbourg, München/Wien, S 63–72

Bischof N (1969) Hat Kybernetik etwas mit Psychologie zu tun? In: Psychologische Rundschau, Bd XX. Vanderhoeck & Ruprecht, Göttingen, S 237–256

Deutsch KW (1986) The nerves of government: models of political communication and control. Current Contents, This week's Citation Classics, Number 19, May 12, 1986

Luhmann N (1997) Die Gesellschaft der Gesellschaft. Suhrkamp, Frankfurt am Main

Mann H, Schiffelgen H, Froriep R (2009) Einführung in die Regelungstechnik, 11., neu bearb. Aufl. Hanser, München

McCulloch W, Pitts W (1943) A logical calculus of ideas immanent in nervous activity. Bull Math Biophys 5(4): 115–133

Meir S (o. J.) Didaktischer Hintergrund. Lerntheorien. https://lehrerfortbildung-bw.de/st_digital/elearning/moodle/praxis/einfuehrung/material/2_meir_9-19.pdf. Zugegriffen am 12.02.2018

Pongratz LJ (1978) Zur Kritik kybernetischer Methodologie in der Pädagogik. Europäische Hochschulschriften. Lang, Frankfurt am Main

Probst GJB (1987) Selbstorganisation. Ordnungsprozesse in sozialen Systemen aus ganzheitlicher Sicht. Parey, Berlin/Hamburg

Rid T (2016) Maschinendämmerung. Eine kurze Geschichte der Kybernetik. Propyläen/Ullstein, Berlin

Rivière P (2010) Der Staat als Maschine. Das Kybernetik-Experiment in Allendes Chile. Le Monde diplomatique (deutsche Ausgabe), 12.11.2010, S 19

Röhler R (1974) Biologische Kybernetik. Teubner, Stuttgart

Rosenblueth A, Wiener N (1943) Behavior, purpose and teleology. Philos Sci 10(1):18–24

Rosenblueth A, Wiener N, Bigelow J (1950) Purpose and non-purpose behavior. Philos Sci 17(4):318–326

Shannon CE (1948) A mathematical theory of communication. Bell Syst Tech J 27: 379–423, 623–656 (Reprinted with corrections)

Simon FB (2009) Einführung in Systemtheorie und Konstruktivismus. Carl Auer, Heidelberg

Spitzer M (1996) Geist im Netz. Modelle für Lernen, Denken, Handeln. Spektrum Akademischer Verlag, Heidelberg/Berlin

Spitzer M (2012) Digitale Demenz. Wie wir uns und unsere Kinder um den Verstand bringen. Droemer, München

Steinbuch K (1965) Automat und Mensch. Kybernetische Tatsachen und Hypothesen., 3., neu bearb. u. erw. Aufl. Springer, Berlin/Heidelberg/New York

Wiener N (1963) Kybernetik. Regelung und Nachrichtenübertragung in Lebewesen und in der Maschine. Econ, Düsseldorf, Wien (Original 1963: Cybernetics or control and communication in the animal and the machine, 2., erw. Aufl., MIT Press, Cambridge, MA

Wohlleben P (2015) Das Geheimnis der Bäume. Was sie fühlen, wie sie kommunizieren – die Entdeckung einer verborgenen Welt. Ludwig, München

Anlage I

Erläuterungen zu Abb. 7.17, nach: Deutsch, 1969, 342–345, in der Reihenfolge der Buchvorlage

Aktuelle Informationen – von außerhalb des Entscheidungssystems kommend – (O_1–O_5)

O_1 aktuelle allgemeine Information über politische Vorgänge im Ausland (Teil der äußeren Nachrichtenversorgung)

O_2 aktuelle allgemeine Information über politische Vorgänge im Inland (Teil der internen Nachrichtenversorgung)

O_3 aktuelle Information über das Ausland (nach Selektion durch Empfangsorgane)

O_4 aktuelle Information über das Inland (nach Selektion durch Empfangsorgane)

O_5 aktuelle Information über Ausland und Inland (nach Überprüfung und Vereinigung)

Abb. A.1 Aktuelle Information O_1–O_5

© Springer Fachmedien Wiesbaden GmbH, ein Teil von Springer Nature 2019
E. W. U. Küppers, *Eine transdisziplinäre Einführung in die Welt der Kybernetik*,
https://doi.org/10.1007/978-3-658-23725-7

Frühere Informationen – aus den Speicheranlagen des Systems entnommen – (R_1–R_6)

R_1 Information aus weit zurückliegenden Erinnerungen (nach Entnahme und Neuordnung)

R_2 Information aus neueren oder aktuellen Erinnerungen (nach Entnahme und
Neuordnung)

R_3 vereinigte Information aus Erinnerungen

R_4 vereinigte Information aus Erinnerungen (nach selektiver Entnahme)

R_5 aus der Erinnerung entnommene Information nach ihrer Überprüfung auf
Zweckdienlichkeit (wobei Faktoren wie Kultur, Werte, Persönlichkeitsstruktur,
logische Übereinstimmung usw. als Auswahlkriterien dienen); wird weitergeleitet an den Bereich der vorläufigen Entscheidungen

R_6 zweckdienliche Erinnerungen werden an den Bereich der endgültigen Entscheidung weitergeleitet

Abb. A.2 Frühere Informationen R1–R6

Vereinigte Informationen – bestehend aus Erinnerungen und von außen zugeführte Daten – (C_1–C_7)

C_1 vereinigte ausgewählte Daten und zweckdienliche Erinnerungen werden (etwa in der Form von Programmentwürfen) zur endgültigen Entscheidung weitergeleitet

C_2 vereinigte ausgewählte Daten und Erinnerungen (nach erneuter Überprüfung auf Durchführbarkeit und Zweckdienlichkeit als politische Verfahrensweisen)

C_3 vereinigte Daten werden in abgekürzter Form an den Bereich der Konfrontation und simultanen Sichtung weitergeleitet

C_4 vereinigte Daten in abgekürzter Form (nach Überprüfung auf Zweckdienlichkeit für das Bewußtsein)

C_5 vereinigte Daten und Erinnerungen (nach Selektion und Neuordnung im Bereich der bewußtseinsmäßigen Konfrontation) werden an den Bereich der endgültigen Entscheidung weitergeleitet

C_6 politische Verfahrensweisen werden nach endgültiger Selektion an die außenpolitischen Wirkungsorgane weitergeleitet

C_7 politische Verfahrensweisen werden nach endgültiger Selektion an die innenpolitischen Wirkungsorgane weitergeleitet

Anmerkung: Die Verfahrensweisen auf den Stufen C_4 und C_5 müssen untereinander und in sich selbst nicht immer konsequent sein. Der amerikanische

Abb. A.3 Vereinigte Information C_1–C_7

zu C_7 Kongreß könnte z. B. für eine außenpolitische Entschließung stimmen, in der größere antikommunistische Anstrengungen in der westlichen Hemisphäre gefordert werden, und zugleich die Wirtschaftshilfe für die lateinamerikanischen Länder kürzen; oder die westdeutsche Regierung könnte England zur Unterstützung bei der Verteidigung West-Berlins aufrufen und zugleich durch den Ausschluß Englands vom Gemeinsamen Markt den britischen Handel bedrohen.

Solche Inkonsequenzen können bereits frühzeitig bei der Neuordnung und Projektion der abgekürzten Informationssymbole im Bereich der simultanen Sichtung auf der »Bewußtseinsebene« sichtbar werden. Andernfalls kann die später erfolgende Rückkopplung von Nachrichten über die ersten Ergebnisse inkonsequenter Handlungen, die nach diesen Verfahrensweisen in der Außenwelt vorgenommen wurden, vielleicht noch rechtzeitig genug erfolgen, um eine Korrektur der Verfahrensweisen in einem folgenden Stadium zu ermöglichen.

Abb. A.4 Vereinigte Information C_7 (Fortsetzung von Abb. A.3)

Rückkopplung von Informationen über Folgen der Handlungen, die das System in seinen Beziehungen zur Außenwelt bewirkt – (F_1–F_4)

▶   **Merksatz** Rückkopplungen jeder Art sind das Korrektiv jeder Handlung in komplexen vernetzten Systemen.

Es spielt keine Rolle in welchem gesellschaftlichen, technischen, wirtschaftlichen, umweltorientierten oder politischen Zusammenhang Rückkopplungen auftreten, sie wirken als systemstabilisierendes Element. Dies gilt erst recht dann, wenn sie Teil eines übergreifenden gesellschaftlichen aggregierenden Netzwerkes sind (siehe auch Abschn. 7.4).

F_1 Rückkopplung von Informationen über die Ergebnisse außenpolitischer Handlungen

F_2 Rückkopplung von Informationen über die Ergebnisse innenpolitischer Handlungen

F_3 Rückkopplung von Informationen, die von den Empfangsorganen im außenpolitischen Bereich gesammelt werden

F_4 Rückkopplung von Informationen, die von den Empfangsorganen im innenpolitischen Bereich gesammelt werden

Abb. A.5   Rückkopplung von Information F_1–F_4

Das System des „Willens"

Die wichtigsten Prüffelder – (S$_1$–S$_4$)

S_1 Prüffeld zur selektiven Aufnahme aktueller Informationen
S_2 Prüffeld zur Entnahme zweckdienlicher Erinnerungen aus dem Gedächtnis
S_3 Prüffeld zur Auswahl zweckdienlicher Kurzinformationen für den Bereich der Konfrontation und simultanen Sichtung (»Bewußtsein«)
S_4 Prüffeld zur Auswahl zweckdienlicher und durchführbarer politischer Verfahrensweisen

Abb. A.6 Die wichtigsten Prüffelder S$_1$–S$_4$

Die wichtigsten Informationsströme zur Steuerung der Prüffelder – (W$_1$–W$_{17}$)

W_1 Information, mit der die Aufmerksamkeit oder Spürtätigkeit der Empfangsorgane im außenpolitischen Bereich in eine bestimmte Richtung gelenkt wird
W_2 Information, mit der die Aufmerksamkeit oder Spürtätigkeit der Empfangsorgane im innenpolitischen Bereich in eine bestimmte Richtung gelenkt wird
W_3 von außen kommende Information reguliert das Prüffeld zur Aufnahme zweckdienlicher Daten ins Bewußtsein
W_4 aus der Erinnerung entnommene Information reguliert das Prüffeld zur selektiven Informationsaufnahme
W_5 aus der Erinnerung selektiv entnommene Information reguliert das Prüffeld zur
Entnahme weiterer zweckdienlicher Erinnerungen

Abb. A.7 Die wichtigsten Informationsströme zur Steuerung der Prüffelder W$_1$–W$_5$

W_6 Information über vorläufige Entscheidung reguliert das Prüffeld zur selektiven
Informationsaufnahme (Beispiel einer »Politik der Selbstbestätigung«)
W_7 Information über vorläufige Entscheidung reguliert die Auswahlkriterien bei
der Entnahme interessanter Erinnerungen (Beispiel einer »Suche nach Präzedenz-
fällen«)
W_8 Information über vorläufige Entscheidung reguliert das Prüffeld zur Aufnahme
zweckdienlicher Daten ins Bewußtsein
W_9 Information über vorläufige Entscheidung reguliert das Prüffeld zur Entnahme
zweckdienlicher Erinnerungen
W_{10} Information über vorläufige Entscheidung reguliert das Prüffeld zur Auswahl
zweckdienlicher und durchführbarer Verfahrensweisen
W_{11} Information über die Ergebnisse der simultanen Konfrontation und Sichtung
(»Bewußtsein«) reguliert das Prüffeld zur Aufnahme von außen kommender
Information
W_{12} Information über die Ergebnisse der simultanen Konfrontation und Sichtung
(»Bewußtsein«) reguliert das Prüffeld zur Aufnahme zweckdienlicher Daten ins
Bewußtsein

Abb. A.8 Die wichtigsten Informationsströme zur Steuerung der Prüffelder W$_6$–W$_{12}$ (Fortsetzung
von Abb. A.7)

W_{13} Information über die Ergebnisse der simultanen Konfrontation und Sichtung (»Bewußtsein«) reguliert das Prüffeld zur Auswahl zweckdienlicher und durchführbarer Verfahrensweisen

W_{14} Information über die Ergebnisse der simultanen Konfrontation und Sichtung (»Bewußtsein«) wird über das Prüffeld zur Abschirmung des Bewußtseins zum Prüffeld für die Auswahl zweckdienlicher und durchführbarer Verfahrensweisen weitergeleitet (Erwägung des »Undenkbaren«)

W_{15} Information über Zweckdienlichkeit und Durchführbarkeit von Verfahrensweisen reguliert das Prüffeld zur Aufnahme zweckdienlicher Daten ins Bewußtsein

W_{16} Zweckdienliche Information aus der Erinnerung reguliert das Prüffeld zur Auswahl zweckdienlicher und durchführbarer Verfahrensweisen

W_{17} Information über die endgültige Entscheidung reguliert das Prüffeld zur Abschirmung des Bewußtseins

Abb. A.9 die wichtigsten Informationsströme zur Steuerung der Prüffelder W_{13}–W_{17} (Fortsetzung von Abb. A.8)

Kleinere oder sekundäre Informationsströme – (M₁–M₆)

M_1 Ausgewählte Information aus der Außenwelt wird an das Gedächtnis überwiesen, um dort gespeichert und eventuell wieder als Erinnerung entnommen zu werden. Dieser Informationsstrom ist nur klein im Hinblick auf die unmittelbare Entscheidungsbildung; sein tatsächlicher Umfang kann jedoch recht beachtlich sein.

M_2 Ausgewählte Information aus der Außenwelt reguliert die Wahrscheinlichkeit der Entnahme von Erinnerungen aus dem Gedächtnis (»Dabei fällt mir ein ...«)

M_3 Befehl zur Entnahme von Erinnerungen aus dem Gedächtnis

M_4 Befehl (Assoziativpfad, Kettenreaktion) im Gedächtnis

M_5 Information über die Ergebnisse der simultanen Konfrontation und Sichtung (»Bewußtsein«) wird an den Bereich der vorläufigen Entscheidung weitergeleitet

M_6 Kurzinformation über die endgültige Entscheidung wird an den Bereich der simultanen Konfrontation und Sichtung zurückgeleitet

Abb. A.10 Kleinere und sekundäre Informationsströme M_1–M_6

Bewusstsein

Der Regelkreis „C_5-M_6" macht nach wiederholtem Durchlauf die endgültige Entscheidung „bewußt",

C_5: vereinigte Daten und Erinnerungen (nach Selektion und Neuordnung im Bereich der bewusstseinsmäßigen Konfrontation) werden an den Bereich der endgültigen Entscheidung weitergeleitet. M_6: Kurzinformationen über die endgültige Entscheidung werden an den Bereich der simultanen Konfrontation und Sichtung zurückgeleitet.

Entscheidungsbereiche

D_1 Der Bereich der Auflösung und erneuten Kombination von Erinnerungen ist zwangsläufig auch ein Entscheidungsbereich, da die Bildung bestimmter Kombinationen und die Auslassung anderer Kombinationsmöglichkeiten indirekt dieselbe Wirkung hat wie eine Reihe von Teilentscheidungen. In solchen Kombinationen werden nicht nur Daten, sondern auch deren Anordnung und Strukturmuster sowie Vorstellungen und Werte zusammengefaßt.

D_2 Im Bereich der vorläufigen Entscheidung bewirkt die Kombination von Erinnerungen und aktuellen Informationen eine deutliche vorläufige Entscheidungsbildung.

D_3 Der Bereich der simultanen Konfrontation und Sichtung hat indirekt die Funktion eines Entscheidungsbereichs, da aus den simultan erfaßten Daten bestimmte Kombinationen gebildet werden und andere Kombinationsmöglichkeiten ausgelassen werden; die erfolgreichen Kombinationen haben wieder die Wirkung von Teilentscheidungen.

D_4 Im Bereich der ausdrücklichen und endgültigen Entscheidung kann das Endresultat durch die Vorgänge in den davorliegenden Entscheidungsbereichen D_1–D_3 bereits weitgehend vorweggenommen sein.

Abb. A.11 Entscheidungsbereiche D_1–D_4

Literatur

Deutsch KW (1969) Politische Kybernetik. Modelle und Perspektiven. Rombach, Freiburg im Breisgau

© Springer Fachmedien Wiesbaden GmbH, ein Teil von Springer Nature 2019
253
E. W. U. Küppers, *Eine transdisziplinäre Einführung in die Welt der Kybernetik*,
https://doi.org/10.1007/978-3-658-23725-7

Stichwortverzeichnis

Printed in the United States
By Bookmasters